I0041436

PHILOSOPHIE

ZOOLOGIQUE.

S 834
F.i.

S. 11109

DE L'IMPRIMERIE DE DUMINIL-LESUEUR,
Rue de la Harpe, N°. 78.

PHILOSOPHIE
ZOOLOGIQUE,
OU
EXPOSITION

Des Considérations relatives à l'histoire naturelle
des Animaux ; à la diversité de leur organisation
et des facultés qu'ils en obtiennent ; aux causes
physiques qui maintiennent en eux la vie et
donnent lieu aux mouvemens qu'ils exécutent ;
enfin , à celles qui produisent , les unes le sentiment , et les autres l'intelligence de ceux qui en
sont doués ;

PAR J.-B.-P.-A. LAMARCK,

Professeur de Zoologie au Muséum d'Histoire Naturelle , Membre de
l'Institut de France et de la Légion d'Honneur , de la Société Phi-
lomatique de Paris , de celle des Naturalistes de Moscou , Membre
correspondant de l'Académie Royale des Sciences de Munich , de
la Société des Amis de la Nature de Berlin , de la Société Médicale
d'Emulation de Bordeaux , de celle d'Agriculture, Sciences et Arts
de Strasbourg , de celle d'Agriculture du département de l'Oise ,
de celle d'Agriculture de Lyon , Associé libre de la Société des
Pharmaciens de Paris , etc.

TOME PREMIER.

A PARIS,

Chez { DENTU, Libraire, rue du Pont de Lodi, N°. 3 ;
L'AUTEUR, au Muséum d'Histoire Naturelle (Jardin
des Plantes).

M. DCCC. IX.

AVERTISSEMENT.

L'EXPÉRIENCE dans l'enseignement m'a fait sentir combien une *Philosophie zoologique*, c'est-à-dire, un corps de préceptes et de principes relatifs à l'étude des animaux, et même applicables aux autres parties des sciences naturelles, seroit maintenant utile, nos connoissances de faits zoologiques ayant, depuis environ trente années, fait des progrès considérables.

En conséquence, j'ai essayé de tracer une esquisse de cette Philosophie, pour en faire usage dans mes leçons, et me faire mieux entendre de mes élèves : je n'avois alors aucun autre but.

Mais, pour parvenir à la détermination des principes, et d'après eux, à l'établissement des préceptes qui doivent guider dans l'étude, me trouvant obligé de considérer l'organisation dans les différens animaux connus ; d'avoir égard aux diffé-

a

rences singulières qu'elle offre dans ceux
de chaque famille, de chaque ordre, et
surtout de chaque classe ; de comparer
les facultés que ces animaux en obtiennent selon son degré de composition dans
chaque race ; enfin, de reconnoître les
phénomènes les plus généraux qu'elle
présente dans les principaux cas ; je fus
successivement entraîné à embrasser des
considérations du plus grand intérêt pour la
science, et à examiner les questions zoologiques les plus difficiles.

Comment, en effet, pouvois-je envisager la dégradation singulière qui se
trouve dans la composition de l'organisation des animaux, à mesure que l'on parcourt leur série, depuis les plus parfaits
d'entr'eux, jusques aux plus imparfaits,
sans rechercher à quoi peut tenir un fait
si positif et aussi remarquable, un fait qui
m'est attesté par tant de preuves ? Ne de-
vois-je pas penser que la nature avoit
produit successivement les différens corps
doués de la vie, en procédant du plus

simple vers le plus composé; puisqu'en remontant l'échelle animale depuis les animaux les plus imparfaits, jusqu'aux plus parfaits, l'organisation se compose et même se complique graduellement, dans sa composition, d'une manière extrêmement remarquable?

Cette pensée, d'ailleurs, acquit à mes yeux le plus grand degré d'évidence, lorsque je reconnus que la plus simple de toutes les organisations n'offroit aucun organe spécial quelconque; que le corps qui la possédoit n'avoit effectivement aucune faculté particulière, mais seulement celles qui sont le propre de tout corps vivant; et qu'à mesure que la nature parvint à créer, l'un après l'autre, les différens organes spéciaux, et à composer ainsi de plus en plus l'organisation animale; les animaux, selon le degré de composition de leur organisation, en obtinrent différentes facultés particulières, lesquelles, dans les plus parfaits d'entr'eux, sont nombreuses et fort éminentes.

Ces considérations, auxquelles je ne pus refuser mon attention, me portèrent bientôt à examiner en quoi consiste réellement la vie, et quelles sont les conditions qu'exige ce phénomène naturel pour se produire, et pouvoir prolonger sa durée dans un corps. Je résistai d'autant moins à m'occuper de cette recherche, que je fus alors convaincu que c'étoit uniquement dans la plus simple de toutes les organisations, qu'on pouvoit trouver les moyens propres à donner la solution d'un problème aussi difficile en apparence, puisqu'elle seule offroit le complément des conditions nécessaires à l'existence de la vie, et rien au delà qui puisse égarer.

Les conditions nécessaires à l'existence de la vie se trouvant complètes dans l'organisation la moins composée, mais aussi réduites à leur plus simple terme; il s'agissoit de savoir comment cette organisation, par des causes de changemens quelconques, avoit pu en amener d'autres moins simples, et donner lieu aux organisations, graduellement plus compliquées, que l'on observe dans l'étendue de l'échelle animale. Alors employant les deux considérations suivantes, auxquelles l'observation m'avoit conduit, je crus apercevoir la solution du problème qui m'occupoit.

Premièrement, quantité de faits connus prouvent que l'emploi soutenu d'un organe concourt à son développement, le fortifie, et l'agrandit même; tandis qu'un défaut d'emploi, devenu habituel à l'égard d'un organe, nuit à ses développemens, le détériore, le réduit graduellement, et finit par le faire disparoître, si ce défaut d'emploi subsiste, pendant une longue durée, dans tous les individus qui se succèdent par la génération. On conçoit de là qu'un changement de circonstances forçant les individus d'une race d'animaux à changer leurs habitudes, les organes moins employés dépérissent peu à peu, tandis que ceux qui le sont davantage, se développent mieux et acquièrent une vigueur et des dimensions proportionnelles à l'em-

ploi que ces individus en font habituellement.

Secondement, en réfléchissant sur le pouvoir du mouvement des fluides dans les
parties très-souples qui les contiennent,
je fus bientôt convaincu qu'à mesure que
les fluides d'un corps organisé reçoivent
de l'accé lération dans leur mouvement,
ces fluides modifient le tissu cellulaire dans
lequel ils se meuvent, s'y ouvrent des
passages, y forment des canaux divers,
enfin, y créent différens organes, selon
l'état de l'organisation dans laquelle ils se
trouvent.

D'après ces deux considérations, je re-
gardai comme certain que le *mouvement
des fluides* dans l'intérieur des animaux,
mouvement qui s'est progressivement ac-
céléré avec la composition plus grande de
l'organisation ; et que l'*influence des circonstances* nouvelles, à mesure que les
animaux s'y exposèrent en se répandant
dans tous les lieux habitables, furent les
deux causes générales qui ont amené les

différens animaux à l'état où nous les voyons actuellement.

Je ne me bornai point à développer, dans cet ouvrage, les conditions essentielles à l'existence de la vie dans les organisations les plus simples, ainsi que les causes qui ont donné lieu à la composition croissante de l'organisation animale, depuis les animaux les plus imparfaits jusqu'aux plus parfaits d'entr'eux; mais croyant apercevoir la possibilité de reconnoître les causes physiques du *sentiment*, dont tant d'animaux jouissent, je ne balançai point à m'en occuper.

En effet, persuadé qu'aucune matière quelconque ne peut avoir en propre la faculté de *sentir*, et concevant que le sentiment lui-même n'est qu'un phénomène résultant des fonctions d'un système d'organes capable de le produire, je recherchai quel pouvoit être le mécanisme organique qui peut donner lieu à cet admirable phénomène, et je crois l'avoir saisi.

En rassemblant les observations les plus

positives à ce sujet, j'eus occasion de reconnoître que, pour la production du *sentiment*, il faut que le système nerveux soit
déjà très-composé, comme il faut qu'il le
soit bien davantage encore pour pouvoir
donner lieu aux phénomènes de l'*intelligence*.

D'après ces observations, j'ai été persuadé que le système nerveux, dans sa
plus grande imperfection, telle que dans
ceux des animaux imparfaits qui, les premiers, commencent à le posséder, n'est
propre, dans cet état, qu'à l'excitation du
mouvement musculaire, et qu'alors il ne
sauroit produire le *sentiment*. Il n'offre,
dans ce même état, que des nodules mé-
dullaires d'où partent des filets, et ne
présente ni moelle longitudinale noueuse,
ni moelle épinière, ni cerveau.

Plus avancé dans sa composition, le système nerveux montre une masse médul-
laire principale, d'une forme allongée, et
constituant, soit une moelle longitudinale,
soit une moelle épinière, dont l'extrémité

antérieure offre un cerveau qui contient le foyer des sensations, et donne effective- ment naissance aux nerfs des sens particu- liers, au moins à quelques-uns d'entr'eux. Alors, les animaux qui le possèdent dans cet état, jouissent de la faculté de sentir.

Ensuite, j'essayai de déterminer le mé- canisme par lequel une *sensation* s'exécu- toit; et j'ai montré qu'elle ne produisoit qu'une *perception* pour l'individu qui est privé d'un organe pour l'intelligence, en sorte qu'elle ne pouvoit nullement lui don- ner une idée; et que, malgré la posses- sion de cet organe spécial, cette sensa- tion ne produisoit encore qu'une *per- ception*, toutes les fois qu'elle n'étoit pas remarquée.

A la vérité, je ne me suis point décidé sur la question de savoir, si, dans ce mé- canisme, c'est par une émission du fluide nerveux partant du point affecté, ou par une simple communication de mouvement dans le même fluide, que la sensation s'exé- cute. Cependant, la durée de certaines sen-

sations étant relative à celle des impressions
qui les causent, me fait pencher pour cette
dernière opinion.

Mes observations n'eussent produit aucun éclaircissement satisfaisant sur les sujets dont il s'agit, si je ne fus parvenu à
reconnoître et à pouvoir prouver que le
sentiment et l'*irritabilité* sont deux phénomènes organiques très-différens ; qu'ils
n'ont nullement une source commune,
comme on l'a pensé ; enfin, que le premier
de ces phénomènes constitue une faculté
particulière à certains animaux, et qui
exige un système d'organes spécial pour
pouvoir s'opérer, tandis que le deuxième,
qui n'en nécessite aucun qui soit particulier, est exclusivement le propre de toute
organisation animale.

Aussi, tant que ces deux phénomènes
seront confondus dans leur source et leurs
effets, il sera facile et commun de se tromper dans l'explication que l'on essayera de
donner, relativement aux causes de la plupart des phénomènes de l'organisation ani-

male; il le sera surtout, lorsque voulant rechercher le principe du sentiment et du mouvement, enfin, le siége de ce principe dans les animaux qui possèdent ces facultés, on fera des expériences pour le reconnoître.

Par exemple, après avoir décapité certains animaux très-jeunes, ou en avoir coupé la moelle épinière entre l'occiput et la première vertèbre, ou y avoir enfoncé un stylet, on a pris divers mouvemens excités par des insuflations d'air dans le poumon, pour des preuves de la renaissance du sentiment à l'aide d'une respiration artificielle; tandis que ces effets ne sont dus, les uns, qu'à l'*irritabilité* non éteinte; car on sait qu'elle subsiste encore quelque temps après la mort de l'individu; et les autres, qu'à quelques mouvemens musculaires que l'insuflation de l'air peut encore exciter, lorsque la moelle épinière n'a point été détruite par l'introduction d'un long stylet dans toute l'étendue de son canal.

Si je n'eus pas reconnu que l'acte organique qui donne lieu au mouvement des parties est tout-à-fait indépendant de celui qui produit le sentiment, quoique dans l'un et l'autre l'influence nerveuse soit nécessaire ; si je n'eus pas remarqué que je puis mettre en action plusieurs de mes muscles sans éprouver aucune sensation, et que je peux recevoir une sensation sans qu'il s'ensuive aucun mouvement musculaire, j'eus aussi pu prendre des mouvemens excités dans un jeune animal décapité, ou dont on auroit enlevé le cerveau, pour des signes de *sentiment*, et je me fus trompé.

Je pense que si l'individu est hors d'état, par sa nature ou autrement, de rendre compte d'une sensation qu'il éprouve , et que s'il ne témoigne, par quelques cris, la douleur qu'on lui fait subir ; on n'a aucun autre signe certain pour reconnoître qu'il reçoit cette sensation, que lorsqu'on sait que le système d'organes qui lui donne la faculté de sentir, n'est point détruit, et même qu'il conserve son intégrité : des

mouvemens musculaires excités ne sauroient, seuls, prouver un acte de sentiment.

Ayant fixé mes idées à l'égard de ces
objets intéressans, je considérai le *senti-*
ment intérieur, c'est-à-dire, ce sentiment
d'existence que possèdent seulement les
animaux qui jouissent de la faculté de sentir ; j'y rapportai les faits connus qui y
sont relatifs, ainsi que mes propres observations ; et je fus bientôt persuadé que ce
sentiment intérieur constituoit une puissance qu'il étoit essentiel de prendre en
considération.

En effet, rien ne me semble offrir plus
d'importance que le sentiment dont il s'a-
git, considéré dans l'homme et dans les
animaux qui possèdent un système nerveux capable de le produire ; sentiment
que les besoins physiques et moraux savent émouvoir, et qui devient la source
où les mouvemens et les actions puisent
leurs moyens d'exécution. Personne, que je
sache, n'y avoit fait attention ; en sorte
que cette lacune, relative à la connois-

sance de l'une des causes les plus puis-
santes des principaux phénomènes de l'organisation animale, rendoit insuffisant tout
ce que l'on pouvoit imaginer pour expliquer ces phénomènes. Nous avons cependant une sorte de pressentiment de l'existence de cette puissance intérieure, lorsque nous parlons des agitations que nous
éprouvons en nous-mêmes dans mille circonstances ; car, le mot *émotion*, que je
n'ai pas créé, est assez souvent prononcé
dans la conversation, pour exprimer les
faits remarqués qu'il désigne.

Lorsque j'eus considéré que le sentiment
intérieur étoit susceptible de s'émouvoir
par différentes causes, et qu'alors il pouvoit constituer une puissance capable d'exciter les actions, je fus, en quelque sorte,
frappé de la multitude de faits connus qui
attestent le fondement ou la réalité de cette
puissance ; et les difficultés qui m'arrê-
toient, depuis long-temps, à l'égard de la
cause excitatrice des actions, me parurent
entièrement levées.

En supposant que j'eusse été assez heureux pour saisir une vérité, dans la pensée d'attribuer au sentiment intérieur des animaux qui en sont doués, la puissance productrice de leurs mouvemens, je n'avois levé qu'une partie des difficultés qui embarrassent dans cette recherche; car il est évident que tous les animaux connus ne possèdent pas et ne sauroient posséder un système nerveux; que tous conséquemment ne jouissent pas du sentiment intérieur dont il est question; et qu'à l'égard de ceux qui en sont dépourvus, les mouvemens qu'on leur voit exécuter ont une autre origine.

J'en étois là, lorsqu'ayant considéré que sans les excitations de l'extérieur, la vie n'existeroit point et ne sauroit se maintenir en activité dans les végétaux, je reconnus bientôt qu'un grand nombre d'animaux devoient se trouver dans le même cas; et comme j'avois eu bien des occasions de remarquer que, pour arriver au même but, la nature varioit ses moyens, lorsque cela étoit nécessaire, je n'eus plus de doute à cet égard.

Ainsi, je pense que les animaux très-imparfaits qui manquent de système nerveux, ne vivent qu'à l'aide des excitations qu'ils reçoivent de l'extérieur, c'est-à-dire, que parce que des fluides subtils et toujours en mouvement, que les milieux environnans contiennent, pénètrent sans cesse ces corps organisés, et y entretiennent la vie tant que l'état de ces corps leur en donne le pouvoir. Or, cette pensée que j'ai tant de fois considérée, que tant de faits me paroissent confirmer, contre laquelle aucun de ceux qui me sont connus ne me semble déposer, enfin, que la vie végétale me paroît attester d'une manière évidente ; cette pensée, dis-je, fut pour moi un trait singulier de lumière qui me fit apercevoir la cause principale qui entretient les mouvemens et la vie des corps organisés, et à laquelle les animaux doivent tout ce qui les anime.

En rapprochant cette considération des deux

deux précédentes , c'est-à-dire, de celle relative au produit du mouvement des fluides
dans l'intérieur des animaux , et de celle
qui concerne les suites d'un changement
maintenu dans les circonstances et les habitudes de ces êtres ; je pus saisir le fil qui
lie entr'elles les causes nombreuses des phénomènes que nous offre l'organisation animale dans ses développemens et sa diversité ; et bientôt j'aperçus l'importance de
ce moyen de la nature , qui consiste à conserver dans les nouveaux individus repro-
duits , tout ce que les suites de la vie et des
circonstances influentes avoient fait acquérir dans l'organisation de ceux qui leur ont
transmis l'existence.

Or , ayant remarqué que les mouvemens des animaux ne sont jamais communiqués , mais qu'ils sont toujours excités ; je reconnus que la nature , obligée
d'abord d'emprunter des milieux environnans la *puissance excitatrice* des mouvemens vitaux et des actions des animaux
imparfaits , sut , en composant de plus

b

en plus l'organisation animale, transporter cette puissance dans l'intérieur même
de ces êtres, et qu'à la fin, elle parvint à
mettre cette même puissance à la disposition de l'individu.

Tels sont les sujets principaux que j'ai
essayé d'établir et de développer dans cet
ouvrage.

Ainsi, cette *Philosophie zoologique* présente les résultats de mes études sur les animaux, leurs caractères généraux et particuliers, leur organisation, les causes de
ses développemens et de sa diversité, et
les facultés qu'ils en obtiennent; et pour la
composer, j'ai fait usage des principaux
matériaux que je rassemblois pour un ouvrage projeté sur les corps vivans, sous
le titre de *Biologie*; ouvrage qui, de ma
part, restera sans exécution.

Les faits que je cite sont très-nombreux
et positifs, et les conséquences que j'en ai
déduites m'ont paru justes et nécessaires; en
sorte que je suis persuadé qu'on les rempla-
cera difficilement par de meilleures.

Cependant, quantité de considérations nouvelles exposées dans cet ouvrage, doivent naturellement, dès leur première énonciation, prévenir défavorablement le lecteur, par le seul ascendant qu'ont toujours celles qui sont admises en général, sur de nouvelles qui tendent à les faire rejeter. Or, comme ce pouvoir des idées anciennes sur celles qui paroissent pour la première fois, favorise cette prévention, surtout lorsque le moindre intérêt y concourt; il en résulte que, quelques difficultés qu'il y ait à découvrir des vérités nouvelles, en étudiant la nature, il s'en trouve de plus grandes encore à les faire reconnoître.

Ces difficultés, qui tiennent à différentes causes, sont dans le fond plus avantageuses que nuisibles à l'état des connoissances générales; car, par cette rigueur, qui rend difficile à faire admettre comme vérités, les idées nouvelles que l'on présente, une multitude d'idées singulières, plus ou moins spécieuses, mais sans fondement, ne font que paroître, et bientôt après tombent dans l'oubli. Quelquefois, néanmoins, d'excellentes vues et des pensées solides, sont, par les mêmes causes, rejetées ou négligées. Mais il vaut mieux qu'une vérité, une fois aperçue, lutte longtemps sans obtenir l'attention qu'elle mérite, que si tout ce que produit l'imagination ardente de l'homme étoit facilement reçu.

- Plus je médite sur ce sujet, et particulièrement sur les causes nombreuses qui peuvent altérer nos jugemens, plus je me persuade que, sauf les faits physiques et les faits moraux (1), qu'il n'est au pouvoir de personne de révoquer en doute,

---

(1) Je nomme *faits moraux*, les vérités mathématiques, c'est-à-dire, les résultats des calculs, soit de quantités, soit de forces, et ceux des mesures ; parce que c'est par l'intelligence, et non par les sens, que ces faits nous sont connus. Or, ces *faits moraux* sont à la fois des vérités positives, comme le sont aussi les faits relatifs à l'existence des corps que nous pouvons observer, et de bien d'autres qui les concernent.

tout le reste n'est qu'opinion ou que raisonnement; et l'on sait qu'à des raisonnemens on peut toujours en opposer d'autres.
Ainsi, quoiqu'il soit évident qu'il y ait
de grandes différences en vraisemblance,
probabilité, valeur même, entre les diverses opinions des hommes ; il me semble que nous aurions tort de blâmer ceux
qui refuseroient d'adopter les nôtres.

Doit-on ne reconnoître comme fondées,
que les opinions les plus généralement admises? Mais l'expérience montre assez que
les individus qui ont l'intelligence la plus
développée et qui réunissent le plus de lumières, composent, dans tous les temps,
une minorité extrêmement petite. On ne
sauroit en disconvenir : les autorités, en
fait de connoissances, doivent s'apprécier,
et non se compter; quoique, à la vérité,
cette appréciation soit très-difficile.

Cependant, d'après les conditions nombreuses et rigoureuses qu'exige un juge-
ment pour qu'il soit bon ; il n'est pas encore
certain que celui des individus que l'opi-

nion transforme en autorités, soit parfaitement juste à l'égard des objets sur lesquels il prononce.

Il n'y a donc réellement pour l'homme de vérités positives, c'est-à-dire, sur lesquelles il puisse solidement compter, que les faits qu'il peut observer, et non les conséquences qu'il en tire ; que l'existence de la nature qui lui présente ces faits, ainsi que les matériaux pour en obtenir ; enfin, que les lois qui régissent les mouvemens et les changemens de ses parties. Hors de là, tout est incertitude ; quoique certaines conséquences, théories, opinions, etc., aient beaucoup plus de probabilités que d'autres.

Puisque l'on ne peut compter sur aucun raisonnement, sur aucune conséquence, sur aucune théorie, les auteurs de ces actes d'intelligence ne pouvant avoir la certitude d'y avoir employé les véritables élémens qui devoient y donner lieu, de n'y avoir fait entrer que ceux-là, et de n'en avoir négligé aucun ; puisqu'il n'y a de positif pour nous que l'existence des corps qui peuvent affecter nos sens, que celle des qualités réelles qui leur sont propres; enfin, que les faits physiques et moraux que nous pouvons connoître; les pensées, les raisonnemens, et les explications dont on trouvera l'exposé dans cet ouvrage, ne devront être considérés que comme de simples opinions que je propose, dans l'intention d'avertir de ce qui me paroît être, et de ce qui pourroit effectivement avoir lieu.

Quoi qu'il en soit, en me livrant aux observations qui ont fait naître les considérations exposées dans cet ouvrage, j'ai obtenu les jouissances que leur ressemblance à des vérités m'a fait éprouver, ainsi que la récompense des fatigues que mes études et mes méditations ont entraînées; et en publiant ces observations, avec les résultats que j'en ai déduits, j'ai pour but d'inviter les hommes éclairés qui aiment l'étude de la nature, à les suivre et les vérifier, et à en tirer de leur côté les conséquences qu'ils jugeront convenables.

Comme cette voie me paroît la seule qui puisse conduire à la connoissance de la vérité, ou de ce qui en approche le plus, et qu'il est évident que cette connoissance nous est plus avantageuse que l'erreur qu'on peut mettre à sa place, je ne puis douter que ce ne soit celle qu'il faille suivre.

On pourra remarquer que je me suis plu particulièrement à l'exposition de la seconde et surtout de la troisième parties de cet ouvrage, et qu'elles m'ont inspiré beaucoup d'intérêt. Cependant, les principes relatifs à l'histoire naturelle dont je me suis occupé dans la première partie, doivent être au moins considérés comme les objets qui peuvent être les plus utiles à la science, ces principes étant, en général, ce qu'il y a de plus rapproché de ce que l'on a pensé jusqu'à ce jour.

J'avois les moyens d'étendre considérablement cet ouvrage, en donnant à chaque article tous les développemens que les matières intéressantes qu'il embrasse peuvent permettre ; mais j'ai préféré me restreindre

treindre à l'exposition strictement nécessaire pour que mes observations puissent
être suffisamment saisies. Par ce moyen,
j'ai épargné le temps de mes lecteurs, sans
les avoir exposés à ne pouvoir m'entendre.

J'aurai atteint le but que je me suis proposé, si ceux qui aiment les sciences naturelles trouvent dans cet ouvrage quelques
vues et quelques principes utiles à leur
égard ; si les observations que j'y ai exposées, et qui me sont propres, sont confirmées ou approuvées par ceux qui ont eu
occasion de s'occuper des mêmes objets ; et
si les idées qu'elles sont dans le cas de faire
naître, peuvent, quelles qu'elles soient,
avancer nos connoissances, ou nous mettre
sur la voie d'arriver à des vérités inconnues.

DISCOURS

DISCOURS
PRÉLIMINAIRE.

Observer la nature, étudier ses productions, rechercher les rapports généraux et particuliers qu'elle a imprimés dans leurs caractères, enfin essayer de saisir l'ordre qu'elle fait exister partout, ainsi que sa marche, ses lois et les moyens infiniment variés qu'elle emploie pour donner lieu à cet ordre; c'est, à mon avis, se mettre dans le cas d'acquérir les seules connoissances positives qui soient à notre disposition, les seules, en outre, qui puissent nous être véritablement utiles, et c'est en même temps se procurer les jouissances les plus douces et les plus propres à nous dédommager des peines inévitables de la vie.

En effet, qu'y a-t-il de plus intéressant dans l'observation de la nature, que l'étude des animaux; que la considération des rapports de leur organisation avec celle de l'homme; que celle du pouvoir qu'ont les habitudes, les manières de vivre, les climats et les lieux d'habitation, pour modifier leurs organes, leurs facultés et leurs caractères; que l'examen des différens systèmes d'organisation qu'on observe parmi eux , et d'après lesquels on détermine les rapports plus ou moins grands qui fixent le rang de chacun d'eux dans la méthode naturelle; enfin, que la distribution générale que nous formons de ces animaux, en considérant la complication plus ou moins grande de leur organisation , distribution qui peut conduire à faire connoître l'ordre même qu'a suivi la nature , en faisant exister chacune de leurs espèces ?

Assurément on ne sauroit disconvenir que toutes ces considérations et plusieurs autres encore auxquelles conduit nécessairement l'étude des animaux, ne soient d'un bien grand intérêt pour quiconque aime la nature , et cherche le vrai dans toute chose.

Ce qu'il y a de singulier, c'est que les phénomènes les plus importans à considérer n'ont été offerts à nos méditations que depuis l'époque où l'on s'est attaché principalement à l'étude des animaux les moins parfaits, et où les recherches sur les différentes complications de l'organisation de ces animaux sont devenues le principal fondement de leur étude.

Il n'est pas moins singulier d'être forcé de reconnoître que ce fut presque toujours de l'examen suivi des plus petits objets que nous présente la nature, et de celui des considérations qui paroissent les plus minutieuses, qu'on a obtenu les connoissances les plus importantes pour arriver à la découverte de ses lois, de ses moyens, et pour déterminer sa marche. Cette vérité, déjà constatée par beaucoup de faits remarquables, recevra dans les considérations exposées dans cet ouvrage, un nouveau degré d'évidence, et devra plus que jamais nous persuader que, relativement à l'étude de la nature, aucun objet quelconque n'est à dédaigner.

L'objet de l'étude des animaux n'est pas uniquement d'en connoître les différentes races, et de déterminer parmi eux toutes les distinctions, en fixant leurs caractères particuliers; mais il est aussi de parvenir à connoître l'origine des facultés dont ils jouissent, les causes qui font exister et qui maintiennent en eux la vie, enfin celles de la progression remarquable qu'ils offrent dans la composition de leur organisation, et dans le nombre ainsi que dans le développement de leurs facultés.

A leur source, le *physique* et le *moral* ne sont, sans doute, qu'une seule et même chose; et c'est en étudiant l'organisation des différens ordres d'animaux connus qu'il est possible de mettre cette vérité dans la plus grande évidence. Or, comme les produits de cette source sont des effets, et que ces effets, d'abord à peine séparés, se sont par la suite partagés en deux ordres éminemment distincts, ces deux ordres d'effets, considérés dans leur plus grande distinction, nous ont paru et paroissent encore à bien des personnes, n'avoir entre eux rien de commun.

Cependant, on a déjà reconnu l'influence du physique sur le moral (1); mais il me paroît qu'on n'a pas encore donné une attention suffisante aux influences du moral sur le physique même. Or, ces deux ordres de choses, qui ont une source commune, réagissent l'un sur l'autre, surtout lorsqu'ils paroissent le plus séparés, et on a maintenant les moyens de prouver qu'ils se modifient de part et d'autre dans leurs variations.

Pour montrer l'origine commune des deux ordres d'effets qui, dans leur plus grande distinction, constituent ce qu'on nomme le *physique* et le *moral*, il me semble qu'on s'y est mal pris, et qu'on a choisi une route opposée à celle qu'il falloit suivre.

Effectivement, on a commencé à étudier ces deux sortes d'objets si dictincts en apparence, dans l'homme même, où l'organisation, parvenue à son terme de composition et de perfec-

---

(1) Voyez l'intéressant ouvrage de M. CABANIS, intitulé : *Rapport du physique et du moral de l'Homme.*

tionnement; offre dans les causes des phénomènes de la vie, dans celles du sentiment, enfin
dans celles des facultés dont il jouit, la plus
grande complication, et où conséquemment il
est le plus difficile de saisir la source de tant de
phénomènes.

Après avoir bien étudié l'organisation de
l'homme, comme on l'a fait, au lieu de s'empres-
ser de rechercher dans la considération de cette
organisation les causes mêmes de la vie, celles
de la sensibilité physique et morale, celles, en
un mot, des facultés éminentes qu'il possède, il
falloit alors s'efforcer de connoître l'organisation
des autres animaux; il falloit considérer les différences qui existent entre eux à cet égard, ainsi
que les rapports qui se trouvent entre les facultés
qui leur sont propres, et l'organisation dont
ils sont doués.

Si l'on eut comparé ces différens objets entre
eux, et avec ce qui est connu à l'égard de l'homme; si l'on eut considéré, depuis l'organisation
animale la plus simple, jusqu'à celle de l'homme
qui est la plus composée et la plus parfaite, la
progression qui se montre dans la composition
de l'organisation, ainsi que l'acquisition successive des différens organes spéciaux, et par suite
d'autant de facultés nouvelles que de nouveaux
organes obtenus : alors on eût pu apercevoir

comment les *besoins*, d'abord réduits à nullité, et dont le nombre ensuite s'est accru graduellement, ont amené le penchant aux actions propres à y satisfaire ; comment les actions devenues habituelles et énergiques, ont occasionné le développement des organes qui les exécutent ; comment la force qui excite les mouvemens organiques, peut, dans les animaux les plus imparfaits, se trouver hors d'eux, et cependant les animer ; comment ensuite cette force a été transportée et fixée dans l'animal même ; enfin, comment elle y est devenue la source de la sensibilité, et à la fin celle des actes de l'intelligence.

J'ajouterai que si l'on eut suivi cette méthode, alors on n'eût point considéré le *sentiment* comme la cause générale et immédiate des mouvemens organiques, et on n'eût point dit que la vie est une suite de mouvemens qui s'exécutent en vertu des sensations reçues par différens organes, ou autrement, que tous les mouvemens vitaux sont le produit des impressions reçues par les parties sensibles. *Rapp. du phys. et du moral de l'Homme,* p. 38 à 39, et 85.

Cette cause paroîtroit, jusqu'à un certain point, fondée à l'égard des animaux les plus parfaits ; mais s'il en étoit ainsi relativement à tous les corps qui jouissent de la vie, ils posséderoient tous la faculté de sentir. Or, on ne sauroit nous montrer que les végétaux sont dans ce cas ; on ne sauroit même prouver que c'est celui de tous les animaux connus.

Je ne reconnois point dans la supposition d'une pareille cause donnée comme générale, la marche réelle de la nature. En constituant la vie, elle n'a point débuté subitement par établir une faculté aussi éminente que celle de sentir ; elle n'a pas eu les moyens de faire exister cette faculté dans les animaux imparfaits des premières classes du règne animal.

A l'égard des corps qui jouissent de la vie, la nature a tout fait peu à peu et successivement : il n'est plus possible d'en douter.

En effet, parmi les différens objets que je me propose d'exposer dans cet ouvrage, j'essayerai de faire voir, en citant partout des faits reconnus, qu'en composant et compliquant de plus en plus l'organisation animale, la nature a créé progressivement les différens organes spéciaux, ainsi que les facultés dont les animaux jouissent.

Il y a long-temps que l'on a pensé qu'il existoit une sorte d'échelle ou de chaîne graduée parmi les corps doués de la vie. BONNET a développé cette opinion ; mais il ne l'a point prouvée par des faits tirés de l'organisation même, ce qui étoit cependant nécessaire, surtout relativement aux animaux. Il ne pouvoit le faire ;

car à l'époque où il vivoit, on n'en avoit pas encore les moyens.

En étudiant les animaux de toutes les classes, il y a bien d'autres choses à voir que la composition croissante de l'organisation animale. Le produit des circonstances comme causes qui amènent de nouveaux besoins, celui des besoins qui fait naître les actions, celui des actions répétées qui crée les habitudes et les penchans, les résultats de l'emploi augmenté ou diminué de tel ou tel organe, les moyens dont la nature se sert pour conserver et perfectionner tout ce qui a été acquis dans l'organisation, etc., etc., sont des objets de la plus grande importance pour la philosophie rationnelle.

Mais cette étude des animaux, surtout celle des animaux les moins parfaits, fut si long-temps négligée, tant on étoit éloigné de soupçonner le grand intérêt qu'elle pouvoit offrir; et ce qui a été commencé à cet égard est encore si récent, qu'en le continuant, on a lieu d'en attendre encore beaucoup de lumières nouvelles.

Lorsqu'on a commencé à cultiver réellement l'histoire naturelle, et que chaque règne a obtenu l'attention des naturalistes, ceux qui ont dirigé leurs recherches sur le règne animal ont étudié principalement les animaux à vertèbres, c'est-à-dire les *mammifères*, les *oiseaux*, les *reptiles*, et enfin les *poissons*. Dans ces classes d'animaux, les espèces en général plus grandes, ayant des parties et des facultés plus développées, et étant plus aisément déterminables, parurent offrir plus d'intérêt dans leur étude, que celles qui appartiennent à la division des animaux invertébrés.

En effet, la petitesse extrême de la plupart des animaux sans vertèbres, leurs facultés bornées, et les rapports de leurs organes beaucoup plus éloignés de ceux de l'homme que ceux que l'on observe dans les animaux plus parfaits, les ont fait, en quelque sorte, mépriser du vulgaire, et jusqu'à nos jours ne leur ont obtenu de la plupart des naturalistes qu'un intérêt très-médiocre.

On commence cependant à revenir de cette prévention nuisible à l'avancement de nos connoissances; car depuis peu d'années que ces singuliers animaux sont examinés attentivement, on est forcé de reconnoître que leur étude doit être considérée comme une des plus intéressantes aux yeux du naturaliste et du philosophe, parce qu'elle répand sur quantité de problèmes relatifs à l'histoire naturelle et à la physique animale, des lumières qu'on obtiendroit difficilement par aucune autre voie.

Chargé de faire, dans le Muséum d'Histoire naturelle, la démonstration des animaux que je

nommai *sans vertèbres*, à cause de leur défaut
de colonne vertébrale, mes recherches sur ces
nombreux animaux, le rassemblement que je fis
des observations et des faits qui les concernent,
enfin les lumières que j'empruntai de l'anatomie
comparée à leur égard, me donnèrent bientôt
la plus haute idée de l'intérêt que leur étude
inspire.

En effet, l'étude des *animaux sans vertèbres*
doit intéresser singulièrement le naturaliste,
1°. parce que les espèces de ces animaux sont beaucoup plus nombreuses dans la nature que celles des
animaux vertébrés; 2°. parce qu'étant plus nombreuses, elles sont nécessairement plus variées;
3°. parce que les variations de leur organisation
sont beaucoup plus grandes, plus tranchées et
plus singulières; 4°. enfin, parce que l'ordre
qu'emploie la nature pour former successivement les différens organes des animaux, est bien
mieux exprimé dans les mutations que ces organes
subissent dans les animaux sans vertèbres, et
rend leur étude beaucoup plus propre à nous
faire apercevoir l'origine même de l'organisation, ainsi que la cause de sa composition et de
ses développemens, que ne pourroient le faire
toutes les considérations que présentent les animaux plus parfaits, tels que les vertébrés.

Lorsque je fus pénétré de ces vérités, je sentis

que pour les faire connoître à mes élèves, au
lieu de m'enfoncer d'abord dans le détail des
objets particuliers, je devois, avant tout, leur
présenter les généralités relatives à tous les animaux; leur en montrer l'ensemble, ainsi que les
considérations essentielles qui lui appartiennent;
me proposant ensuite de saisir les masses principales qui semblent diviser cet ensemble pour
les mettre en comparaison entre elles, et les
faire mieux connoître chacune séparément.

Le vrai moyen, en effet, de parvenir à bien
connoître un objet, même dans ses plus petits
détails, c'est de commencer par l'envisager dans
son entier; par examiner d'abord, soit sa masse,
soit son étendue, soit l'ensemble des parties qui le
composent; par rechercher quelle est sa nature
et son origine, quels sont ses rapports avec les
autres objets connus; en un mot, par le considérer sous tous les points de vue qui peuvent nous
éclairer sur toutes les généralités qui le concernent. On divise ensuite l'objet dont il s'agit en ses
parties principales, pour les étudier et les considérer séparément sous tous les rapports qui
peuvent nous instruire à leur égard; et continuant ainsi à diviser et sous-diviser ces parties
que l'on examine successivement, on pénètre
jusqu'aux plus petites, dont on recherche les
particularités, ne négligeant pas les moindres

détails. Toutes ces recherches terminées, on essaye d'en déduire les conséquences, et peu à peu la philosophie de la science s'établit, se rectifie et se perfectionne.

C'est par cette voie seule que l'intelligence humaine peut acquérir les connoissances les plus vastes, les plus solides et les mieux liées entre elles dans quelque science que ce soit ; et c'est uniquement par cette méthode d'analise que toutes les sciences font de véritables progrès, et que les objets qui s'y rapportent ne sont jamais confondus, et peuvent être connus parfaitement.

Malheureusement on n'est pas assez dans l'usage de suivre cette méthode en étudiant l'histoire naturelle. La nécessité reconnue de bien observer les objets particuliers a fait naître l'habitude de se borner à la considération de ces objets et de leurs plus petits détails, de manière qu'ils sont devenus, pour la plupart des naturalistes, le sujet principal de l'étude. Ce seroit cependant une cause réelle de retard pour les sciences naturelles, si l'on s'obstinoit à ne voir dans les objets observés, que leur forme, leur dimension, leurs parties externes même les plus petites, leur couleur, etc.; et si ceux qui se livrent à une pareille étude dédaignoient de s'élever à des considérations supérieures, comme de chercher quelle est la nature des objets dont ils s'occupent, quelles sont les causes des modifications ou des variations auxquelles ces objets sont tous assujettis, quels sont les rapports de ces mêmes objets entr'eux, et avec tous les autres que l'on connoît, etc., etc.

C'est parce que l'on ne suit pas assez la méthode que je viens de citer, que nous remarquons tant de divergence dans ce qui est enseigné à cet égard, soit dans les ouvrages d'histoire naturelle, soit ailleurs ; et que ceux qui ne se sont livrés qu'à l'étude des espèces, ne saisissent que très-difficilement les rapports généraux entre les objets, n'aperçoivent nullement le vrai plan de la nature, et ne reconnoissent presque aucune de ses lois.

Convaincu, d'une part, qu'il ne faut pas suivre une méthode qui rétrécit et borne ainsi les idées, et de l'autre me trouvant dans la nécessité de donner une nouvelle édition de mon *Système des Animaux sans vertèbres*, parce que les progrès rapides de l'anatomie comparée, les nouvelles découvertes des zoologistes, et mes propres observations, me fournissent les moyens d'améliorer cet ouvrage ; j'ai cru devoir rassembler dans un ouvrage particulier, sous le titre de *Philosophie zoologique*, 1°. les principes généraux relatifs à l'étude du règne animal ; 2°. les faits essentiels observés, qu'il importe de considérer dans cette étude; 3°. les considérations qui règlent la *distribution* non arbitraire des animaux, et leur classification la plus convenable; 4°. enfin, les conséquences les plus importantes qui se déduisent naturellement des observations et des faits recueillis, et qui fondent la véritable *philosophie* de la science.

La *Philosophie zoologique* dont il s'agit n'est autre chose qu'une nouvelle édition refondue, corrigée et fort augmentée de mon ouvrage intitulé : *Recherches sur les Corps vivans.* Elle se divise en trois parties principales, et chacune de ces parties se partage en différens chapitres.

Ainsi, dans la première partie, qui doit présenter les faits essentiels observés, et les principes généraux des sciences naturelles, je vais d'abord considérer ce que je nomme les *parties de l'art* dans les sciences dont il est question, l'importance de la considération des *rapports*, et l'idée que l'on doit se former de ce que l'on appelle *espèce* parmi les corps vivans. Ensuite, après avoir développé les *généralités* relatives aux animaux, j'exposerai; d'une part, les preuves de la *dégradation* de l'organisation qui règne d'une extrémité à l'autre de l'échelle animale, les animaux les plus parfaits étant placés à l'extrémité antérieure de cette échelle; et de l'autre part, je montrerai l'influence des *circonstances et des habitudes* sur les organes des animaux, comme étant la source des causes qui favorisent ou arrêtent leurs développemens. Je terminerai cette partie par la considération de l'*ordre naturel* des animaux, et par l'exposé de leur *distribution* et de leur *classification* les plus convenables.

Dans la seconde partie, je proposerai mes idées sur l'ordre et l'état de choses qui font l'essence de la vie animale, et j'indiquerai les conditions essentielles à l'existence de cet admirable phénomène de la nature. Ensuite je tâcherai de déterminer la cause excitatrice des mouvemens organiques; celle de l'orgasme et de l'irritabilité; les propriétés du tissu cellulaire; la circonstance unique dans laquelle les *générations spontanées* peuvent avoir lieu; les suites évidentes des actes de la vie, etc.

Enfin, la troisième partie offrira mon opinion sur les causes physiques du sentiment, du pouvoir d'agir, et des actes d'intelligence de certains animaux.

J'y traiterai 1°. de l'origine et de la formation du système nerveux; 2°. du fluide nerveux qui ne peut être connu qu'indirectement, mais dont l'existence est attestée par des phénomènes que lui seul peut produire; 3°. de la sensibilité physique et du mécanisme des sensations; 4°. de la force productrice des mouvemens et des actions des animaux ; 5°. de la source de la volonté ou de la faculté de vouloir ; 6°. des idées et de leurs différens ordres ; 7°. enfin, de quelques actes particuliers de l'entendement, comme de l'attention, des pensées, de l'imagination, de la mémoire, etc.

Les considérations exposées dans la seconde et la troisième partie embrassent, sans doute, des sujets très-difficiles à examiner, et même des questions qui semblent insolubles ; mais elles offrent tant d'intérêt, que des tentatives à leur égard peuvent être avantageuses, soit en montrant des vérités inaperçues, soit en ouvrant la voie qui peut conduire à elles.

PHILOSOPHIE

PHILOSOPHIE
ZOOLOGIQUE.

~~~~~~

PREMIÈRE PARTIE.

Considérations sur l'Histoire naturelle des Animaux, leurs caractères, leurs rapports, leur organisation, leur distribution, leur classification et leurs espèces.

═══

CHAPITRE PREMIER.

Des Parties de l'Art dans les productions de la Nature.

PARTOUT dans la nature, où l'homme s'efforce d'acquérir des connoissances, il se trouve obligé d'employer des moyens particuliers, 1°. pour mettre de l'ordre parmi les objets infiniment nombreux et variés qu'il considère ; 2°. pour distinguer sans confusion, parmi l'immense multitude de ces objets, soit des groupes de ceux qu'il a quelque intérêt de connoître, soit chacun d'eux en particulier ; 3°. enfin, pour

2

communiquer et transmettre à ses semblables, tout ce qu'il a appris, remarqué et pensé à leur égard. Or, les moyens qu'il emploie dans ces vues constituent ce que je nomme *les parties de l'art* dans les sciences naturelles, parties qu'il faut bien se garder de confondre avec les lois et les actes mêmes de la nature.

De même qu'il est nécessaire de distinguer dans les sciences naturelles ce qui appartient à l'art de ce qui est le propre de la nature, de même aussi l'on doit distinguer dans ces sciences deux intérêts fort différens qui nous portent à connoître les productions naturelles que nous pouvons observer.

L'un, effectivement, est un intérêt que je nomme *économique*, parce qu'il prend sa source dans les besoins économiques et d'agrément de l'homme, relativement aux productions de la nature qu'il veut faire servir à son usage. Dans cette vue, il ne s'intéresse qu'à ceux qu'il croit pouvoir lui être utiles.

L'autre, fort différent du premier, est cet *intérêt philosophique* qui nous fait désirer de connoître la nature elle-même dans chacune de ses productions, afin de saisir sa marche, ses lois, ses opérations, et de nous former une idée de tout ce qu'elle fait exister; en un mot, qui procure ce genre de connoissances qui constitue véritablement le naturaliste. Dans cette vue, qui ne peut être que particulière à un petit nombre, ceux qui s'y livrent s'intéressent également à toutes les productions naturelles qu'ils peuvent observer.

Les besoins économiques et d'agrément firent d'abord imaginer successivement les différentes *parties de l'art* employées dans les sciences naturelles ; et lorsqu'on parvint à se pénétrer de l'intérêt d'étudier et de connoître la nature, ces parties de l'art nous offrirent encore des secours pour nous aider dans cette étude. Ainsi ces mêmes parties de l'art sont d'une utilité indispensable, soit pour nous aider dans la connoissance des objets particuliers, soit pour faciliter l'étude et l'avancement des sciences naturelles, soit enfin pour que nous puissions nous reconnoître parmi l'énorme quantité d'objets différens qui en font le sujet principal.

Maintenant, l'*intérêt philosophique* qu'offrent les sciences dont il est question, quoique moins généralement senti que celui qui est relatif à nos besoins économiques, force de séparer tout ce qui appartient à l'art de ce qui est le propre de la nature, et de borner, dans des limites convenables, la considération que l'on doit accorder aux premiers objets, pour attacher aux seconds toute l'importance qu'ils méritent.

Les parties de l'art dans les sciences naturelles,
sont:

1°. Les distributions systématiques, soit générales, soit particulières;

2°. Les classes;

3°. Les ordres;

4°. Les familles;

5°. Les genres;

6°. La nomenclature, soit des diverses coupes,
soit des objets particuliers.

Ces six sortes de parties généralement employées
dans les sciences naturelles sont uniquement des
produits de l'art dont il a fallu faire usage pour
ranger, diviser, et nous mettre à portée d'étudier,
de comparer, de reconnoître et de citer les différentes productions naturelles observées. La nature
n'a rien fait de semblable; et au lieu de nous
abuser en confondant nos œuvres avec les siennes, nous devons reconnoître que les *classes*, les
ordres, les *familles*, les *genres* et les *nomencla-
tures* à leur égard, sont des moyens de notre
invention, dont nous ne saurions nous passer,
mais qu'il faut employer avec discrétion, les
soumettant à des principes convenus, afin d'éviter les changemens arbitraires qui en détruisent
tous les avantages.

Sans doute, il étoit indispensable de *classer*
les productions de la nature, et d'établir parmi

elles différentes sortes de divisions, telles que
des classes, des ordres, des familles et des genres ;
enfin, il falloit déterminer ce qu'on nomme des
espèces, et assigner des noms particuliers à ces
divers genres d'objets. Les bornes de nos facultés
l'exigent, et il nous faut des moyens de cette
sorte pour nous aider à fixer nos connoissances
sur cette multitude prodigieuse de corps naturels que nous pouvons observer, et qui sont infiniment diversifiés entre eux.

Mais ces classifications, dont plusieurs ont été
si heureusement imaginées par les naturalistes,
ainsi que les divisions et sous-divisions qu'elles
présentent, sont des moyens tout-à-fait artificiels. Rien de tout cela, je le répète, ne se
trouve dans la nature, malgré le fondement que
paroissent leur donner certaines portions de la
série naturelle qui nous sont connues, et qui ont
l'apparence d'être isolées. Aussi l'on peut assurer que, parmi ses productions, la nature n'a
réellement formé ni classes, ni ordres, ni familles, ni genres, ni espèces constantes, mais
seulement des individus qui se succèdent les uns
aux autres, et qui ressemblent à ceux qui les ont
produits. Or, ces individus appartiennent à des
races infiniment diversifiées, qui se nuancent
sous toutes les formes et dans tous les degrés
d'organisation, et qui chacune se conservent

sans mutation, tant qu'aucune cause de changement n'agit sur elles.

Exposons quelques développemens succincts à
l'égard de chacune des six parties de l'art employées dans les sciences naturelles.

Les distributions systématiques. J'appelle distribution systématique, soit générale, soit particulière, toute série d'animaux ou de végétaux
qui n'est pas conforme à l'ordre de la nature,
c'est-à-dire, qui ne représente pas, soit son ordre
en entier, soit quelque portion de cet ordre, et
conséquemment qui n'est pas fondée sur la considération des rapports bien déterminés.

On est maintenant parfaitement fondé à reconnoître qu'un ordre établi par la nature, existe
parmi ses productions dans chaque règne des
corps vivans : cet ordre est celui dans lequel
chacun de ces corps a été formé dans son origine.

Ce même ordre est unique, essentiellement
sans division dans chaque règne organique, et
peut nous être connu à l'aide de la connoissance
des rapports particuliers et généraux qui existent entre les différens objets qui font partie de
ces règnes. Les corps vivans qui se trouvent
aux deux extrémités de cet ordre ont essentiellement entre eux le moins de rapports, et présentent dans leur organisation et leur forme,
les plus grandes différences possibles.

C'est ce même ordre qui devra remplacer, à mesure que nous le connoîtrons, ces distributions systématiques ou artificielles que nous avons été forcés de créer pour ranger d'une manière commode les différens corps naturels que nous avons observés.

En effet, à l'égard des corps organisés divers, reconnus par l'observation, on n'a pensé d'abord qu'à la commodité et à la facilité des distinctions entre ces objets; et l'on a été d'autant plus long-temps à rechercher l'ordre même de la nature pour leur distribution, qu'on n'en soupçonnoit même pas l'existence.

De là naquirent des classifications de toutes les sortes, des systèmes et des méthodes artificielles, fondés sur des considérations tellement arbitraires, que ces distributions subirent dans leurs principes et leur nature des changemens presque aussi fréquens qu'il y eut d'auteurs qui s'en sont occupés.

A l'égard des plantes, le *système sexuel* de Linné, tout ingénieux qu'il est, présente une *distribution systématique* générale; et relativement aux insectes, l'*entomologie* de Fabricius offre une *distribution systématique* particulière.

Il a fallu que la *philosophie* des sciences naturelles ait fait, dans ces derniers temps, tous les progrès que nous lui connoissons, pour que

l'on soit enfin convaincu, au moins en France ;
de la nécessité d'étudier la *méthode naturelle*,
c'est-à-dire de rechercher dans nos distributions,
l'ordre même qui est propre à la nature ; car cet
ordre est le seul qui soit stable, indépendant de
tout arbitraire, et digne de l'attention du naturaliste.

Parmi les végétaux, la méthode naturelle est
extrêmement difficile à établir, à cause de l'obs-
curité qui règne dans les caractères d'organisation intérieure de ces corps vivans, et dans les
différences qu'à cet égard peuvent offrir les
plantes des diverses familles. Cependant, depuis
les savantes observations de M. *Antoine-Laurent
de Jussieu*, on a fait un grand pas en botanique vers la méthode naturelle ; des familles nombreuses ont été formées d'après la considération
des rapports. Mais il reste à déterminer solidement la disposition générale de toutes ces familles
entre elles, et par conséquent celle de l'ordre
entier. A la vérité, l'on a trouvé le commencement de cet ordre ; mais le milieu, et surtout
la fin du même ordre, se trouvent encore à la
merci de l'arbitraire.

Il n'en est pas de même relativement aux animaux ; leur organisation, beaucoup mieux pro-
noncée, offrant différens systèmes plus faciles à
saisir, a permis d'avancer davantage le travail à

leur égard. Aussi l'ordre même de la nature , dans le règne animal , est maintenant esquissé , dans ses masses principales , d'une manière stable et satisfaisante. Les limites seules des classes , de leurs ordres, des familles et des genres sont encore exposées à l'arbitraire.

Si l'on forme encore des *distributions systématiques* parmi les animaux , ces distributions , du moins , ne sont que particulières , comme celles des objets qui appartiennent à une classe. Ainsi, jusqu'à présent , les distributions que l'on a faites des *poissons* et des *oiseaux* sont encore des distributions systématiques.

A l'égard des corps vivans , plus on s'abaisse du général vers le particulier , moins les caractères qui servent à la détermination des rapports sont essentiels, et alors plus l'ordre même de la nature est difficile à reconnoître.

Les Classes. On donne le nom de *classe* à la première sorte de divisions générales que l'on établit dans un règne. Les autres divisions que l'on forme parmi celles-ci reçoivent alors d'autres noms : nous en parlerons dans l'instant.

Plus nos connoissances à l'égard des rapports entre les objets qui composent un règne sont avancées , plus les *classes* que l'on établit pour diviser primairement ce règne , sont bonnes et paroissent naturelles , si , en les formant , on a eu égard aux rapports reconnus. Néanmoins, les limites de ces classes, même des meilleures, sont évidemment artificielles : aussi subiront-elles toujours les variations de l'arbitraire de la part des auteurs, tant que les naturalistes ne conviendront pas à leur égard de certains principes de l'art, et ne s'y soumettront pas.

Ainsi, lors même que l'ordre de la nature seroit parfaitement connu dans un règne, les *classes* que l'on sera obligé d'y établir pour le diviser, constitueront toujours des coupes véritablement artificielles.

Cependant, surtout dans le règne animal, plusieurs de ces coupes paroissent réellement formées par la nature elle-même ; et, certes, on aura long-temps de la peine à croire que les mammifères, que les oiseaux, etc., ne soient pas des classes bien isolées, formées par la nature. Ce n'est, malgré cela, qu'une illusion, et c'est à la fois un résultat des bornes de nos connoissances à l'égard des animaux qui existent ou qui ont existé. Plus nous avançons nos connoissances d'observation, plus nous acquérons des preuves que les limites des classes, même de celles qui paroissent le plus isolées, sont dans le cas de se voir effacées par nos nouvelles découvertes. Déjà les *ornithorinques* et les *échidnées* semblent indiquer l'existence d'animaux intermédiaires entre les oiseaux et les mammifères. Combien les sciences naturelles n'auroient-elles pas à gagner, si la vaste région de la Nouvelle-Hollande et bien d'autres nous étoient plus connues !

Si les *classes* sont la première sorte de divisions que l'on parvient à établir dans un règne, il s'ensuit que les divisions que l'on pourra former entre les objets qui appartiennent à une classe, ne peuvent être des classes; car il est évidemment inconvenable d'établir des classes dans une classe. C'est cependant ce que l'on a fait : Brisson, dans son *Ornithologie*, a divisé la classe des oiseaux en différentes classes particulières.

De même que la nature est partout régie par des lois, l'art, de son côté, doit être assujetti à des règles. Tant qu'il en manquera, ou qu'elles ne seront pas suivies, ses produits seront vacillans, et son objet sera manqué.

Des naturalistes modernes ont introduit l'usage de diviser une classe en plusieurs *sous-classes*, et d'autres ensuite ont appliqué cette idée à l'égard même des genres ; en sorte qu'ils forment non-seulement des sous-classes, mais, en outre, des *sous-genres* ; et bientôt nos distributions présenteront des sous-classes, des sous-ordres, des sous-familles, des sous-genres et des sous-espèces. C'est un abus inconsidéré de l'art,

qui détruit l'hiérarchie et la simplicité des divisions que Linné avoit proposées par son exemple,
et qu'on avoit adoptées généralement.

La diversité des objets qui appartiennent à une
classe, soit d'animaux, soit de végétaux, est quelquefois si grande, qu'il est alors nécessaire d'établir beaucoup de divisions et de sous-divisions
parmi les objets de cette classe; mais l'intérêt
de la science veut que les parties de l'art aient
toujours la plus grande simplicité possible, afin
de faciliter l'étude. Or, cet intérêt permet, sans
doute, toutes les divisions et sous-divisions nécessaires; mais il s'oppose à ce que chaque division et chaque sous-division ait une dénomination particulière. Il faut mettre un terme aux
abus de nomenclature, sans quoi la nomenclature deviendroit un sujet plus difficile à connoître que les objets mêmes que l'on doit considérer.

Les Ordres. On doit donner le nom d'*ordre*
aux divisions principales et de la première sorte
qui partagent une classe; et si ces divisions offrent les moyens d'en former d'autres en les sous-
divisant elles-mêmes, ces sous-divisions ne sont
plus des *ordres*; il seroit très-inconvenable de
leur en donner le nom.

Par exemple, la classe des mollusques présente la facilité d'établir parmi ces animaux deux

grandes divisions principales, les uns ayant une tête, des yeux, etc., et se régénérant par accouplement; tandis que les autres sont sans tête, sans yeux, etc., et ne subissent aucun accouplement pour se régénérer. Les mollusques *céphalés* et les mollusques *acéphalés* doivent donc être considérés comme les deux ordres de cette classe. Cependant chacun de ces ordres peut se partager en plusieurs coupes remarquables. Or, cette considération n'est pas un motif qui puisse autoriser à donner le nom d'*ordre*, ni même celui de *sous-ordre* à chacune des coupes dont il s'agit. Ainsi ces coupes qui divisent les ordres peuvent être considérées comme des sections, comme de grandes familles susceptibles elles-mêmes d'être encore sous-divisées.

Conservons dans les parties de l'art la grande simplicité et la belle hiérarchie établies par *Linné;* et si nous avons besoin de sous-diviser bien des fois les *ordres*, c'est-à-dire les principales divisions d'une classe, formons de ces sous-divisions autant qu'il en sera nécessaire, et ne leur assignons point de dénomination particulière.

Les ordres qui divisent une classe doivent être déterminés par des caractères importans qui s'étendent à tous les objets compris dans chaque ordre; mais on ne leur doit assigner aucun nom particulier applicable aux objets mêmes.

La même chose doit avoir lieu à l'égard des *sections* que le besoin obligera de former parmi les ordres d'une classe.

Les Familles. On donne le nom de *famille* à des portions de l'ordre de la nature, reconnues dans l'un ou l'autre règne des corps vivans. Ces portions de l'ordre naturel sont, d'une part, moins grandes que les classes et même que les ordres, et de l'autre part, elles sont plus grandes que les genres. Mais quelque naturelles que soient les familles, tous les genres qu'elles comprennent étant convenablement rapprochés par leurs vrais rapports, les limites qui circonscrivent ces familles sont toujours artificielles. Aussi à mesure que l'on étudiera davantage les productions de la nature, et que l'on en observera de nouvelles, nous verrons, de la part des naturalistes, de perpétuelles variations dans les limites des familles ; les uns divisant une famille en plusieurs familles nouvelles, les autres réunissant plusieurs familles en une seule, enfin les autres encore ajoutant à une famille déjà connue, l'agrandissant, et reculant par-là les limites qu'on lui avoit assignées.

Si toutes les races (ce qu'on nomme les *espèces*) qui appartiennent à un règne des corps vivans étoient parfaitement connues, et si les vrais rapports qui se trouvent entre chacune de ces races, ainsi qu'entre les différentes masses qu'elles

forment, l'étoient pareillement, de manière que
partout le rapprochement de ces races et le placement de leurs divers groupes fussent conformes aux rapports naturels de ces objets, alors
les classes, les ordres, les sections et les genres
seroient des familles de différentes grandeurs ;
car toutes ces coupes seroient des portions
grandes ou petites de l'ordre naturel.

Dans le cas que je viens de citer, rien, sans
doute, ne seroit plus difficile que d'assigner des
limites entre ces différentes coupes ; l'arbitraire
les feroit varier sans cesse, et l'on ne seroit d'accord que sur celles que des vides dans la série
nous montreroient clairement.

Heureusement, pour l'exécution de l'art qu'il
nous importe d'introduire dans nos distributions,
il y a tant de races d'animaux et de végétaux qui
nous sont encore inconnues, et il y en a tant qui
nous le seront vraisemblablement toujours, parce
que les lieux qu'elles habitent et d'autres circonstances y mettront sans cesse obstacle, que
les vides qui en résultent dans l'étendue de la
série, soit des animaux, soit des végétaux, nous
fourniront long-temps encore, et peut-être toujours, des moyens de limiter la plupart des coupes qu'il faudra former.

L'usage et une sorte de nécessité exigent que
l'on assigne à chaque famille, comme à chaque

genre, un nom particulier applicable aux objets qui en font partie. De là résulte que les variations dans les limites des familles, leur étendue et leur détermination seront toujours une cause de changement dans leur nomenclature.

Les Genres. On donne le nom de *genre* à des réunions de races, dites espèces, rapprochées d'après la considération de leurs rapports, et constituant autant de petites séries limitées par des caractères que l'on choisit arbitrairement pour les circonscrire.

Lorsqu'un *genre* est bien fait, toutes les races ou espèces qu'il comprend, se ressemblent par les caractères les plus essentiels et les plus nombreux, doivent être rangées naturellement les unes à côté des autres, et ne diffèrent entre elles que par des caractères de moindre importance, mais qui suffisent pour les distinguer.

Ainsi, les genres bien faits sont véritablement de petites *familles*, c'est-à-dire de véritables portions de l'ordre même de la nature.

Mais, de même que les séries auxquelles nous donnons le nom de *familles*, sont susceptibles de varier dans leurs limites et leur étendue, par les opinions des auteurs qui changent arbitrairement les considérations qu'ils emploient pour les former; de même aussi les limites qui circonscrivent les *genres*, sont pareillement exposées à des

des variations infinies, parce que les différens
auteurs changent, selon leur gré, les caractères
employés à leur détermination. Or, comme les
genres exigent qu'un nom particulier soit assigné
à chacun d'eux, et que chaque variation dans la
détermination d'un genre entraîne presque toujours un changement de nom, il est difficile d'exprimer combien les mutations perpétuelles des
genres nuisent à l'avancement des sciences naturelles, encombrent la synonymie, surchargent
la nomenclature, et rendent l'étude de ces sciences difficile et désagréable.

Quand les naturalistes consentiront-ils à s'assujettir à des principes de convention, pour se
régler d'une manière uniforme dans l'établissement des genres, etc., etc. ? mais, séduits par la
considération des rapports naturels qu'ils reconnoissent entre les objets qu'ils ont rapprochés;
presque tous croient encore que les *genres*,
les *familles*, les *ordres* et les *classes* qu'ils établissent sont réellement dans la nature. Ils ne
font pas attention que les bonnes séries qu'ils
parviennent à former à l'aide de l'étude des rapports sont à la vérité dans la nature, car ce sont
des portions grandes ou petites de son ordre;
mais que les lignes de séparation qu'il leur importe d'établir de distance en distance pour diviser l'ordre naturel, n'y sont nullement.

3

Conséquemment, les genres, les familles, les sections diverses, les ordres et les classes mêmes, sont véritablement des *parties de l'art*, quelque naturelles que soient les séries bien formées qui constituent ces différentes coupes. Sans doute leur établissement est nécessaire, et leur but d'une utilité évidente et indispensable ; mais pour n'en pas détruire, par des abus toujours renaissans, tous les avantages que ces parties de l'art nous procurent, il faut que l'institution de chacune d'elles soit assujettie à des principes, à des règles une fois convenues, et qu'ensuite tous les naturalistes s'y soumettent.

La Nomenclature. Il s'agit ici de la sixième des parties de l'art qu'il a fallu employer pour l'avancement des sciences naturelles. On appelle *nomenclature*, le système des noms que l'on assigne, soit aux objets particuliers, comme à chaque race ou espèce de corps vivant, soit aux différens groupes de ces objets, comme à chaque genre, chaque famille et chaque classe.

Afin de désigner clairement l'objet de la nomenclature, qui n'embrasse que les noms donnés aux espèces, aux genres, aux familles et aux classes, on doit distinguer la nomenclature de cette autre partie de l'art que l'on nomme *technologie*, celle-ci étant uniquement relative aux dénominations que l'on donne aux parties des corps naturels.

« Toutes les découvertes, toutes les observations des naturalistes seroient nécessairement
tombées dans l'oubli et perdues pour l'usage de
la société, si les objets qu'ils ont observés et déterminés n'avoient reçu chacun un nom qui
puisse servir à les désigner dans l'instant, lorsqu'on en parle, ou lorsqu'on les cite. » *Dict. de
Botanique*, art. *Nomenclature.*

Il est de toute évidence que la *nomenclature*,
en histoire naturelle, est une partie de l'art, et
que c'est un moyen qu'il a été nécessaire d'employer pour fixer nos idées à l'égard des productions naturelles observées, et pour pouvoir transmettre, soit ces idées, soit nos observations sur
les objets qu'elles concernent.

Sans doute cette partie de l'art doit être assujettie comme les autres, à des règles convenues
et généralement suivies ; mais il faut remarquer
que les abus qu'elle présente partout dans l'emploi qu'on en a fait, et dont on a tant de raisons
de se plaindre, proviennent principalement de
ceux qui se sont introduits, et qui se multiplient
tous les jours encore dans les autres parties de
l'art déjà citées.

En effet, le défaut de règles convenues, relatives à la formation des *genres*, des *familles* et
des *classes* mêmes, exposant ces parties de l'art
à toutes les variations de l'arbitraire, la *nomen-*

clature en éprouve une suite de mutations sans
bornes. Jamais elle ne pourra être fixée tant que
ce défaut subsistera ; et la *synonymie*, déjà d'une
étendue immense , s'accroîtra toujours , et deviendra de plus en plus incapable de réparer un
pareil désordre qui annulle tous les avantages
de la science.

Si l'on eut considéré que toutes les lignes de
séparation que l'on peut tracer dans la série des
objets qui compose un des règnes des corps vivans,
sont réellement artificielles , sauf celles qui résultent des vides à remplir , cela ne fut point arrivé.
Mais on n'y a point pensé ; on ne s'en doutoit
même pas, et presque jusqu'à ce jour , les naturalistes n'ont eu en vue que d'établir des distinctions entre les objets, ce que je vais essayer
de mettre en évidence.

« En effet, pour parvenir à nous procurer et
à nous conserver l'usage de tous les corps naturels qui sont à notre portée , et que nous pouvons
faire servir à nos besoins, on a senti qu'une détermination exacte et précise des caractères propres de chacun de ces corps étoit nécessaire, et
conséquemment qu'il falloit rechercher et déterminer les particularités d'organisation , de
structure, de forme, de proportion, etc., etc.;
qui différencient les divers corps naturels, afin
de pouvoir en tout temps les reconnoître et les

distinguer les uns des autres. C'est ce que les naturalistes, à force d'examiner les objets, sont, jusqu'à un certain point, parvenus à exécuter.

» Cette partie des travaux des naturalistes est celle qui est la plus avancée : on a fait, avec raison, depuis environ un siècle et demi, des efforts immenses pour la perfectionner, parce qu'elle nous aide à connoître ce qui a été nouvellement observé, et à nous rappeler ce que nous avons déjà connu ; et parce qu'elle doit fixer les connoissances des objets dont les propriétés sont ou seront reconnues dans le cas de nous être utiles.

» Mais les naturalistes s'appesantissant trop sur l'emploi de toutes ces considérations à l'égard des lignes de séparation qu'ils en peuvent obtenir pour diviser la série générale, soit des animaux, soit des végétaux, et se livrant presqu'exclusivement à ce seul genre de travail, sans le considérer sous son véritable point de vue, et sans penser à s'entendre, c'est-à-dire, à établir préalablement des règles de convention pour limiter l'étendue de chaque partie de cette grande entreprise, et pour fixer les principes de chaque détermination, quantité d'abus se sont introduits : en sorte que chacun changeant arbitrairement les considérations pour la formation des *classes*, des *ordres* et des *genres*, de nombreuses

classifications différentes sont sans cesse présen-
tées au public, les genres subissent continuellement des mutations sans bornes, et les productions de la nature, par une suite de cette marche inconsidérée, changent perpétuellement de
nom.

» Il en résulte que maintenant la *synonymie*, en
histoire naturelle, est d'une étendue effrayante,
que chaque jour la science s'obscurcit de plus
en plus, qu'elle s'enveloppe de difficultés presque insurmontables, et que le plus bel effort de
l'homme pour établir les moyens de reconnoître
et distinguer tout ce que la nature offre à son
observation et à son usage, est changé en un dé-
dale immense dans lequel on tremble, avec raison, de s'enfoncer. » *Discours d'ouvert. du Cours
de* 1806, p. 5 et 6.

Voilà les suites de l'oubli de distinguer ce qui
appartient réellement à *l'art* de ce qui est le
propre de la nature, et de ne s'être pas occupé
de trouver des règles convenables pour déterminer moins arbitrairement les divisions qu'il
importoit d'établir.

CHAPITRE II.

Importance de la Considération des Rapports.

PARMI les corps vivans, on a donné le nom de *rapport*, entre deux objets considérés comparativement, à des traits d'analogie ou de ressemblance, pris dans l'ensemble ou la généralité de leurs parties, mais en attachant plus de valeur aux plus essentielles. Plus ces traits ont de conformité et d'étendue, plus les *rapports* entre les objets qui les offrent sont considérables. Ils indiquent une sorte de parenté entre les corps vivans qui sont dans ce cas, et font sentir la nécessité de les rapprocher dans nos distributions proportionnellement à la grandeur de leurs rapports.

Quel changement les sciences naturelles n'ont-elles pas éprouvé dans leur marche et dans leurs progrès, depuis qu'on a commencé à donner une attention sérieuse à la considération des *rapports*, et surtout depuis que l'on a déterminé les vrais principes qui concernent ces rapports et leur valeur !

Avant ce changement, nos distributions bota-

niques étoient entièrement à la merci de l'arbitraire et du concours des systèmes artificiels de
tous les auteurs ; et dans le règne animal, les
animaux sans vertèbres, qui embrassent la plus
grande partie des animaux connus, offroient,
dans leur distribution, les assemblages les plus
disparates, les uns sous le nom d'*insectes*, et les
autres sous celui de *vers*, présentant les animaux
les plus différens et les plus éloignés entre eux
sous la considération des rapports.

Heureusement, la face des choses est maintenant changée à cet égard; et désormais, si l'on
continue d'étudier l'histoire naturelle, ses progrès sont assurés.

La considération des *rapports naturels* empêche tout arbitraire de notre part dans les tentatives que nous formons pour distribuer métho-
diquement les corps organisés ; elle montre la loi
de la nature qui doit nous diriger dans la méthode naturelle ; elle force les opinions des naturalistes à se réunir à l'égard du rang qu'ils
assignent d'abord aux masses principales qui
composent leur distribution, et ensuite aux objets particuliers dont ces masses sont composées;
enfin, elle les contraint à représenter l'ordre
même qu'a suivi la nature en donnant l'existence
à ses productions.

Ainsi, tout ce qui concerne les rapports qu'ont

entre eux les différens animaux, doit faire, avant
toute division ou toute classification parmi eux,
le plus important objet de nos recherches.

En citant ici la considération des *rapports*,
il ne s'agit pas seulement de ceux qui existent
entre les espèces, mais il est en même temps
question de fixer les *rapports généraux* de tous
les ordres qui rapprochent ou éloignent les masses
que l'on doit considérer comparativement.

Les *rapports*, quoique très-différens en valeur
selon l'importance des parties qui les fournissent,
peuvent néanmoins s'étendre jusque dans la conformation des parties extérieures. S'ils sont tellement considérables que, non-seulement les
parties essentielles, mais même les parties extérieures, n'offrent aucune différence déterminà-
ble, alors les objets considérés ne sont que des
individus d'une même espèce; mais si, malgré
l'étendue des rapports, les parties extérieures
présentent des différences saisissables, toujours
moindres cependant que les ressemblances essentielles, alors les objets considérés sont des espèces
différentes d'un même genre.

L'importante étude des rapports ne se borne
pas à comparer des classes, des familles, et
même des espèces entre elles, pour déterminer
les rapports qui se trouvent entre ces objets;
elle embrasse aussi la considération des parties

qui composent les individus, et en comparant entre elles les mêmes sortes de parties, cette étude trouve un moyen solide de reconnoître, soit l'identité des individus d'une même race, soit la différence qui existe entre les races distinctes.

En effet, on a remarqué que les proportions et les dispositions des parties de tous les individus qui composent une espèce ou une race se montroient toujours les mêmes, et par-là paroissoient se conserver toujours. On en a conclu, avec raison, que d'après l'examen de quelques parties séparées d'un individu, l'on pouvoit déterminer à quelle espèce connue ou nouvelle pour nous, ces parties appartiennent.

Ce moyen est très-favorable à l'avancement de nos connoissances sur l'état des productions de la nature à l'époque où nous observons. Mais les déterminations qui en résultent ne peuvent être valables que pendant un temps limité; car les races elles-mêmes changent dans l'état de leurs parties, à mesure que les circonstances qui influent sur elles changent considérablement. A la vérité, comme ces changemens ne s'exécutent qu'avec une lenteur énorme qui nous les rend toujours insensibles, les proportions et les dispositions des parties paroissent toujours les mêmes à l'observateur, qui effectivement ne les voit jamais changer ; et lorsqu'il en rencontre qui ont subi ces changemens, comme il n'a pu les observer, il suppose que les différences qu'il aperçoit ont toujours existé.

Il n'en est pas moins très-vrai, qu'en comparant des parties de même sorte qui appartiennent à différens individus, l'on détermine facilement et sûrement les rapports prochains ou éloignés qui se trouvent entre ces parties, et que par suite on reconnoît si ces parties appartiennent à des individus de même race ou de races différentes.

Il n'y a que la conséquence générale qui est défectueuse, ayant été tirée trop inconsidérément. J'aurai plus d'une occasion de le prouver dans le cours de cet ouvrage.

Les *rapports* sont toujours incomplets lorsqu'ils ne portent que sur une considération isolée, c'est-à-dire, lorsqu'ils ne sont déterminés que d'après la considération d'une partie prise séparément. Mais quoiqu'incomplets, les rapports fondés sur la considération d'une seule partie sont néanmoins d'autant plus grands, que la partie qui les fournit est plus essentielle, *et vice versa.*

Il y a donc des degrés déterminables parmi les rapports reconnus, et des valeurs d'importance parmi les parties qui peuvent fournir ces rapports. A la vérité, cette connoissance seroit restée sans application et sans utilité, si, dans les corps vivans, l'on n'eut distingué les parties les plus importantes de celles qui le sont moins; et si parmi ces parties importantes, qui sont de plusieurs sortes, on n'eut trouvé le principe propre à établir entre elles des valeurs non arbitraires.

Les parties les plus importantes, et qui doivent fournir les principaux *rapports*, sont, dans les animaux, celles qui sont essentielles à la conservation de leur vie; et dans les végétaux, celles qui sont essentielles à leur régénération.

Ainsi, dans les animaux, ce sera toujours d'après *l'organisation* intérieure que l'on déterminera les principaux rapports; et dans les végétaux, ce sera toujours dans les parties de la *fructification* que l'on cherchera les rapports qui peuvent exister entre ces différens corps vivans.

Mais comme, parmi les uns et les autres, les parties les plus importantes à considérer dans la recherche des rapports, sont de différentes sortes; le seul principe dont il soit convenable de faire usage pour déterminer, sans arbitraire, le degré d'importance de chacune de ces parties, consiste à considérer, soit le plus grand emploi qu'en fait la nature, soit l'importance même de la

faculté qui en résulte pour les animaux qui possèdent cette partie.

Dans les animaux, où l'organisation intérieure
fournit les principaux rapports à considérer,
trois sortes d'organes spéciaux sont, avec raison,
choisis parmi les autres, comme les plus propres
à fournir les rapports les plus importans. En
voici l'indication selon l'ordre de leur importance ;

1°. *L'organe du sentiment.* Les nerfs, ayant
un centre de rapport, soit unique, comme
dans les animaux qui ont un cerveau, soit
multiple, comme dans ceux qui ont une
moelle longitudinale noueuse ;

2°. *L'organe de la respiration.* Les poumons,
les branchies et les trachées ;

3°. *L'organe de la circulation.* Les artères et
les veines, ayant le plus souvent un centre d'action, qui est le *cœur.*

Les deux premiers de ces organes sont plus
généralement employés par la nature, et par
conséquent plus importans que le troisième,
c'est-à-dire, que *l'organe de la circulation ;* car
celui-ci se perd après les crustacés, tandis que
les deux premiers s'étendent encore aux animaux
des deux classes qui suivent les crustacés.

Enfin, des deux premiers, c'est l'organe du
sentiment qui doit l'emporter en valeur pour les

rapports, car il produit la plus éminente des facultés animales; et, d'ailleurs, sans cet organe, l'action musculaire ne sauroit avoir lieu.

Si j'avois à parler des végétaux, en qui les parties essentielles à leur régénération sont les seules qui fournissent les principaux caractères pour la détermination des rapports, je présenterois ces parties dans leur ordre de valeur ou d'importance comme ci-après :

1°. L'embryon, ses accessoires (les cotylédons, le périsperme), et la graine qui le contient;

2°. Les parties sexuelles des fleurs, telles que le pistil et les étamines;

3°. Les enveloppes des parties sexuelles; la corolle, le calice, etc.;

4°. Les enveloppes de la graine, ou le péricarpe;

5°. Les corps reproductifs qui n'ont point exigé de fécondation.

Ces principes, la plupart reconnus, donnent aux sciences naturelles une consistance et une solidité qu'elles ne possédoient pas auparavant. Les *rapports* que l'on détermine en s'y conformant, ne sont point assujettis aux variations de l'opinion; nos distributions générales deviennent forcées; et à mesure que nous les perfectionnons à l'aide de ces moyens, elles se rapprochent de plus en plus de l'ordre même de la nature.

Ce fut, en effet, après avoir senti l'importance de la considération des rapports, qu'on vit naître les essais qui ont été faits, surtout depuis peu d'années, pour déterminer ce qu'on nomme la *méthode naturelle* ; méthode qui n'est que l'esquisse tracée par l'homme, de la marche que suit la nature pour faire exister ses productions.

Maintenant on ne fait plus de cas, en France, de ces systèmes artificiels fondés sur des caractères qui compromettent les *rapports* naturels entre les objets qui y sont assujettis ; systèmes qui donnoient lieu à des divisions et des distributions nuisibles à l'avancement de nos connoissances sur la nature.

Relativement aux animaux, on est maintenant convaincu, avec raison, que c'est uniquement de leur organisation que les rapports naturels peuvent être déterminés parmi eux ; conséquemment, c'est principalement de l'anatomie comparée que la zoologie empruntera toutes les lumières qu'exige la détermination de ces rapports. Mais il importe d'observer que ce sont particulièrement les faits que nous devons recueillir des travaux des anatomistes qui se sont attachés à les découvrir, et non toujours les conséquences qu'ils en tirent ; car trop souvent elles tiennent à

des vues qui pourroient nous égarer, et nous empêcher de saisir les lois et le vrai plan de la
nature. Il semble que chaque fois que l'homme
observe un fait nouveau quelconque, il soit condamné à se jeter toujours dans quelque erreur
en voulant en assigner la cause, tant son imagination est féconde en création d'idées, et parce
qu'il néglige trop de guider ses jugemens par les
considérations d'ensemble que les observations
et les autres faits recueillis peuvent lui offrir.

Lorsqu'on s'occupe des *rapports naturels* entre
les objets, et que ces rapports sont bien jugés,
les espèces étant rapprochées d'après cette considération, et rassemblées par groupes entre
certaines limites, forment ce qu'on nomme des
genres; les genres pareillement rapprochés d'a-
près la considération des rapports, et réunis
aussi par groupes d'un ordre qui leur est supérieur, forment ce qu'on nomme des *familles*;
ces familles rapprochées de même, et sous
la même considération, composent les *ordres*;
ceux-ci, par les mêmes moyens, divisent primairement les classes; enfin, ces dernières partagent chaque règne en ses principales divisions.

Ce sont donc partout les *rapports naturels* bien
jugés qui doivent nous guider dans les assemblages que nous formons, lorsque nous détermi-
nons

nons les divisions de chaque règne en *classes*,
de chaque classe en *ordres*, de chaque ordre en
sections ou *familles*, de chaque famille en *genres*,
et de chaque genre en différentes espèces, s'il
y a lieu.

On est parfaitement fondé à penser que la série
totale des êtres qui font partie d'un règne étant
distribuée dans un ordre partout assujetti à la
considération des rapports, représente l'*ordre
même de la nature*; mais, comme je l'ai fait voir
dans le chapitre précédent, il importe de considérer que les différentes sortes de divisions qu'il
est nécessaire d'établir dans cette série pour pouvoir en connoître plus facilement les objets,
n'appartiennent point à la nature, et sont véritablement artificielles, quoiqu'elles offrent des
portions naturelles de l'ordre même que la nature a institué.

Si l'on ajoute à ces considérations que, dans le
règne animal, les rapports doivent être déterminés principalement d'après l'organisation, et
que les principes qu'on doit employer pour fixer
ces rapports ne doivent pas laisser le moindre
doute sur leur fondement, on aura, dans toutes
ces considérations, des bases solides pour la *philosophie zoologique*.

On sait que toute science doit avoir sa *philosophie*, et que ce n'est que par cette voie qu'elle

4

fait des progrès réels. En vain les naturalistes consumeront-ils leur temps à décrire de nouvelles espèces, à saisir toutes les nuances et les petites particularités de leurs variations pour agrandir la liste immense des espèces inscrites, en un mot, à instituer diversement des genres, en changeant sans cesse l'emploi des considérations pour les caractériser ; si la philosophie de la science est négligée, ses progrès seront sans réalité, et l'ouvrage entier restera imparfait.

Ce n'est effectivement que depuis que l'on a entrepris de fixer les rapports prochains ou éloignés qui existent entre les diverses productions de la nature, et entre les objets compris dans les différentes coupes que nous avons formées parmi ces productions, que les sciences naturelles ont obtenu quelque solidité dans leurs principes, et une *philosophie* qui les constitue en véritables sciences.

Que d'avantages, pour leur perfectionnement, nos distributions et nos classifications ne retirent-elles pas chaque jour de l'étude suivie des rapports entre les objets !

En effet, c'est en étudiant ces rapports que j'ai reconnu que les animaux *infusoires* ne pouvoient plus être associés aux polypes dans la même classe ; que les *radiaires* ne devoient pas non plus être confondues avec les polypes ; et que celles qui sont mollasses, telles que les méduses et autres genres avoisinans que Linné et Bruguière même plaçoient parmi les mollusques, se rapprochoient essentiellement des échinides, et dévoient former avec elles une classe particulière.

C'est encore en étudiant les rapports que je me suis convaincu que les *vers* formoient une coupe isolée, comprenant des animaux très-différens de ceux qui constituent les *radiaires*, et à plus fortes raisons les polypes; que les *arachnides* ne pouvoient plus faire partie de la classe des insectes; et que les *cirrhipèdes* n'étoient ni des annelides, ni des mollusques.

Enfin, c'est en étudiant les rapports que je suis parvenu à opérer quantité de redressemens essentiels dans la distribution même des mollusques, et que j'ai reconnu que les *ptéropodes* qui, par leurs rapports, sont très-voisins, quoique distincts, des gastéropodes, ne doivent pas être placés entre les gastéropodes et les céphalopodes; mais qu'il faut les ranger entre les mollusques acéphalés qu'ils avoisinent, et les gastéropodes; ces *ptéropodes* étant sans yeux, comme tous les acéphalés, et presque sans tête, l'hyale même n'en offrant plus d'apparente. *Voyez* dans le septième chapitre qui termine cette première partie, la distribution particulière des Mollusques.

Lorsque, parmi les végétaux, l'étude des rapports entre les différentes familles reconnues, nous aura plus éclairés, et nous aura fait mieux connoître le rang que chacune d'elles doit occuper dans la série générale, alors la distribution de ces corps vivans ne laissera plus de prise à l'arbitraire, et deviendra plus conforme à l'ordre même de la nature.

Ainsi, l'importance de l'étude des *rapports* entre les objets observés est si évidente, qu'on doit maintenant regarder cette étude comme la principale de celles qui peuvent avancer les sciences naturelles.

CHAPITRE III.

De l'Espèce parmi les Corps vivans, et de l'idée que nous devons attacher à ce mot.

Ce n'est pas un objet futile que de déterminer positivement l'idée que nous devons nous former de ce que l'on nomme des *espèces* parmi les corps vivans, et que de rechercher s'il est vrai que les *espèces* ont une constance absolue, sont aussi anciennes que la nature, et ont toutes existé originairement telles que nous les observons aujourd'hui; ou si, assujetties aux changemens de circonstances qui ont pu avoir lieu à leur égard, quoiqu'avec une extrême lenteur, elles n'ont pas changé de caractère et de forme par la suite des temps.

L'éclaircissement de cette question n'intéresse pas seulement nos connoissances zoologiques et botaniques, mais il est en outre essentiel pour l'histoire du globe.

Je ferai voir dans l'un des chapitres qui suivent, que chaque espèce a reçu de l'influence des circonstances dans lesquelles elle s'est, pendant long-temps, rencontrée, les *habitudes* que nous

lui connoissons, et que ces habitudes ont elles-
mêmes exercé des influences sur les parties de
chaque individu de l'espèce, au point qu'elles
ont modifié ces parties, et les ont mises en rapport avec les habitudes contractées. Voyons
d'abord l'idée que l'on s'est formée de ce que l'on
nomme *espèce*.

On a appelé *espèce,* toute collection d'individus
semblables qui furent produits par d'autres individus pareils à eux.

Cette définition est exacte; car tout individu
jouissant de la vie, ressemble toujours, à très-
peu près, à celui ou à ceux dont il provient.
Mais on ajoute à cette définition, la supposition
que les individus qui composent une espèce ne
varient jamais dans leur caractère spécifique, et
que conséquemment l'*espèce* a une constance
absolue dans la nature.

C'est uniquement cette supposition que je me
propose de combattre, parce que des preuves
évidentes obtenues par l'observation, constatent
qu'elle n'est pas fondée.

La supposition presque généralement admise,
que les corps vivans constituent des *espèces* constamment distinctes par des caractères invariables, et que l'existence de ces espèces est aussi
ancienne que celle de la nature même, fut établie dans un temps où l'on n'avoit pas suffisam-

ment observé, et où les sciences naturelles étoient
encore à peu près nulles. Elle est tous les jours dé-
mentie aux yeux de ceux qui ont beaucoup vu,
qui ont long-temps suivi la nature, et qui ont
consulté avec fruit les grandes et riches collections de nos *Muséum.*

Aussi, tous ceux qui se sont fortement occupés de l'étude de l'histoire naturelle savent que
maintenant les naturalistes sont extrémement
embarrassés pour déterminer les objets qu'ils
doivent regarder comme des *espèces.* En effet,
ne sachant pas que les *espèces* n'ont réellement
qu'une constance relative à la durée des circonstances dans lesquelles se sont trouvés tous les
individus qui les représentent, et que certains
de ces individus ayant varié, constituent des
races qui se nuancent avec ceux de quelqu'autre
espèce voisine, les naturalistes se décident arbitrairement, en donnant, les uns, comme variétés, les autres, comme espèces, des individus observés en différens pays et dans diverses situations. Il en résulte que la partie du travail qui
concerne la détermination des *espèces,* devient
de jour en jour plus défectueuse, c'est-à-dire, plus
embarrassée et plus confuse.

A la vérité, on a remarqué, depuis long-
temps, qu'il existe des collections d'individus qui
se ressemblent tellement par leur organisation,

ainsi que par l'ensemble de leurs parties, et qui se conservent dans le même état, de générations en générations, depuis qu'on les connoît, qu'on s'est cru autorisé à regarder ces collections d'individus semblables comme constituant autant d'*espèces* invariables.

Or, n'ayant pas fait attention que les individus d'une espèce doivent se perpétuer sans varier, tant que les circonstances qui influent sur leur manière d'être ne varient pas essentiellement, et les préventions existantes s'accordant avec ces régénérations successives d'individus semblables, on a supposé que chaque espèce étoit invariable et aussi ancienne que la nature, et qu'elle avoit eu sa création particulière de la part de l'Auteur suprême de tout ce qui existe.

Sans doute, rien n'existe que par la volonté du sublime Auteur de toutes choses. Mais pouvons-nous lui assigner des règles dans l'exécution de sa volonté, et fixer le mode qu'il a suivi à cet égard? Sa puissance infinie n'a-t-elle pu créer un *ordre de choses* qui donnât successivement l'existence à tout ce que nous voyons, comme à tout ce qui existe et que nous ne connoissons pas?

Assurément, quelle qu'ait été sa volonté, l'immensité de sa puissance est toujours la même; et de quelque manière que se soit exécutée cette

volonté suprême, rien n'en peut diminuer la
grandeur.

Respectant donc les décrets de cette sagesse
infinie, je me renferme dans les bornes d'un
simple observateur de la nature. Alors, si je
parviens à démêler quelque chose dans la marche
qu'elle a suivie pour opérer ses productions, je
dirai, sans crainte de me tromper, qu'il a plu
à son Auteur qu'elle ait cette faculté et cette
puissance.

L'idée qu'on s'étoit formée de l'*espèce* parmi
les corps vivans étoit assez simple, facile à saisir, et sembloit confirmée par la constance dans
la forme semblable des individus que la reproduction ou la génération perpétuoit : telles se
trouvent encore pour nous un très-grand nombre
de ces espèces prétendues que nous voyons tous
les jours.

Cependant, plus nous avançons dans la connoissance des différens corps organisés, dont
presque toutes les parties de la surface du globe
sont couvertes, plus notre embarras s'accroît
pour déterminer ce qui doit être regardé comme
espèce, et à plus forte raison pour limiter et
distinguer les genres.

A mesure qu'on recueille les productions de la
nature, à mesure que nos collections s'enrichis-
sent, nous voyons presque tous les vides se

remplir, et nos lignes de séparation s'effacer.
Nous nous trouvons réduits à une détermination
arbitraire, qui tantôt nous porte à saisir les
moindres différences des variétés pour en former
le caractère de ce que nous appelons *espèce*, et
tantôt nous fait déclarer variété de telle espèce
des individus un peu différens, que d'autres regardent comme constituant une *espèce* particulière.

Je le répète, plus nos collections s'enrichis-
sent, plus nous rencontrons des preuves que
tout est plus ou moins nuancé, que les différences remarquables s'évanouissent, et que le
plus souvent la nature ne laisse à notre disposition pour établir des distinctions, que des particularités minutieuses et, en quelque sorte, pué-
riles.

Que de genres, parmi les animaux et les végétaux, sont d'une étendue telle, par la quantité
d'*espèces* qu'on y rapporte, que l'étude et la détermination de ces espèces y sont maintenant presque impraticables! Les *espèces* de ces genres,
rangées en séries et rapprochées d'après la considération de leurs rapports naturels, présentent,
avec celles qui les avoisinent, des différences si
légères, qu'elles se nuancent, et que ces *espèces*
se confondent, en quelque sorte, les unes avec
les autres, ne laissant presque aucun moyen de

fixer, par l'expression, les petites différences qui les distinguent.

Il n'y a que ceux qui se sont long-temps et fortement occupés de la détermination des *espèces*, et qui ont consulté de riches collections, qui peuvent savoir jusqu'à quel point les *espèces*, parmi les corps vivans, se fondent les unes dans les autres, et qui ont pu se convaincre que, dans les parties où nous voyons des *espèces* isolées, cela n'est ainsi que parce qu'il nous en manque d'autres qui en sont plus voisines, et que nous n'avons pas encore recueillies.

Je ne veux pas dire pour cela que les animaux qui existent forment une série très-simple, et partout également nuancée; mais je dis qu'ils forment une série rameuse, irrégulièrement graduée, et qui n'a point de discontinuité dans ses parties, ou qui, du moins, n'en a pas toujours eu, s'il est vrai que, par suite de quelques espèces perdues, il s'en trouve quelque part. Il en résulte que les *espèces* qui terminent chaque rameau de la série générale, tiennent, au moins d'un côté, à d'autres *espèces* voisines qui se nuancent avec elles. Voilà ce que l'état bien connu des choses me met maintenant à portée de démontrer.

Je n'ai besoin d'aucune hypothèse, ni d'aucune supposition pour cela : j'en atteste tous les naturalistes observateurs.

Non-seulement beaucoup de genres, mais des ordres entiers, et quelquefois des classes mêmes, nous présentent déjà des portions presque complètes de l'état de choses que je viens d'indiquer.

Or, lorsque, dans ces cas, l'on a rangé les *espèces* en séries, et qu'elles sont toutes bien placées suivant leurs rapports naturels, si vous en choisissez une, et qu'ensuite, faisant un saut par-dessus plusieurs autres, vous en prenez une autre un peu éloignée, ces deux *espèces*, mises en comparaison, vous offriront alors de grandes dissemblances entre elles. C'est ainsi que nous avons commencé à voir les productions de la nature qui se sont trouvées le plus à notre portée. Alors les distinctions génériques et spécifiques étoient très-faciles à établir. Mais maintenant que nos collections sont fort riches, si vous suivez la série que je citois tout à l'heure depuis l'espèce que vous avez choisie d'abord, jusqu'à celle que vous avez prise en second lieu, et qui est très-différente de la première, vous y arrivez de nuance en nuance, sans avoir remarqué des distinctions dignes d'être notées.

Je le demande : quel est le zoologiste ou le botaniste expérimenté, qui n'est pas pénétré du fondement de ce que je viens d'exposer ?

Comment étudier maintenant, ou pouvoir

déterminer d'une manière solide les *espèces*,
parmi cette multitude de polypes de tous les ordres, de radiaires, de vers, et surtout d'insectes,
où les seuls genres *papillon*, *phalène*, *noctuelle*,
teigne, *mouche*, *ichneumon*, *charanson*, *capricorne*, *scarabé*, *cétoine*, etc., etc., offrent déjà
tant d'*espèces* qui s'avoisinent, se nuancent, se
confondent presque les unes avec les autres?

Quelle foule de coquillages les mollusques ne
nous présentent-ils pas de tous les pays et de
toutes les mers, qui éludent nos moyens de distinction, et épuisent nos ressources à cet égard!

Remontez jusqu'aux poissons, aux reptiles,
aux oiseaux, aux mammifères mêmes, vous verrez, sauf les lacunes qui sont encore à remplir,
partout des nuances qui lient entre elles les *espèces* voisines, les genres mêmes, et ne laissent
presque plus de prise à notre industrie pour établir de bonnes distinctions.

La botanique, qui considère l'autre série que
composent les végétaux, n'offre-t-elle pas, dans
ses diverses parties, un état de choses parfaitement semblable?

En effet, quelles difficultés n'éprouve-t-on pas
maintenant dans l'étude et la détermination des
espèces, dans les genres *lichen*, *fucus*, *carex*,
poa, *piper*, *euphorbia*, *erica*, *hieracium*, *sola-
num*, *geranium*, *mimosa*, etc., etc.?

Lorsqu'on a formé ces genres, on n'en con-
noissoit qu'un petit nombre d'espèces, et alors il
étoit facile de les distinguer ; mais à présent que
presque tous les vides sont remplis entre elles,
nos différences spécifiques sont nécessairement
minutieuses et le plus souvent insuffisantes.

A cet état de choses bien constaté, voyons
quelles sont les causes qui peuvent y avoir donné
lieu ; voyons si la nature possède des moyens pour
cela, et si l'observation a pu nous éclairer à cet
égard.

Quantité de faits nous apprennent qu'à mesure
que les individus d'une de nos *espèces* changent
de situation, de climat, de manière d'être ou
d'habitude, ils en reçoivent des influences qui
changent peu à peu la consistance et les proportions de leurs parties, leur forme, leurs facultés, leur organisation même ; en sorte que tout
en eux participe, avec le temps, aux mutations
qu'ils ont éprouvées.

Dans le même climat, des situations et des
expositions très-différentes, font d'abord simplement varier les individus qui s'y trouvent exposés ; mais, par la suite des temps, la continuelle
différence des situations des individus dont je
parle, qui vivent et se reproduisent successivement dans les mêmes circonstances, amène en eux
des différences qui deviennent, en quelque sorte,

essentielles à leur être ; de manière qu'à la suite
de beaucoup de générations qui se sont succédées les unes aux autres, ces individus, qui ap-
partenoient originairement à une autre *espèce*,
se trouvent à la fin transformés en une *espèce*
nouvelle, distincte de l'autre.

Par exemple, que les graines d'une graminée,
ou de toute autre plante naturelle à une prairie
humide, soient transportées, par une circoñs-
tance quelconque, d'abord sur le penchant d'une
colline voisine, où le sol, quoique plus élevé,
sera encore assez frais pour permettre à la plante
d'y conserver son existence, et qu'ensuite, après
y avoir vécu, et s'y être bien des fois régénérée,
elle atteigne, de proche en proche, le sol sec et
presque aride d'une côte montagneuse ; si la plante
réussit à y subsister, et s'y perpétue pendant une
suite de générations, elle sera alors tellement
changée, que les botanistes qui l'y rencontreront
en constitueront une *espèce* particulière.

La même chose arrive aux animaux que des
circonstances ont forcés de changer de climat,
de manière de vivre et d'habitudes : mais, pour
ceux-ci, les influences des causes que je viens de
citer exigent plus de temps encore qu'à l'égard
des plantes, pour opérer des changemens notables sur les individus.

L'idée d'embrasser, sous le nom d'*espèce*, une

collection d'individus semblables, qui se perpétuent les mêmes par la génération, et qui ont ainsi
existé les mêmes aussi anciennement que la nature, emportoit la nécessité que les individus
d'une même espèce ne pussent point s'allier, dans
leurs actes de génération, avec des individus
d'une *espèce* différente.

Malheureusement, l'observation a prouvé, et
prouve encore tous les jours, que cette considération n'est nullement fondée ; car les hybrides,
très-communes parmi les végétaux, et les accouplemens qu'on remarque souvent entre des individus d'*espèces* fort différentes parmi les animaux,
ont fait voir que les limites entre ces espèces prétendues constantes, n'étoient pas aussi solides
qu'on l'a imaginé.

A la vérité, souvent il ne résulte rien de ces
singuliers accouplemens, surtout lorsqu'ils sont
très-disparates, et alors les individus qui en proviennent sont, en général, inféconds : mais aussi,
lorsque les disparates sont moins grandes, on sait
que les défauts dont il s'agit n'ont plus lieu. Or,
ce moyen seul suffit pour créer de proche en
proche des variétés qui deviennent ensuite des
races, et qui, avec le temps, constituent ce que
nous nommons des *espèces*.

Pour juger si l'idée qu'on s'est formée de l'*espèce* a quelque fondement réel, revenons aux
                                    considérations

considérations que j'ai déjà exposées ; elles nous font voir :

1°. Que tous les corps organisés de notre globe sont de véritables productions de la nature, qu'elle a successivement exécutées à la suite de beaucoup de temps ;

2°. Que, dans sa marche, la nature a commencé, et recommence encore tous les jours, par former les corps organisés les plus simples, et qu'elle ne forme directement que ceux-là, c'est-à-dire, que ces premières ébauches de l'organisation, qu'on a désignées par l'expression de *générations spontanées* ;

3°. Que les premières ébauches de l'animal et du végétal étant formées dans les lieux et les circonstances convenables, les facultés d'une vie commençante et d'un mouvement organique établi, ont nécessairement développé peu à peu les organes, et qu'avec le temps elles les ont diversifiés ainsi que les parties ;

4°. Que la faculté d'accroissement dans chaque portion du corps organisé étant inhérente aux premiers effets de la vie, elle a donné lieu aux différens modes de multiplication et de régénération des individus ; et que par-là les progrès acquis dans la composition de l'organisation et dans la forme et la diversité des parties, ont été conservés ;

5

5°. Qu'à l'aide d'un temps suffisant, des circonstances qui ont été nécessairement favorables,
des changemens que tous les points de la surface
du globe ont successivement subis dans leur état,
en un mot, du pouvoir qu'ont les nouvelles situations et les nouvelles habitudes pour modifier
les organes des corps doués de la vie, tous ceux
qui existent maintenant ont été insensiblement
formés tels que nous les voyons ;

6°. Enfin, que d'après un ordre semblable de
choses, les corps vivans ayant éprouvé chacun
des changemens plus ou moins grands dans l'état
de leur organisation et de leurs parties, ce qu'on
nomme *espèce* parmi eux a été insensiblement
et successivement ainsi formé, n'a qu'une constance relative dans son état, et ne peut être aussi
ancien que la nature.

Mais, dira-t-on, quand on voudroit supposer
qu'à l'aide de beaucoup de temps et d'une variation infinie dans les circonstances, la nature
a peu à peu formé les animaux divers que nous
connoissons, ne seroit-on pas arrêté, dans cette
supposition, par la seule considération de la diversité admirable que l'on remarque dans l'*instinct* des différens animaux, et par celle des merveilles de tout genre que présentent leurs diverses
sortes d'*industrie* ?

Osera-t-on porter l'esprit de système jusqu'à

dire que c'est la nature qui a, elle seule, créé cette diversité étonnante de moyens, de ruses, d'adresse, de précautions, de patience, dont l'*industrie* des animaux nous offre tant d'exemples? Ce que nous observons à cet égard, dans la classe seule des *insectes*, n'est-il pas mille fois plus que suffisant pour nous faire sentir que les bornes de la puissance de la nature ne lui permettent nullement de produire elle-même tant de merveilles, et pour forcer le philosophe le plus obstiné à reconnoître qu'ici la volonté du suprême Auteur de toutes choses a été nécessaire, et a suffi seule pour faire exister tant de choses admirables?

Sans doute, il faudroit être téméraire, ou plutôt tout-à-fait insensé, pour prétendre assigner des bornes à la puissance du premier Auteur de toutes choses; mais, par cela seul, personne ne peut oser dire que cette puissance infinie n'a pu vouloir ce que la nature même nous montre qu'elle a voulu.

Cela étant, si je découvre que la *nature* opère elle-même tous les prodiges qu'on vient de citer; qu'elle a créé l'organisation, la vie, le sentiment même; qu'elle a multiplié et diversifié, dans des limites qui ne nous sont pas connues, les organes et les facultés des corps organisés dont elle soutient ou propage l'existence; qu'elle a créé dans

les animaux, par la seule voie du *besoin*, qui
établit et dirige les habitudes, la source de toutes
les actions, de toutes les facultés, depuis les plus
simples jusqu'à celles qui constituent l'*instinct*,
l'*industrie*, enfin le *raisonnement*; ne dois-je pas
reconnoître dans ce pouvoir de la nature, c'est-
à-dire, dans l'ordre des choses existantes, l'exécution de la volonté de son sublime Auteur, qui
a pu vouloir qu'elle ait cette faculté ?

Admirerai-je moins la grandeur de la puissance de cette première cause de tout, s'il lui
a plu que les choses fussent ainsi; que si, par
autant d'actes de sa volonté, elle se fût occu-
pée et s'occupât continuellement encore des détails de toutes les créations particulières, de
toutes les variations, de tous les développemens
et perfectionnemens, de toutes les destructions
et de tous les renouvellemens; en un mot, de
toutes les mutations qui s'exécutent généralement
dans les choses qui existent ?

Or, j'espère prouver que la nature possède les
moyens et les facultés qui lui sont nécessaires
pour produire elle-même ce que nous admirons
en elle.

Cependant, on objecte encore que tout ce
qu'on voit annonce, relativement à l'état des
corps vivans, une constance inaltérable dans la
conservation de leur forme; et l'on pense que

tous les animaux dont on nous a transmis l'histoire, depuis deux ou trois mille ans, sont toujours les mêmes, et n'ont rien perdu, ni rien acquis dans le perfectionnement de leurs organes et dans la forme de leurs parties.

Outre que cette stabilité apparente passe, depuis long-temps, pour une vérité de fait, on vient d'essayer d'en consigner des preuves particulières dans un Rapport sur les collections d'histoire naturelle rapportées d'Egypte par M. Geoffroy. Les rapporteurs s'y expriment de la manière suivante :

« La collection a d'abord cela de particulier, qu'on peut dire qu'elle contient des animaux de tous les siècles. Depuis long-temps, on désiroit de savoir si les espèces changent de forme par la suite des temps. Cette question, futile en apparence, est cependant essentielle à l'histoire du globe, et par suite, à la solution de mille autres questions, qui ne sont pas étrangères aux plus graves objets de la vénération humaine. »

« Jamais on ne fut mieux à portée de la décider pour un grand nombre d'espèces remarquables et pour plusieurs milliers d'autres. Il semble que la superstition des anciens Egyptiens ait été inspirée par la nature, dans la vue de laisser un monument de son histoire. »

« On ne peut, continuent les rapporteurs, maîtriser les élans de son imagination, lorsqu'on voit
encore conservé avec ses moindres os, ses moindres poils, et parfaitement reconnoissable, tel animal qui avoit, il y a deux ou trois mille ans, dans
Thèbes ou dans Memphis, des prêtres et des au-
tels. Mais sans nous égarer dans toutes les idées
que ce rapprochement fait naître, bornons-nous
à vous exposer qu'il résulte de cette partie de
la collection de M. Geoffroy, que ces animaux
sont parfaitement semblables à ceux d'aujour-
d'hui. » *Annales du Muséum d'Hist. natur.*,
vol. I, p. 235 et 236.

Je ne refuse pas de croire à la conformité de
ressemblance de ces animaux avec les individus
des mêmes espèces qui vivent aujourd'hui. Ainsi,
les oiseaux que les Egyptiens ont adorés et em-
baumés, il y a deux ou trois mille ans, sont encore en tout semblables à ceux qui vivent actuellement dans ce pays.

Il seroit assurément bien singulier que cela fût
autrement; car la position de l'Egypte et son
climat sont encore, à très-peu près, ce qu'ils
étoient à cette époque. Or, les oiseaux qui y
vivent s'y trouvant encore dans les mêmes circonstances où ils étoient alors, n'ont pu être forcés de changer leurs habitudes.

D'ailleurs, qui ne sent que les oiseaux qui

peuvent si aisément se déplacer et choisir les lieux qui leur conviennent, sont moins assujettis que bien d'autres animaux aux variations des circonstances locales, et par-là moins contrariés dans leurs habitudes.

Il n'y a rien, en effet, dans l'observation qui vient d'être rapportée, qui soit contraire aux considérations que j'ai exposées sur ce sujet, et, surtout, qui prouve que les animaux dont il s'agit aient existé de tout temps dans la nature; elle prouve seulement qu'ils fréquentoient l'Egypte il y a deux ou trois mille ans; et tout homme qui a quelque habitude de réfléchir, et en même temps d'observer ce que la nature nous montre des monumens de son antiquité, apprécie facilement la valeur d'une durée de deux ou trois mille ans par rapport à elle.

Aussi, on peut assurer que cette apparence de *stabilité* des choses dans la nature, sera toujours prise, par le vulgaire des hommes, pour la *réalité;* parce qu'en général, on ne juge de tout que relativement à soi.

Pour l'homme qui, à cet égard, ne juge que d'après les changemens qu'il aperçoit lui-même, les intervalles de ces mutations sont des *états stationnaires* qui lui paroissent sans bornes, à cause de la brièveté d'existence des individus de son espèce. Aussi, comme les fastes de ses

observations, et les notes de faits qu'il a pu consigner dans ses registres, ne s'étendent et ne re-
montent qu'à quelques milliers d'années, ce qui
est une durée infiniment grande par rapport à
lui, mais fort petite relativement à celles qui
voient s'effectuer les grands changemens que subit la surface du globe; tout lui paroît *stable*
dans la planète qu'il habite, et il est porté à
repousser les indices que des monumens entas-
sés autour de lui, ou enfouis dans le sol qu'il
foule sous ses pieds, lui présentent de toutes
parts.

Les grandeurs, en étendue et en durée, sont
relatives : que l'homme veuille bien se représenter
cette vérité, et alors il sera réservé dans ses dé-
cisions à l'égard de la *stabilité* qu'il attribue, dans
la nature, à l'état de choses qu'il y observe. Voyez
dans mes *Recherches sur les corps vivans*, *l'ap-
pendice*, p. 141.

Pour admettre le changement insensible des
espèces, et les modifications qu'éprouvent les
individus, à mesure qu'ils sont forcés de varier
leurs habitudes, ou d'en contracter de nouvelles,
nous ne sommes pas réduits à l'unique considération des trop petits espaces de temps que nos
observations peuvent embrasser pour nous permettre d'apercevoir ces changemens; car, outre
cette induction, quantité de faits recueillis depuis

bien des années, éclairent assez la question que
j'examine, pour qu'elle ne reste pas indécise;
et je puis dire que maintenant nos connoissances
d'observation sont trop avancées pour que la solution cherchée ne soit pas évidente.

En effet, outre que nous connoissons les influences et les suites des fécondations hétéroclites,
nous savons positivement aujourd'hui qu'un changement forcé et soutenu, dans les lieux d'habitation, et dans les habitudes et la manière de vivre
des animaux, opère, après un temps suffisant,
une mutation très-remarquable dans les individus
qui s'y trouvent exposés.

L'animal qui vit librement dans les plaines où
il s'exerce habituellement à des courses rapides;
l'oiseau que ses besoins mettent dans le cas de
traverser sans cesse de grands espaces dans les
airs; se trouvant enfermés, l'un dans les loges
d'une ménagerie ou dans nos écuries, l'autre dans
nos cages ou dans nos basses-cours, y subissent,
avec le temps, des influences frappantes, surtout après une suite de régénérations dans l'état
qui leur a fait contracter de nouvelles habitudes.

Le premier y perd en grande partie sa légè-
reté, son agilité; son corps s'épaissit, ses membres diminuent de force et de souplesse, et
ses facultés ne sont plus les mêmes; le second
devient lourd, ne sait presque plus voler,

et prend plus de chair dans toutes ses parties.

Dans le sixième chapitre de cette première partie, j'aurai occasion de prouver par des faits bien connus, le pouvoir des changemens de *circonstances*, pour donner aux animaux de nouveaux besoins, et les amener à de nouvelles actions ; celui des nouvelles *actions* répétées pour entraîner les nouvelles *habitudes* et les nouveaux *penchans ;* enfin, celui de l'emploi plus ou moins fréquent de tel ou tel organe pour modifier cet organe, soit en le fortifiant, le développant et l'étendant, soit en l'affoiblissant, l'amaigrissant, l'atténuant et le faisant même disparoître.

Relativement aux végétaux, on verra la même chose à l'égard du produit des nouvelles circonstances sur leur manière d'être et sur l'état de leurs parties ; en sorte que l'on ne sera plus étonné de voir les changemens considérables que nous avons opérés dans ceux que, depuis long-temps, nous cultivons.

Ainsi, parmi les corps vivans, la nature, comme je l'ai déjà dit, ne nous offre, d'une manière absolue, que des individus qui se succèdent les uns aux autres par la génération, et qui proviennent les uns des autres ; mais les *espèces*, parmi eux, n'ont qu'une constance relative, et ne sont invariables que temporairement.

Néanmoins, pour faciliter l'étude et la connoissance de tant de corps différens, il est utile de
donner le nom d'*espèce* à toute collection d'individus semblables, que la génération perpétue
dans le même état, tant que les circonstances
de leur situation ne changent pas assez pour faire
varier leurs habitudes, leur caractère et leur
forme.

Des Espèces dites perdues.

C'est encore une question pour moi, que de
savoir si les moyens qu'a pris la nature pour
assurer la conservation des espèces ou des races,
ont été tellement insuffisans, que des races en-
tières soient maintenant anéanties ou perdues.

Cependant, les débris fossiles que nous trouvons enfouis dans le sol en tant de lieux différens, nous offrent les restes d'une multitude d'animaux divers qui ont existé, et parmi lesquels il
ne s'en trouve qu'un très-petit nombre dont nous
connoissions maintenant des analogues vivans parfaitement semblables.

De là peut-on conclure, avec quelque apparence de fondement, que les espèces que nous
trouvons dans l'état fossile, et dont aucun individu
vivant et tout-à-fait semblable ne nous est pas
connu, n'existent plus dans la nature? Il y a encore tant de portions de la surface du globe où

nous n'avons pas pénétré, tant d'autres que les
hommes capables d'observer n'ont traversées
qu'en passant, et tant d'autres encore, comme
les différentes parties du fond des mers, dans
lesquelles nous avons peu de moyens pour reconnoître les animaux qui s'y trouvent, que ces différens lieux pourroient bien recéler les espèces
que nous ne connoissons pas.

S'il y a des espèces réellement perdues, ce ne
peut être, sans doute, que parmi les grands animaux qui vivent sur les parties sèches du globe,
où l'homme, par l'empire absolu qu'il y exerce,
a pu parvenir à détruire tous les individus de
quelques-unes de celles qu'il n'a pas voulu conserver ni réduire à la domesticité. De là naît la
possibilité que les animaux des genres *palæothe-
rium*, *anoplotherium*, *megalonix*, *megatherium*,
mastodon de M. Cuvier, et quelques autres espèces de genres déjà connus, ne soient plus existans dans la nature : néanmoins, il n'y a là
qu'une simple possibilité.

Mais les animaux qui vivent dans le sein des
eaux, surtout des eaux marines, et, en outre,
toutes les races de petite taille qui habitent à la
surface de la terre, et qui respirent l'air, sont
à l'abri de la destruction de leur espèce de la part
de l'homme. Leur multiplication est si grande,
et les moyens qu'ils ont de se soustraire à ses

poursuites ou à ses piéges sont tels, qu'il n'y a aucune apparence qu'il puisse détruire l'espèce entière d'aucun de ces animaux.

Il n'y a donc que les grands animaux terrestres qui puissent être exposés, de la part de l'homme, à l'anéantissement de leur espèce. Ainsi ce fait peut avoir eu lieu; mais son existence n'est pas encore complétement prouvée.

Néanmoins, parmi les débris fossiles qu'on trouve de tant d'animaux qui ont existé, il y en a un très-grand nombre qui appartiennent à des animaux dont les analogues vivans et parfaitement semblables ne sont pas connus; et parmi ceux-ci, la plupart appartiennent à des mollusques à coquille, en sorte que ce sont les coquilles seules qui nous restent de ces animaux.

Or, si quantité de ces coquilles fossiles se montrent avec des différences qui ne nous permettent pas, d'après les opinions admises, de les regarder comme des analogues des espèces avoisinantes que nous connoissons, s'ensuit-il nécessairement que ces coquilles appartiennent à des espèces réellement perdues? Pourquoi, d'ailleurs, seroient-elles perdues, dès que l'homme n'a pu opérer leur destruction? Ne seroit-il pas possible, au contraire, que les individus fossiles dont il s'agit appartinssent à des espèces encore existantes, mais qui ont changé depuis, et ont donné

lieu aux espèces actuellement vivantes que nous
en trouvons voisines. Les considérations qui suivent, et nos observations dans le cours de cet ouvrage, rendront cette présomption très-probable.

Tout homme observateur et instruit sait que
rien n'est constamment dans le même état à la
surface du globe terrestre. Tout, avec le temps,
y subit des mutations diverses plus ou moins
promptes, selon la nature des objets et des circonstances. Les lieux élevés se dégradent perpétuellement par les actions alternatives du soleil,
des eaux pluviales, et par d'autres causes encore;
tout ce qui s'en détache est entraîné vers les
lieux bas; les lits des rivières, des fleuves, des
mers mêmes, varient dans leur forme, leur profondeur, et insensiblement se déplacent; en un
mot, tout, à la surface de la terre, y change de
situation, de forme, de nature et d'aspect, et
les climats mêmes de ses diverses contrées n'y
sont pas plus stables.

Or, si, comme j'essayerai de le faire voir, des
variations dans les circonstances amènent pour
les êtres vivans, et surtout pour les animaux, des
changemens dans les besoins, dans les habitudes
et dans le mode d'exister; et si ces changemens
donnent lieu à des modifications ou des développemens dans les organes et dans la forme de
leurs parties, on doit sentir qu'insensiblement

tout corps vivant quelconque doit varier surtout dans ses formes ou ses caractères extérieurs, quoique cette variation ne devienne sensible qu'après un temps considérable.

Qu'on ne s'étonne donc plus si, parmi les nombreux fossiles que l'on trouve dans toutes les parties sèches du globe, et qui nous offrent les débris de tant d'animaux qui ont autrefois existé, il s'en trouve si peu dont nous reconnoissions les analogues vivans.

S'il y a, au contraire, quelque chose qui doive nous étonner, c'est de rencontrer parmi ces nombreuses dépouilles fossiles de corps qui ont été vivans, quelques-unes dont les analogues encore existans nous soient connus. Ce fait, que nos collections de fossiles constatent, doit nous faire supposer que les débris fossiles des animaux dont nous connoissons les analogues vivans, sont les fossiles les moins anciens. L'espèce à laquelle chacun d'eux appartient n'avoit pas, sans doute, encore eu le temps de varier dans quelques-unes de ses formes.

Les naturalistes qui n'ont pas aperçu les changemens qu'à la suite des temps la plupart des animaux sont dans le cas de subir, voulant expliquer les faits relatifs aux fossiles observés, ainsi qu'aux bouleversemens reconnus dans différens points de la surface du globe, ont supposé qu'une *catas-*

trophe universelle avoit eu lieu à l'égard du globe
de la terre ; qu'elle avoit tout déplacé , et avoit
détruit une grande partie des espèces qui existoient alors.

Il est dommage que ce moyen commode de
se tirer d'embarras, lorsqu'on veut expliquer les
opérations de la nature dont on n'a pu saisir les
causes , n'ait de fondement que dans l'imagination qui l'a créé, et ne puisse être appuyé sur
aucune preuve.

Des *catastrophes locales ,* telles que celles que
produisent des tremblemens de terre , des vol-
cans , et d'autres causes particulières , sont assez
connues , et l'on a pu observer les désordres
qu'elles occasionnent dans les lieux qui en ont
supporté.

Mais pourquoi supposer, sans preuves , une
catastrophe universelle , lorsque la marche de la
nature mieux connue , suffit pour rendre raison
de tous les faits que nous observons dans toutes
ses parties ?

Si l'on considère , d'une part , que dans tout
ce que la nature opère , elle ne fait rien brusquement , et que partout elle agit avec lenteur et
par degrés successifs , et de l'autre part, que les
causes particulières ou locales des désordres , des
bouleversemens , des déplacemens , etc. , peuvent
rendre raison de tout ce que l'on observe à la
surface

surface de notre globe, et sont néanmoins assujetties à ses lois et à sa marche générale, on
reconnoîtra qu'il n'est nullement nécessaire de
supposer qu'une catastrophe universelle est venue tout culbuter et détruire une grande partie
des opérations mêmes de la nature.

En voilà suffisamment sur une matière qui
n'offre aucune difficulté pour être entendue. Considérons maintenant les généralités et les caractères essentiels des animaux.

~~~~~~

CHAPITRE IV.

Généralités sur les Animaux.

LES animaux, considérés en général, présentent des êtres vivans très-singuliers par les facultés qui leur sont propres, et à la fois très-dignes de notre admiration et de notre étude. Ces êtres, infiniment diversifiés dans leur forme, leur organisation et leurs facultés, sont susceptibles de se mouvoir, ou de mouvoir certaines de leurs parties sans l'impulsion d'aucun mouvement communiqué, mais par une *cause excitatrice* de leur irritabilité, qui, dans les uns, se produit en eux, tandis qu'elle est entièrement hors d'eux dans les autres. Ils jouissent, la plupart, de la faculté de changer de lieu, et tous possèdent des parties éminemment irritables.

On observe que, dans leurs déplacemens, les uns rampent, marchent, courent ou sautent; que d'autres volent, s'élèvent dans l'atmosphère et en traversent différens espaces; et que d'autres, vivant dans le sein des eaux, y nagent et se transportent dans différentes parties de leur étendue.

Les animaux n'étant pas, comme les végétaux,

dans le cas de trouver près d'eux et à leur portée les matières dont ils se nourrissent, et même
parmi eux, ceux qui vivent de proie étant obligés de l'aller chercher, de la poursuivre, enfin
de s'en saisir, il étoit nécessaire qu'ils aient la
faculté de se mouvoir, et même de se déplacer,
afin de pouvoir se procurer les alimens dont ils
ont besoin.

D'ailleurs, ceux des animaux qui se multiplient
par la génération sexuelle, n'offrant point d'her-
maphrodisme assez parfait, pour que les individus
se suffisent à eux-mêmes, il étoit encore nécessaire qu'ils pussent se déplacer pour se mettre
à portée d'effectuer des actes de fécondation, et
que les milieux environnans en facilitassent les
moyens à ceux qui, comme les *huîtres*, ne peuvent changer de lieu.

Ainsi, la faculté que les animaux possèdent, de
mouvoir des parties de leur corps et d'exécuter
la locomotion, intéressant leur propre conservation et celle de leurs races, les besoins surent la
leur procurer.

Nous rechercherons, dans la seconde partie,
la source de cette étonnante faculté, ainsi que
celle des plus éminentes qu'on trouve parmi eux;
mais en attendant, nous dirons à l'égard des animaux, qu'il est aisé de reconnoître:

1°. Que les uns ne se meuvent ou ne meuvent

leurs parties qu'à la suite de leur irritabilité excitée; mais qu'ils n'éprouvent aucun sentiment,
et ne peuvent avoir aucune sorte de volonté :
ce sont les plus imparfaits;

2°. Que d'autres, outre les mouvemens que
leurs parties peuvent subir par leur irritabilité
excitée, sont susceptibles d'éprouver des sensations, et possèdent un sentiment intime et très-
obscur de leur existence; mais qu'ils n'agissent
que par l'impulsion intérieure d'un penchant qui
les entraîne vers tel ou tel objet; en sorte que
leur volonté est toujours dépendante et entraînée ;

3°. Que d'autres encore non-seulement subissent dans certaines de leurs parties des mouvemens qui résultent de leur irritabilité excitée ;
sont susceptibles de recevoir des sensations, et
jouissent du sentiment intime de leur existence ;
mais, en outre, qu'ils ont la faculté de se former
des idées, quoique confuses, et d'agir par une
volonté déterminante, assujettie néanmoins à des
penchans qui les portent exclusivement encore
vers certains objets particuliers;

4°. Que d'autres enfin, et ce sont les plus parfaits, possèdent à un haut degré toutes les facultés des précédens; jouissent, en outre, du pouvoir
de se former des idées nettes ou précises des objets qui ont affecté leurs sens et attiré leur attention; de comparer et de combiner jusqu'à un

certain point leurs idées; d'en obtenir des jugemens et des idées complexes; en un mot, de penser, et d'avoir une volonté moins enchaînée,
qui leur permet plus ou moins de varier leurs
actions.

La vie, dans les animaux les plus imparfaits,
est sans énergie dans ses mouvemens, et l'*irritabilité* seule suffit alors pour l'exécution des mouvemens vitaux. Mais comme l'énergie vitale s'accroît à mesure que l'organisation se compose, il
arrive un terme où, pour suffire à l'activité nécessaire des mouvemens vitaux, la nature eut
besoin d'augmenter ses moyens; et pour cela,
elle a employé l'action musculaire à l'établissement du système de circulation, d'où s'en est
suivi l'accélération du mouvement des fluides.
Cette accélération elle-même s'est ensuite accrue
à mesure que la puissance musculaire, qui y ser-
vit, fut augmentée. Enfin, comme aucune action
musculaire ne peut avoir lieu sans l'influence
nerveuse, celle-ci s'est trouvée partout nécessaire à l'accélération des fluides dont il s'agit.

C'est ainsi que la nature a su ajouter à l'irritabilité, devenue insuffisante, l'action musculaire
et l'influence nerveuse. Mais cette influence nerveuse qui donne lieu à l'action musculaire, ne
le fait jamais par la voie du sentiment; ce que
j'espère montrer dans la seconde partie : consé-

quemment j'y prouverai que la sensibilité n'est point nécessaire à l'exécution des mouvemens vitaux, même dans les animaux les plus parfaits.

Ainsi, les différens animaux qui existent sont évidemment distingués les uns des autres, non-seulement par des particularités de leur forme extérieure, de la consistance de leur corps, de leur taille, etc., mais, en outre, par les facultés dont ils sont doués; les uns, comme les plus imparfaits, se trouvant réduits, à cet égard, à l'état le plus borné, n'ayant aucune autre faculté que celles qui sont le propre de la vie, et ne se mouvant que par une puissance hors d'eux; tandis que les autres ont des facultés progressivement plus nombreuses et plus éminentes ; au point que les plus parfaits en présentent un ensemble qui excite notre admiration.

Ces faits étonnans cessent de nous surprendre, lorsque d'abord nous reconnoissons que chaque faculté obtenue est le résultat d'un organe spécial ou d'un système d'organes qui y donne lieu, et qu'ensuite nous voyons que, depuis l'animal le plus imparfait, qui n'a aucun organe particulier quelconque, et conséquemment aucune autre faculté que celles qui sont propres à la vie, jusqu'à l'animal le plus parfait et le plus riche en facultés, l'organisation se complique graduellement; de manière que tous les organes, même les plus importans, naissent les uns après les autres dans l'étendue de l'échelle animale, se perfectionnent ensuite successivement par les modifications qu'ils subissent, et qui les accommodent à l'état de l'organisation dont ils font partie, et qu'enfin, par leur réunion dans les animaux les plus parfaits, ils offrent l'organisation la plus compliquée, de laquelle résultent les facultés les plus nombreuses et les plus éminentes.

La considération de l'organisation intérieure des animaux, celle des différens systèmes que cette organisation présente dans l'étendue de l'échelle animale, et celle, enfin, des divers organes spéciaux, sont donc les principales de toutes les considérations qui doivent fixer notre attention dans l'étude des animaux.

Si les animaux, considérés comme des productions de la nature, sont des êtres singulièrement étonnans par leur faculté de se mouvoir, un grand nombre d'entre eux le sont bien davantage par leur faculté de sentir.

Mais, de même que cette faculté de se mouvoir est très-bornée dans les plus imparfaits des animaux, où elle n'est nullement volontaire, et où elle ne s'exécute que par des excitations extérieures, et que se perfectionnant ensuite de plus en plus, elle parvient à prendre sa source

dans l'animal même, et finit par être assujettie
à sa volonté ; de même aussi la faculté de sentir
est encore très-obscure et très-bornée dans les
animaux où elle commence à exister ; en sorte
qu'elle se développe ensuite progressivement, et
qu'ayant atteint son principal développement,
elle parvient à faire exister dans l'animal les facultés qui constituent l'intelligence.

En effet, les plus parfaits des animaux ont des
idées simples, et même des idées complexes, des
passions, de la mémoire, font des rêves, c'est-
à-dire, éprouvent des retours involontaires de
leurs idées, de leurs pensées mêmes, et sont,
jusqu'à un certain point, susceptibles d'instruc-
tion. Combien ce résultat de la puissance de la
nature n'est-il pas admirable !

Pour parvenir à donner à un corps vivant la
faculté de se mouvoir sans l'impulsion d'une force
communiquée, d'apercevoir les objets hors de
lui, de s'en former des idées, en comparant les
impressions qu'il en a reçues avec celles qu'il a pu
recevoir des autres objets, de comparer ou de
combiner ces idées, et de produire des jugemens
qui sont pour lui des idées d'un autre ordre,
en un mot, de penser ; non-seulement c'est la
plus grande des merveilles auxquelles la puissance de la nature ait pu atteindre, mais, en
outre, c'est la preuve de l'emploi d'un temps

considérable, la nature n'ayant rien opéré que graduellement.

Comparativement aux durées que nous regardons comme grandes dans nos calculs ordinaires, il a fallu, sans doute, un temps énorme et une variation considérable dans les circonstances qui se sont succédées, pour que la nature ait pu amener l'organisation des animaux au degré de complication et de développement où nous la voyons dans ceux qui sont les plus parfaits. Aussi est-on autorisé à penser que si la considération des couches diverses et nombreuses qui composent la croûte extérieure du globe, est un témoignage irrécusable de sa grande antiquité; que si celle du déplacement très-lent, mais continuel, du bassin des mers (1), attesté par les nombreux monumens qu'elle a laissés partout de ses passages, confirme encore la prodigieuse antiquité du globe terrestre ; la considération du degré de perfectionnement où est parvenue l'organisation des animaux les plus parfaits, concourt, de son côté, à mettre cette vérité dans son plus grand degré d'évidence.

Mais pour que le fondement de cette nouvelle preuve soit susceptible d'être solidement établi, il faudra auparavant mettre dans son plus grand

---

(1) Hydrogéologie, p. 41 et suiv.

jour celui qui est relatif aux progrès mêmes de l'organisation; il faudra constater, s'il est possible, la réalité de ces progrès; enfin, il faudra rassembler les faits les mieux établis à cet égard, et reconnoître les moyens que la nature possède pour donner à toutes ses *productions* l'existence dont elles jouissent.

Remarquons, en attendant, que, quoiqu'il soit généralement reçu, en citant les êtres qui composent chaque règne, de les indiquer sous le nom général de *production de la nature*, il paroît néanmoins qu'on n'attache aucune idée positive à cette expression. Apparemment que des préventions d'une origine particulière empêchent de reconnoître que la nature possède la faculté et tous les moyens de donner elle-même l'existence à tant d'êtres différens, de varier sans cesse, quoique très-lentement, les races de ceux qui jouissent de la vie, et de maintenir partout l'ordre général que nous observons.

Laissons à l'écart toute opinion quelconque à l'égard de ces grands objets; et pour éviter toute erreur d'imagination, consultons partout les actes mêmes de la nature.

Afin de pouvoir embrasser, par la pensée, l'ensemble des animaux qui existent, et de placer ces animaux sous un point de vue facile à saisir, il convient de rappeler que toutes les productions

naturelles que nous pouvons observer ont été
partagées, depuis long-temps, par les naturalistes,
en trois règnes , sous les dénominations de *règne
animal, règne végétal* et *règne minéral.* Par cette
division, les êtres compris dans chacun de ces
règnes sont mis en comparaison entre eux et
comme sur une même ligne , quoique les uns aient
une origine bien différente de celle des autres.

J'ai , depuis long-temps , trouvé plus convenable d'employer une autre division primaire, parce
qu'elle est propre à faire mieux connoître en général tous les êtres qui en sont l'objet. Ainsi , je
distingue toutes les productions naturelles com-
prises dans les trois règnes que je viens d'énon-
cer, en deux branches principales :

1°. En corps organisés, vivans ;

2°. En corps brutes et sans vie.

Les êtres, ou corps vivans, tels que les animaux et les végétaux, constituent la première de
ces deux branches des productions de la nature.
Ces êtres ont, comme tout le monde sait , la faculté de se nourrir, de se développer , de se
reproduire , et sont nécessairement assujettis à la
mort.

Mais ce qu'on ne sait pas aussi bien; parce que
des hypothèses en crédit ne permettent pas de
le croire, c'est que les corps vivans, par suite
de l'action et des facultés de leurs organes, ainsi

que des mutations qu'opèrent en eux les mouvemens organiques, forment eux-mêmes leur
propre substance et leurs matières sécrétoires
(*Hydrogéologie*, p. 112); et ce qu'on sait encore
moins, c'est que, par leurs dépouilles, ces corps
vivans donnent lieu à l'existence de toutes les
matières composées, brutes ou inorganiques qu'on
observe dans la nature; matières dont les diverses
sortes s'y multiplient avec le temps et selon les
circonstances de leur situation, par les changemens qu'elles subissent insensiblement, qui les
simplifient de plus en plus, et qui amènent, après
beaucoup de temps, la séparation complète des
principes qui les constituoient.

Ce sont ces diverses matières brutes et sans
vie, soit solides, soit liquides, qui composent la
seconde branche des productions de la nature,
et qui, la plupart, sont connues sous le nom de
minéraux.

On peut dire qu'il se trouve entre les matières
brutes et les corps vivans, un *hiatus* immense qui
ne permet pas de ranger sur une même ligne ces
deux sortes de corps, ni d'entreprendre de les
lier par aucune nuance; ce qu'on a vainement
tenté de faire.

Tous les corps vivans connus se partagent nettement en deux règnes particuliers, fondés sur des
différences essentielles qui distinguent les *animaux*

des *végétaux*; et malgré ce qu'on en a dit, je suis convaincu qu'il n'y a pas non plus de véritable nuance par aucun point entre ces deux règnes, et, par conséquent, qu'il n'y a point d'animaux-plantes, ce qu'exprime le mot *zoophyte*, ni de plantes-animales.

L'*irritabilité* dans toutes ou dans certaines parties, est le caractère le plus général des animaux; elle l'est plus que la faculté des mouvemens volontaires et que la faculté de sentir, plus même que celle de digérer. Or, tous les végétaux, sans en excepter même les plantes dites *sensitives*, ni celles qui meuvent certaines de leurs parties à un premier attouchement, ou au premier contact de l'air, sont complétement dépourvus d'*irritabilité*; ce que j'ai fait voir ailleurs.

On sait que l'irritabilité est une faculté essentielle aux parties ou à certaines parties des animaux, qui n'éprouve aucune suspension, ni aucun anéantissement dans son action, tant que l'animal est vivant, et tant que la partie qui en est douée n'a reçu aucune lésion dans son organisation. Son effet consiste en une contraction que subit dans l'instant toute partie irritable, au contact d'un corps étranger; contraction qui cesse avec sa cause, et qui se renouvelle autant de fois, après le relâchement de la partie, que de nouveaux contacts viennent l'irriter. Or, rien de tout cela n'a jamais été observé dans aucune partie des végétaux.

Quand je touche les rameaux étendus d'une sensitive (*mimosa pudica*), au lieu d'une contraction, j'observe aussitôt dans les articulations des rameaux et des pétioles ébranlés, un relâchement qui permet à ces rameaux et aux pétioles des feuilles de s'abattre, et qui met les folioles mêmes dans le cas de s'affaisser les unes sur les autres. Cet affaissement étant produit, en vain touche-t-on encore les rameaux et les feuilles de ce végétal; aucun effet ne se reproduit. Il faut un temps assez long, à moins qu'il ne fasse très-chaud, pour que la cause qui peut distendre les articulations des petits rameaux et des feuilles de la sensitive, soit parvenue à relever et étendre toutes ces parties, et mettre leur affaissement dans le cas de se renouveler par un contact ou une légère secousse.

Je ne saurois reconnoître dans ce phénomène aucun rapport avec l'*irritabilité* des animaux; mais sachant que, pendant la végétation, surtout lorsqu'il fait chaud, il se produit dans les végétaux beaucoup de *fluides élastiques*, dont une partie s'exhale sans cesse, j'ai conçu que, dans les plantes légumineuses, ces fluides élastiques pouvoient s'amasser particulièrement dans les articulations des feuilles avant de se dissiper;

et qu'ils pouvoient alors distendre ces articulations, et tenir les feuilles ou les folioles éten-
dues.

Dans ce cas, la dissipation lente des fluides
élastiques en question, provoquée dans les légumineuses par l'arrivée de la nuit, ou la dissipation subite des mêmes fluides, provoquée dans
le *mimosa pudica* par une petite secousse, don-
neront lieu, pour les légumineuses en général,
au phénomène connu sous le nom de *sommeil*
des plantes, et pour la sensitive, à celui que l'on
attribue mal à propos à l'*irritabilité* (1).

Comme il résulte des observations que j'exposerai plus bas, et des conséquences que j'en ai

---

(1) J'ai développé dans un autre ouvrage (*Hist. nat. des
Végétaux*, édition de DÉTERVILLE, vol. I, p. 202) quelques autres phénomènes analogues observés dans les plantes, comme dans l'*hedysarum girans*, le *dionœa musci-
pula*, les étamines des fleurs du *berberis*, etc., et j'ai fait
voir que les mouvemens singuliers qu'on observe dans les
parties de certains végétaux, principalement dans les temps
chauds, ne sont jamais le produit d'une *irritabilité* réelle,
essentielle à aucune de leurs fibres; mais que ce sont tantôt
des effets hygrométriques ou pyrométriques, tantôt les suites
de détentes élastiques qui s'effectuent dans certaines circonstances, et tantôt les résultats de gonflemens et d'affais-
semens de parties, par des cumulations locales et des dissipations plus ou moins promptes, de *fluides élastiques* et invisibles qui devoient s'exhaler.

tirées, qu'il n'est pas généralement vrai que les
animaux soient des êtres *sensibles*, doués tous,
sans exception, de pouvoir produire des *actes de
volonté*, et, par conséquent, de la faculté de se
mouvoir volontairement; la définition qu'on a
donné jusqu'à présent des animaux, pour les distinguer des végétaux, est tout-à-fait inconvenable; en conséquence, j'ai déjà proposé de lui
substituer la suivante, comme plus conforme à
la vérité, et plus propre à caractériser les êtres
qui composent l'un et l'autre règne des corps
vivans.

Définition des Animaux.

Les *animaux* sont des corps organisés vivans,
doués de parties en tout temps irritables, presque
tous digérant les alimens dont ils se nourrissent,
et se mouvant, les uns, par les suites d'une volonté, soit libre, soit dépendante, et les autres,
par celles de leur irritabilité excitée.

Définition des Végétaux.

Les *végétaux* sont des corps organisés vivans,
jamais irritables dans leurs parties, ne digérant
point, et ne se mouvant ni par volonté, ni par
irritabilité réelle.

D'après ces définitions, beaucoup plus exactes

et

et plus fondées que celles, jusqu'à ce jour, en usage, on sent que les *animaux* sont éminemment distingués des *végétaux*, par l'irritabilité que possèdent toutes leurs parties ou certaines d'entre elles, et par les mouvemens qu'ils peuvent produire dans ces parties, ou qui y sont excités, à la faveur de leur irritabilité, par des causes extérieures.

Sans doute, on auroit tort d'admettre ces idées nouvelles sur leur simple exposition; mais je pense que tout lecteur non prévenu, qui aura pris en considération les faits que j'exposerai dans le cours de cet ouvrage, et mes observations à leur égard, ne pourra se refuser de leur accorder la préférence sur les anciennes auxquelles je les substitue, parce que celles-ci sont évidemment contraires à tout ce que l'on observe.

Terminons ces vues générales sur les animaux, par deux considérations assez curieuses : l'une, concernant l'extrême multiplicité des animaux à la surface du globe, et dans le sein des eaux qui s'y trouvent; et l'autre, montrant les moyens que la nature emploie pour que leur nombre néanmoins ne nuise jamais à la conservation de ce qui a été produit, et de l'ordre général qui doit subsister.

Parmi les deux règnes des corps vivans, celui qui comprend les *animaux* paroît beaucoup plus

7

riche et plus varié que l'autre ; il est en même temps celui qui offre , dans les produits de l'organisation , les phénomènes les plus admirables.

La terre à sa surface , le sein des eaux , et , en quelque sorte , l'air même , sont peuplés d'une multitude infinie d'animaux divers , dont les races sont tellement diversifiées et nombreuses , que vraisemblablement une grande partie d'entre elles échappera toujours à nos recherches. On a d'autant plus lieu de penser ainsi , que l'énorme étendue des eaux , leur profondeur en beaucoup d'endroits, et la prodigieuse fécondité de la nature dans les plus petites espèces , seront, en tout temps sans doute , un obstacle presqu'invincible à l'avancement de nos connoissances à cet égard.

· Une seule classe des animaux sans vertèbres , · celle , par exemple, des *insectes* , équivaut, pour le nombre et la diversité des objets qu'elle comprend , au *règne végétal* entier. Celle des *polypes* est vraisemblablement beaucoup plus nombreuse encore ; mais jamais on ne pourra se flatter de connoître la totalité des animaux qui en font partie.

Par suite de l'extrême multiplication des petites espèces, et surtout des animaux les plus imparfaits, la multiplicité des individus pouvoit nuire à la conservation des races , à celle des progrès acquis dans le perfectionnement de l'or-

ganisation, en un mot, à l'ordre général, si la
nature n'eut pris des précautions pour restreindre
cette multiplication dans des limites qu'elle ne
peut jamais franchir.

Les animaux se mangent les uns les autres,
sauf ceux qui ne vivent que de végétaux ; mais
ceux-ci sont exposés à être dévorés par les animaux carnassiers.

On sait que ce sont les plus forts et les mieux
armés qui mangent les plus foibles, et que les
grandes espèces dévorent les plus petites. Néanmoins les individus d'une même race se mangent
rarement entre eux ; ils font la guerre à d'autres
races.

La multiplication des petites espèces d'animaux
est si considérable, et les renouvellemens de leurs
générations sont si prompts, que ces petites espèces rendroient le globe inhabitable aux autres,
si la nature n'eut mis un terme à leur prodigieuse
multiplication. Mais comme elles servent de proie
à une multitude d'autres animaux, que la durée
de leur vie est très-bornée, et que les abaissemens
de température les font périr, leur quantité se
maintient toujours dans de justes proportions pour
la conservation de leurs races, et pour celle des
autres.

Quant aux animaux plus grands et plus forts,
ils seroient dans le cas de devenir dominans

et de nuire à la conservation de beaucoup d'autres races, s'ils pouvoient se multiplier dans de trop grandes proportions. Mais leurs races s'entre-dévorent, et ils ne se multiplient qu'avec lenteur et en petit nombre à la fois ; ce qui conserve encore à leur égard l'espèce d'équilibre qui doit exister.

Enfin, l'homme seul, considéré séparément à tout ce qui lui est particulier, semble pouvoir se multiplier indéfiniment ; car son intelligence et ses moyens le mettent à l'abri de voir sa multiplication arrêtée par la voracité d'aucun des animaux. Il exerce sur eux une suprématie telle, qu'au lieu d'avoir à craindre les races d'animaux les plus grandes et les plus fortes, il est plutôt capable de les anéantir, et il restreint tous les jours le nombre de leurs individus.

Mais la nature lui a donné des passions nombreuses, qui, malheureusement, se développant avec son intelligence, mettent par-là un grand obstacle à l'extrême multiplication des individus de son espèce.

En effet, il semble que l'homme soit chargé lui-même de réduire sans cesse le nombre de ses semblables ; car jamais, je ne crains pas de le dire, la terre ne sera couverte de la population qu'elle pourroit nourrir. Toujours plusieurs de ses parties habitables seront alternativement très-médiocrement peuplées, quoique le temps, pour la formation de ces alternatives, soit pour nous incommensurable.

Ainsi, par ces sages précautions, tout se conserve dans l'ordre établi ; les changemens et les renouvellemens perpétuels qui s'observent dans cet ordre sont maintenus dans des bornes qu'ils ne sauroient dépasser ; les races des corps vivans subsistent toutes malgré leurs variations ; les progrès acquis dans le perfectionnement de l'organisation ne se perdent point ; tout ce qui paroît désordre, renversement, anomalie, rentre sans cesse dans l'ordre général ; et même y concourt ; et partout, et toujours, la volonté du sublime Auteur de la nature et de tout ce qui existe est invariablement exécutée.

Maintenant, avant de nous occuper de montrer la *dégradation* et la *simplification* qui existent dans l'organisation des animaux, en procédant du plus composé vers le plus simple, selon l'usage, examinons l'état actuel de leur distribution et de leur classification, ainsi que les principes qui ont été employés pour les établir ; alors il nous sera plus aisé de reconnoître les preuves de la dégradation dont il s'agit.

CHAPITRE V.

Sur l'État actuel de la Distribution et de la Classification des Animaux.

Pour les progrès de la Philosophie zoologique, et pour l'objet que nous avons en vue, il est nécessaire de considérer *l'état actuel* de la distribution et de la classification des animaux ; d'examiner comment on y est parvenu ; de reconnoître quels sont les principes auxquels on a dû se conformer dans l'établissement de cette distribution générale ; enfin, de rechercher ce qui reste à faire pour donner à cette distribution la disposition la plus propre à lui faire représenter l'ordre même de la nature.

Mais pour retirer quelque profit de toutes ces considérations, il faut déterminer auparavant le but essentiel de la distribution des animaux et celui de leur classification ; car ces deux buts sont d'une nature très-différente.

Le but d'une *distribution générale* des animaux n'est pas seulement de posséder une liste commode à consulter ; mais c'est surtout d'avoir dans cette liste un ordre représentant, le plus

possible, celui même de la nature, c'est-à-dire,
l'ordre qu'elle a suivi dans la production des animaux, et qu'elle a éminemment caractérisé par
les rapports qu'elle a mis entre les uns et les
autres.

Le but, au contraire, d'une *classification* des
animaux, est de fournir, à l'aide de lignes de
séparation tracées de distance en distance dans la
série générale de ces êtres, des points de repos à
notre imagination, afin que nous puissions plus
aisément reconnoître chaque race déjà obser-
vée, saisir ses rapports avec les autres animaux
connus, et placer dans chaque cadre les nouvelles espèces que nous parviendrons à découvrir. Ce moyen supplée à notre foiblesse, facilite
nos études et nos connoissances, et son usage
est pour nous d'une nécessité indispensable ; mais
j'ai déjà montré qu'il est un produit de l'art, et
que, malgré les apparences contraires, il ne tient
réellement rien de la nature.

La juste détermination des *rapports* entre les
objets fixera toujours invariablement dans nos
distributions générales, d'abord la place des
grandes masses ou coupes primaires, ensuite celle
des masses subordonnées aux premières, enfin,
celle des espèces ou races particulières qui auront été observées. Or, voilà, pour la science,
l'avantage inestimable de la connoissance des

rapports ; c'est que ces rapports étant l'ouvrage même de la nature, aucun naturaliste n'aura jamais le pouvoir ni, sans doute, la volonté de changer le résultat d'un rapport bien reconnu; la *distribution générale* deviendra donc de plus en plus parfaite et forcée, à mesure que nos connoissances des rapports seront plus avancées à l'égard des objets qui composent un règne.

Il n'en est pas de même de la *classification*, c'est-à-dire, des différentes lignes de séparation qu'il nous importe de tracer de distance en distance dans la *distribution* générale, soit des animaux, soit des végétaux. A la vérité, tant qu'il y aura des vides à remplir dans nos distributions, parce que quantité d'animaux et de végétaux n'ont pas encore été observés, nous trouverons toujours de ces lignes de séparation qui nous paroîtront posées par la nature elle-même ; mais cette illusion se dissipera à mesure que nous observerons davantage : et déjà n'en avons-nous pas vu un assez grand nombre s'effacer, au moins dans les plus petits cadres, par les nombreuses découvertes des naturalistes, depuis environ un demi-siècle ?

Ainsi, sauf les lignes de séparation qui résultent des vides à remplir, celles que nous serons toujours forcés d'établir seront arbitraires, et par-là vacillantes, tant que les naturalistes n'adopteront pas quelque principe de convention pour se régler en les formant.

Dans le règne animal, nous devons regarder comme un principe de ce genre, que *toute classe doit comprendre des animaux distingués par un système particulier d'organisation.* La stricte exécution de ce principe est assez facile, et ne présente que de médiocres inconvéniens.

En effet, quoique la nature ne passe pas brusquement d'un système d'organisation à un autre, il est possible de poser des limites entre chaque système, n'y ayant presque partout qu'un petit nombre d'animaux placés près de ces limites, et dans le cas d'offrir des doutes sur leur véritable classe.

Les autres lignes de séparation qui sous-divisent les classes sont, en général, plus difficiles à établir, parce qu'elles portent sur des caractères moins importans, et que, par cette raison, elles sont plus arbitraires.

Avant d'examiner l'état actuel de la classification des animaux, essayons de faire voir que la distribution des corps vivans doit former une *série*, au moins quant à la disposition des masses, et non une ramification réticulaire.

Les classes doivent former une série dans la distribution des animaux.

Comme l'homme est condamné à épuiser toutes les erreurs possibles avant de reconnoître une vérité lorsqu'il examine les faits qui s'y rapportent, on a nié que les productions de la nature, dans chaque règne des corps vivans, fussent réellement dans le cas de pouvoir former une véritable série d'après la considération des rapports, et on n'a voulu reconnoître aucune *échelle* dans la disposition générale, soit des animaux, soit des végétaux.

Ainsi, les naturalistes ayant remarqué que beaucoup d'espèces, certains genres, et même quelques familles, paroissent dans une sorte d'isolement, quant à leurs caractères, plusieurs se sont imaginés que les êtres vivans dans l'un ou l'autre règne, s'avoisinoient ou s'éloignoient entre eux, relativement à leurs *rapports naturels*, dans une disposition semblable aux différens points d'une carte de géographie ou d'une mappemonde. Ils regardent les petites séries bien prononcées qu'on a nommées *familles naturelles*, comme devant être disposées entre elles de manière à former une *réticulation*. Cette idée, qui a paru sublime à quelques modernes, est évidemment une erreur ; et, sans doute, elle se

dissipera dès qu'on aura des connoissances plus
profondes et plus générales de l'organisation ,
et surtout lorsqu'on distinguera ce qui appartient à l'influence des lieux d'habitation et des
habitudes contractées, de ce qui résulte des progrès plus ou moins avancés dans la composition ou le perfectionnement de l'organisation.

En attendant, je vais faire voir que la nature
en donnant, à l'aide de beaucoup de temps ,
l'existence à tous les animaux et à tous les végétaux , a réellement formé dans chacun de ces
règnes une véritable *échelle* , relativement à la
composition croissante de l'organisation de ces
êtres vivans ; mais que cette *échelle* , qu'il s'agit
de reconnoître , en rapprochant les objets ,
d'après leurs rapports naturels, n'offre des *degrés*
saisissables que dans les masses principales de la
série générale , et non dans les espèces, ni même
dans les genres : la raison de cette particularité
vient de ce que l'extrême diversité des circonstances dans lesquelles se trouvent les différentes
races d'animaux et de végétaux n'est point en
rapport avec la composition croissante de l'organisation parmi eux, ce que je ferai voir ; et
qu'elle fait naître dans les formes et les caractères
extérieurs, des anomalies ou des espèces d'écarts
que la composition croissante de l'organisation
n'auroit pu seule occasionner.

Il s'agit donc de prouver que la série qui constitue l'échelle animale réside essentiellement dans la distribution des masses principales qui la composent, et non dans celle des espèces, ni même toujours dans celle des genres.

La série dont je viens de parler ne peut donc se déterminer que dans le placement des masses, parce que ces masses qui constituent les classes et les grandes familles, comprennent chacune des êtres dont l'organisation est dépendante de tel système particulier d'organes essentiels.

Ainsi, chaque masse distincte a son système particulier d'organes essentiels, et ce sont ces systèmes particuliers qui vont en se dégradant, depuis celui qui présente la plus grande complication, jusqu'à celui qui est le plus simple. Mais chaque organe considéré isolément, ne suit pas une marche aussi régulière dans ses dégradations : il la suit même d'autant moins, qu'il a lui-même moins d'importance, et qu'il est plus susceptible d'être modifié par les circonstances.

En effet, les organes de peu d'importance ou non essentiels à la vie, ne sont pas toujours en rapport les uns avec les autres dans leur perfectionnement ou leur dégradation ; en sorte que si l'on suit toutes les espèces d'une classe, on verra que tel organe, dans telle espèce, jouit de son plus haut degré de perfectionnement; tandis

que tel autre organe, qui, dans cette même espèce, est fort appauvri ou fort imparfait, se
trouve très-perfectionné dans telle autre espèce.

Ces variations irrégulières dans le perfectionnement et dans la dégradation des organes non
essentiels, tiennent à ce que ces organes sont
plus soumis que les autres aux influences des circonstances extérieures; elles en entraînent de
semblables dans la forme et dans l'état des parties les plus externes, et donnent lieu à une
diversité si considérable et si singulièrement or-
donnée des espèces, qu'au lieu de les pouvoir
ranger, comme les masses, en une série unique,
simple et linéaire, sous la forme d'une échelle
régulièrement graduée, ces mêmes espèces forment souvent autour des masses dont elles font
partie, des ramifications latérales, dont les extrémités offrent des points véritablement isolés.

Il faut, pour modifier chaque système intérieur d'organisation, un concours de circonstances plus influentes et de bien plus longue durée,
que pour altérer et changer les organes extérieurs.

J'observe néanmoins que, lorsque les circonstances l'exigent, la nature passe d'un système à
l'autre, sans faire de saut, pourvu qu'ils soient
voisins; c'est, en effet, par cette faculté qu'elle
est parvenue à les former tous successivement,

en procédant du plus simple au plus composé.

Il est si vrai qu'elle a cette faculté, qu'elle passe d'un système à l'autre, non-seulement dans deux familles différentes lorsqu'elles sont voisines par leurs rapports, mais encore qu'elle y passe dans un même individu.

Les systèmes d'organisation qui admettent pour organe de la *respiration* des *poumons* véritables, sont plus voisins des systèmes qui admettent des *branchies*, que ceux qui exigent des *trachées*; ainsi, non-seulement la nature passe des branchies aux poumons dans des classes et dans des familles voisines, comme l'indique la considération des poissons et des reptiles; mais elle y passe même pendant l'existence d'un même individu, qui jouit successivement de l'un et de l'autre système. On sait que la grenouille, dans l'état imparfait de têtard, respire par des branchies, tandis que dans son état plus parfait de grenouille elle respire par des poumons. On ne voit nulle part la nature passer du système des trachées au système pulmonaire.

Il est donc vrai de dire qu'il existe pour chaque règne des corps vivans, une série unique et graduée dans la disposition des masses, conformément à la composition croissante de l'organisation, et à l'arrangement des objets d'après la considération des rapports; et que cette série,

soit dans le règne animal, soit dans le règne végétal, doit offrir à son extrémité antérieure les
corps vivans les plus simples et les moins organisés, et se terminer par les plus parfaits en organisation et en facultés.

Tel paroît être le véritable ordre de la nature,
et tel est effectivement celui que l'observation
la plus attentive, et qu'une étude suivie de tous
les traits qui caractérisent sa marche, nous offrent évidemment.

Depuis que, dans nos distributions des productions de la nature, nous avons senti la nécessité
d'avoir égard à la considération des *rapports*,
nous ne sommes plus les maîtres de disposer la
série générale comme il nous plaît; et la connoissance que nous acquérons de plus en plus de
la marche de la nature, à mesure que nous étu-
dions les rapports prochains ou éloignés qu'elle
a mis, soit entre les objets, soit entre leurs différentes masses, nous entraîne et nous force à
nous conformer à son ordre.

Le premier résultat obtenu de l'emploi des
rapports dans le placement des masses pour former une distribution générale, est que les deux
extrémités de l'ordre doivent offrir les êtres les
plus dissemblables, parce qu'ils sont effectivement les plus éloignés sous la considération des
rapports, et, par conséquent, de l'organisation;

il suit de là que si l'une des extrémités de l'ordre présente les corps vivans les plus parfaits, ceux dont l'organisation est la plus composée, l'autre extrémité du même ordre devra nécessairement offrir les corps vivans les plus imparfaits, c'est-à-dire, ceux dont l'organisation est la plus simple.

Dans la disposition générale des végétaux connus, selon la *méthode naturelle*, c'est-à-dire, d'après la considération des rapports, on ne connoît encore, d'une manière solide, que l'une des extrémités de l'ordre, et l'on sait que la cryptogamie doit se trouver à cette extrémité. Si l'autre extrémité n'est pas déterminée avec la même certitude, cela vient de ce que nos connoissances de l'organisation des végétaux sont beaucoup moins avancées que celles que nous avons sur l'organisation d'un grand nombre d'animaux connus. Il en résulte qu'à l'égard des végétaux, nous n'avons pas encore de guide certain pour fixer les rapports entre les grandes masses, comme nous en avons pour reconnoître ceux qui se trouvent entre les genres, et pour former les familles.

La même difficulté ne s'étant pas rencontrée à l'égard des animaux, les deux extrémités de leur série générale sont fixées d'une manière définitive; car tant que l'on fera quelque cas de la méthode naturelle, et, par conséquent, de la considération

considération des rapports, les *mammifères* oc-
cuperont nécessairement une des extrémités de
l'ordre, tandis que les *infusoires* seront placés à
l'autre extrémité.

Il y a donc, pour les *animaux* comme pour
les *végétaux*, un ordre qui appartient à la nature, et qui résulte, ainsi que les objets que cet
ordre fait exister, des moyens qu'elle a reçus
de l'AUTEUR SUPRÊME de toute chose. Elle
n'est elle-même que l'ordre général et immuable
que ce sublime Auteur a créé dans tout, et que
l'ensemble des lois générales et particulières auxquelles cet ordre est assujetti. Par ces moyens,
dont elle continue, sans altération, l'usage, elle
a donné et donne perpétuellement l'existence à
ses productions; elle les varie et les renouvelle
sans cesse, et conserve ainsi partout l'ordre entier qui en est l'effet.

Cet ordre de la nature qu'il s'agissoit de parvenir à reconnoître dans chaque règne des
corps vivans, et dont nous possédons déjà diverses portions dans les *familles* bien reconnues, et
dans nos meilleurs genres, nous allons voir que,
relativement au règne animal, il est maintenant
déterminé, dans son ensemble, d'une manière
qui ne laisse aucune prise à l'arbitraire.

Mais la grande quantité d'animaux divers que
nous sommes parvenus à connoître, et les lu-

8

mières nombreuses que l'anatomie comparée a répandues sur leur organisation, nous donnent maintenant les moyens de déterminer, d'une manière définitive, la distribution générale de tous les animaux connus, et d'assigner le rang positif des principales coupes que l'on peut établir dans la série qu'ils constituent.

Voilà ce qu'il importe de reconnoître, et ce qu'il sera vraisemblablement difficile de contester.

Passons maintenant à l'examen de l'état actuel de la distribution générale des animaux, et de leur classification.

État actuel de la distribution et de la classification des Animaux.

Comme le but et les principes, soit de la distribution générale des corps vivans, soit de leur classification, ne furent point aperçus lorsqu'on s'occupa de ces objets, les travaux des naturalistes se ressentirent long-temps de cette imperfection de nos idées, et il en fut des sciences naturelles comme de toutes les autres, dont on s'est long-temps occupé avant d'avoir pensé aux principes qui devoient en faire le fondement et en régler les travaux.

Au lieu d'assujettir la classification qu'il fallut faire dans chaque règne des corps vivans, à une distribution que rien ne devoit entraver, on ne pensa qu'à classer commodément les objets, et leur distribution fut par-là soumise à l'arbitraire.

Par exemple, les rapports entre les grandes masses étant fort difficiles à saisir parmi les végétaux, on employa long-temps, en botanique, les systèmes artificiels. Ils offroient la facilité de faire des classifications commodes, fondées sur des principes arbitraires, et chaque auteur en composoit une nouvelle selon sa fantaisie. Aussi la distribution à établir parmi les végétaux, celle, en un mot, qui appartient à la *méthode naturelle*, fut alors toujours sacrifiée. Ce n'est que depuis que l'on a connu l'importance des parties de la fructification, et surtout la prééminence que certaines d'entre elles doivent avoir sur les autres, que la distribution générale des végétaux commence à s'avancer vers son perfectionnement.

Comme il n'en est pas de même à l'égard des animaux, les rapports généraux qui caractérisent les grandes masses, sont, parmi eux, beaucoup plus faciles à apercevoir : aussi plusieurs de ces masses furent-elles reconnues dès les premiers temps où l'on a commencé à cultiver l'histoire naturelle.

En effet, Aristote divisa, primairement, les

animaux en deux coupes principales, ou, selon lui, deux classes; savoir :

1°. Animaux ayant du sang.

> Quadrupèdes vivipares,
> Quadrupèdes ovipares,
> Poissons,
> Oiseaux.

2°. Animaux privés de sang.

> Mollusques,
> Crustacés,
> Testacés,
> Insectes.

Cette division primaire des animaux en deux grandes coupes étoit assez bonne; mais le caractère employé par *Aristote*, en la formant, étoit mauvais. Ce philosophe donnoit le nom de *sang* au fluide principal des animaux, dont la couleur est rouge; et supposant que les animaux qu'il rapporte à sa seconde classe ne possédoient tous que des fluides blancs ou blanchâtres, dès-lors il les regarda comme privés de sang.

Telle fut apparemment la première ébauche d'une *classification* des animaux, et c'est, au moins, la plus ancienne dont nous ayons connois-

sance. Mais cette classification offre aussi le premier exemple d'une *distribution* en sens inverse
de l'ordre de la nature, puisqu'on y trouve une
progression, quoique très-imparfaite, du plus
composé vers le plus simple.

Depuis cette époque, on a généralement suivi
cette fausse direction à l'égard de la distribution
des animaux ; ce qui a évidemment retardé nos
connoissances relativement à la marche de la
nature.

Les naturalistes modernes ont cru perfectionner la distinction d'Aristote, en donnant aux
animaux de sa première division le nom d'*animaux à sang rouge*, et à ceux de la seconde, celui d'*animaux à sang blanc*. On sait assez maintenant combien ce caractère est défectueux, puisqu'il y a des animaux invertébrés (beaucoup
d'*annelides*) qui ont le sang rouge.

Selon moi, les fluides essentiels aux animaux
cessent de mériter le nom de *sang*, lorsqu'ils ne
circulent plus dans des vaisseaux artériels et veineux. Ces fluides sont alors si dégradés, si peu
composés ou si imparfaits dans la combinaison
de leurs principes, qu'on auroit tort d'assimiler
leur nature à celle des fluides qui subissent une
véritable circulation. Or, accorder du sang à
une radiaire ou à un polype, autant vaudroit-il
en attribuer à une plante.

Pour éviter toute équivoque, ou l'emploi d'aucune considération hypothétique, dans mon premier cours fait dans le Muséum, au printemps de 1794 (l'an 2 de la république), je divisai la totalité des animaux connus en deux coupes parfaitement distinctes, savoir :

Les Animaux à vertèbres,
Les Animaux sans vertèbres.

Je fis remarquer à mes élèves que la *colonne vertébrale* indique, dans les animaux qui en sont munis, la possession d'un squelette plus ou moins perfectionné, et d'un plan d'organisation qui y est relatif; tandis que son défaut dans les autres animaux, non-seulement les distinguent nettement des premiers, mais annonce que les plans d'organisation sur lesquels ils sont formés, sont tous très-différens de celui des animaux à vertèbres.

Depuis Aristote jusqu'à Linné, rien de bien remarquable ne parut relativement à la distribution générale des animaux; mais, dans le dernier siècle, des naturalistes du plus grand mérite firent un grand nombre d'observations particulières sur les animaux, et principalement sur quantité d'animaux sans vertèbres. Les uns firent connoître leur anatomie avec plus ou moins d'étendue, et les autres donnèrent une histoire exacte et détaillée des métamorphoses et des habitudes d'un grand nombre de ces animaux; en sorte qu'il est résulté de leurs précieuses observations, que beaucoup de faits des plus importans sont parvenus à notre connoissance.

Enfin, Linné, homme d'un génie supérieur, et l'un des plus grands naturalistes connus, après avoir rassemblé les faits, et nous avoir appris à mettre une grande précision dans la détermination des caractères de tous les ordres, nous donna, pour les animaux, la distribution suivante.

Il distribua les animaux connus en six classes, subordonnées à trois degrés ou caractères d'organisation.

Distribution des Animaux, établie par Linné.

Classes.

Premier degré.

I. LES MAMMIFÈRES.

Le cœur à deux ventricules; le sang rouge et chaud.

II. LES OISEAUX.

Second degré.

III. LES AMPHIBIES (les Reptiles).

Le cœur à un ventricule; le sang rouge et froid.

IV. LES POISSONS.

Troisième degré.

Classes.

V. Les Insectes.

VI. Les Vers.

} Une sanie froide (en place de sang).

Sauf l'inversion que présente cette distribution comme toutes les autres, les quatre premières coupes qu'elle offre sont maintenant fixées définitivement, obtiendront toujours désormais l'assentiment des zoologistes, quant à leur placement dans la série générale, et l'on voit que c'est à l'illustre naturaliste Suédois qu'on en est premièrement redevable.

Il n'en est pas de même des deux dernières coupes de la distribution dont il s'agit; elles sont mauvaises, très-mal disposées; et comme elles comprennent le plus grand nombre des animaux connus et les plus diversifiés dans leurs caractères, elles devoient être plus nombreuses. Il a donc fallu les réformer et en substituer d'autres.

Linné, comme on voit, et les naturalistes qui l'ont suivi, donnèrent si peu d'attention à la nécessité de multiplier les coupes parmi les animaux qui ont une sanie froide en place de sang (les *animaux sans vertèbres*), et où les caractères et l'organisation offrent une si grande diversité, qu'ils n'ont distingué ces nombreux ani-

maux qu'en deux classes, savoir : en *insectes* et
en *vers* ; en sorte que tout ce qui n'étoit pas
regardé comme *insecte*, ou autrement, tous les
animaux sans vertèbres qui n'ont point de membres articulés, étoient, sans exception, rappor-
tés à la classe des vers. Ils plaçoient la classe
des insectes après celle des poissons, et celle des
vers après les insectes. Les vers formoient donc,
d'après cette distribution de Linné, la dernière
classe du règne animal.

Ces deux classes se trouvent encore exposées,
suivant cet ordre, dans toutes les éditions du
Systema naturæ, publiées postérieurement à
Linné ; et quoique le vice essentiel de cette distribution, relativement à l'ordre naturel des animaux,
soit évident, et qu'on ne puisse disconvenir que
la classe des *vers* de Linné ne soit une espèce de
chaos dans lequel des objets très-disparates se
trouvent réunis, l'autorité de ce savant étoit d'un
si grand poids pour les naturalistes, que personne n'osoit changer cette classe monstrueuse
des *vers*.

Dans l'intention d'opérer quelque réforme utile
à cet égard, je présentai, dans mes premiers
cours, la distribution suivante pour les *animaux
sans vertèbres* que je divisai, non en deux classes,
mais en cinq dans l'ordre que voici.

*Distribution des Animaux sans vertèbres,
exposée dans mes premiers cours.*

1°. Les Mollusques;
2°. Les Insectes;
3°. Les Vers;
4°. Les Échinodermes;
5°. Les Polypes.

Ces classes se composoient alors de quelques-
uns des ordres que *Bruguière* avoit présentés
dans sa distribution des *vers*, mais dont je n'a-
doptois pas la disposition, et de la classe des
insectes, telle que Linné la circonscrivoit.

Cependant, vers le milieu de l'an 3 (de 1795),
l'arrivée de M. Cuvier à Paris, éveillant l'attention des zoologistes sur l'organisation des animaux, je vis, avec beaucoup de satisfaction,
les preuves décisives qu'il donna de la prééminence qu'il falloit accorder aux *mollusques* sur
les *insectes*, relativement au rang que ces animaux devoient occuper dans la série générale;
ce que j'avois déjà exécuté dans mes leçons; mais
ce qui n'avoit pas été vu favorablement de la
part des naturalistes de cette capitale.

Le changement que j'avois fait à cet égard,
par le sentiment de l'inconvenance de la distribution de Linné que l'on suivoit, M. Cuvier le

consolida parfaitement par l'exposition des faits les plus positifs, parmi lesquels plusieurs, à la vérité, étoient déjà connus, mais n'avoient point encore attiré notre attention à Paris.

Profitant ensuite des lumières que ce savant répandit, depuis son arrivée, sur toutes les parties de la zoologie, et particulièrement sur les *animaux sans vertèbres*, qu'il nommoit *animaux à sang blanc*, j'ajoutai successivement de nouvelles classes à ma distribution; je fus le premier qui les instituai; mais, comme on va le voir, celles de ces classes que l'on a adoptées ne le furent que tardivement.

Sans doute, l'intérêt des auteurs est fort indifférent pour la science, et semble l'être encore pour ceux qui l'étudient; néanmoins, l'historique des changemens qu'a subi la classification des animaux depuis quinze ans, n'est pas inutile à connoître : voici ceux que j'ai opérés.

D'abord, je changeai la dénomination de ma classe des *échinodermes* en celle de *radiaires*, afin d'y réunir les méduses et les genres qui en sont voisins. Cette classe, malgré son utilité et la nécessité qu'en font les caractères de ces animaux, n'a pas encore été adoptée par les naturalistes.

Dans mon cours de l'an 7 (de 1799), j'ai établi la classe des *crustacés*. Alors M. Cuvier, dans son *Tableau des Animaux*, pag. 451, comprenoit encore les crustacés parmi les insectes; et quoique cette classe en soit essentiellement distincte, ce ne fut néanmoins que six ou sept ans après que quelques naturalistes consentirent à l'adopter.

L'année suivante, c'est-à-dire, dans mon cours de l'an 8 (de 1800), je présentai les *arachnides* comme une classe particulière, facile et nécessaire à distinguer. La nature de ses caractères étoit dès lors une indication certaine d'une organisation particulière à ces animaux; car il est impossible qu'une organisation parfaitement semblable à celle des insectes, qui tous subissent des métamorphoses, ne se régénèrent qu'une fois dans le cours de leur vie, et n'ont que deux antennes, deux yeux à réseau, et six pattes articulées, puisse donner lieu à des animaux qui ne se métamorphosent jamais, et qui offrent, en outre, différens caractères qui les distinguent des insectes. Une partie de cette vérité a été confirmée depuis par l'observation. Cependant cette classe des *arachnides* n'est encore admise dans aucun ouvrage autre que les miens.

M. Cuvier ayant découvert l'existence de vaisseaux artériels et de vaisseaux veineux dans différens animaux que l'on confondoit sous le nom de *vers*, avec d'autres animaux très-différemment organisés, j'employai aussitôt la con-

sidération de ce nouveau fait au perfectionnement de ma classification ; et dans mon cours
de l'an 10 (de 1802), j'établis la classe des *annelides* , classe que je plaçai après les mollusques
et avant les crustacés ; ce qu'exigeoit leur organisation reconnue.

En donnant un nom particulier à cette nouvelle classe, je pus conserver l'ancien nom de
vers à des animaux qui l'ont toujours porté , et
que leur organisation obligeoit d'éloigner des
annelides. Je continuai donc de placer les *vers*
après les insectes, et de les distinguer des *radiaires* et des *polypes*, avec lesquels jamais on ne
sera autorisé à les réunir.

Ma classe des *annelides* publiée dans mes cours
et dans mes *Recherches sur les Corps vivans* ,
(p. 24), fut plusieurs années sans être admise
par les naturalistes. Néanmoins, depuis environ
deux ans, on commence à reconnoître cette
classe ; mais comme on juge à propos d'en changer le nom , et d'y transporter celui de *vers* , on
ne sait que faire des *vers* proprement dits, qui
n'ont ni nerfs, ni système de circulation ; et,
dans cet embarras, on les réunit à la classe des
polypes , quoiqu'ils en soient très-différens par
leur organisation.

Ces exemples de perfectionnemens établis d'a-
bord dans les parties d'une classification , dé-

truits après cela par d'autres, et ensuite rétablis par la nécessité et la force des choses, ne sont pas rares dans les sciences naturelles.

En effet, Linné avoit réuni plusieurs genres de plantes que Tournefort avoit auparavant distingués, comme on le voit dans ses genres *polygonum*, *mimosa*, *justicia*, *convallaria*, et bien d'autres ; et maintenant les botanistes rétablissent les genres que Linné avoit détruits.

Enfin, l'année dernière (dans mon cours de 1807), j'ai établi, parmi les animaux sans vertèbres, une nouvelle et dixième classe, celle des *infusoires*, parce qu'après un examen suffisant des caractères connus de ces animaux imparfaits, je fus convaincu que j'avois eu tort de les ranger parmi les polypes.

Ainsi, en continuant de recueillir les faits obtenus par l'observation et par les progrès rapides de l'*anatomie* comparée, j'instituai successivement les différentes classes qui composent maintenant ma distribution des *animaux sans vertèbres*. Ces classes, au nombre de dix, étant disposées du plus composé vers le plus simple, selon l'usage, sont les suivantes :

Classes des Animaux sans vertèbres.

Les Mollusques.
Les Cirrhipèdes.
Les Annelides.
Les Crustacés.
Les Arachnides.
Les Insectes.
Les Vers.
Les Radiaires.
Les Polypes.
Les Infusoires.

Je ferai voir , en exposant chacune de ces classes, qu'elles constituent des coupes nécessaires, parce qu'elles sont fondées sur la considération de l'organisation ; et que , quoiqu'il puisse, qu'il doive même se trouver dans le voisinage de leurs limites , des races , en quelque sorte, mi-parties ou intermédiaires entre deux classes, ces coupes présentent tout ce que l'art peut produire de plus convenable en ce genre. Aussi, tant que l'intérêt de la science sera principalement considéré, on ne pourra se dispenser de les reconnoître.

On voit qu'en ajoutant à ces dix classes qui divisent les animaux sans vertèbres, les quatre classes reconnues et déterminées par *Linné* parmi les animaux à vertèbres, on aura, pour la classification de tous les animaux connus, les quatorze classes suivantes, que je vais encore présenter dans un ordre contraire à celui de la nature.

1. Les Mammifères.
2. Les Oiseaux.
3. Les Reptiles.
4. Les Poissons.

} Animaux vertébrés.

5. Les Mollusques.
6. Les Cirrhipèdes.
7. Les Annelides.
8. Les Crustacés.
9. Les Arachnides.
10. Les Insectes.
11. Les Vers.
12. Les Radiaires.
13. Les Polypes.
14. Les Infusoires.

} Animaux invertébrés.

Tel est l'état actuel de la distribution générale des animaux, et tel est encore celui des classes qui furent établies parmi eux.

Il s'agiroit maintenant d'examiner une question très-importante qui paroît n'avoir jamais été approfondie ni discutée, et dont cependant la solution est nécessaire ; la voici :

Toutes les classes qui partagent le règne animal, formant nécessairement une série de masses d'après la composition croissante ou décroissante

sante de l'organisation, doit-on, dans la disposition de cette série, procéder du plus composé vers le plus simple, ou du plus simple vers le plus composé?

Nous essayerons de donner la solution de cette question dans le chapitre VIII°. qui termine cette partie; mais auparavant, il convient d'examiner un fait bien remarquable, très-digne de notre attention, et qui peut nous conduire à apercevoir la marche qu'a suivie la nature, en donnant à ses diverses productions l'existence dont elles jouissent. Je veux parler de cette *dégradation* singulière qui se trouve dans l'organisation, si l'on parcourt la série naturelle des animaux, en partant des plus parfaits ou des plus composés, pour se diriger vers les plus simples et les plus imparfaits.

Quoique cette *dégradation* ne soit pas nuancée, et ne puisse l'être, comme je le ferai voir, elle existe dans les masses principales avec une telle évidence, et une constance si soutenue, même dans les variations de sa marche, qu'elle dépend, sans doute, de quelque loi générale qu'il nous importe de découvrir, et, par conséquent, de rechercher.

9

CHAPITRE VI.

Dégradation et simplification de l'organisation d'une extrémité à l'autre de la Chaîne animale, en procédant du plus composé vers le plus simple.

PARMI les considérations qui intéressent la *Philosophie zoologique*, l'une des plus importantes est celle qui concerne la *dégradation* et la simplification que l'on observe dans l'organisation des animaux, en parcourant d'une extrémité à l'autre la chaîne animale, depuis les animaux les plus parfaits jusqu'à ceux qui sont les plus simplement organisés.

Or, il s'agit de savoir si ce fait peut être réellement constaté; car alors il nous éclairera fortement sur le plan qu'a suivi la nature, et nous mettra sur la voie de découvrir plusieurs de ses lois les plus importantes à connoître.

Je me propose ici de prouver que le fait dont il est question est positif, et qu'il est le produit d'une loi constante de la nature, qui agit toujours avec uniformité; mais qu'une cause particulière, facile à reconnoître, fait varier çà et là, dans toute l'étendue de la chaîne animale, la régularité des résultats que cette loi devoit produire.

D'abord, on est forcé de reconnoître que la série générale des animaux distribués conformément à leurs rapports naturels, présente une série de masses particulières, résultantes des différens systèmes d'organisation employés par la nature, et que ces masses distribuées elles-mêmes d'après la composition décroissante de l'organisation, forment une véritable chaîne.

Ensuite on remarque que, sauf les anomalies dont nous déterminerons la cause, il règne, d'une extrémité à l'autre de cette chaîne, une dégradation frappante dans l'organisation des animaux qui la composent, et une diminution proportionnée dans le nombre des facultés de ces animaux; en sorte que si à l'une des extrémités de la chaîne dont il s'agit, se trouvent les animaux les plus parfaits à tous égards, l'on voit nécessairement à l'extrémité opposée les animaux les plus simples et les plus imparfaits qui puissent se trouver dans la nature.

Enfin, l'on a lieu de se convaincre, par cet examen, que tous les organes spéciaux se simplifient progressivement de classe en classe, s'altèrent, s'appauvrissent et s'atténuent peu à peu, qu'ils perdent leur concentration locale, s'ils sont

de première importance, et qu'ils finissent par
s'anéantir complétement et définitivement avant
d'avoir atteint l'extrémité opposée de la chaîne.

A la vérité, la *dégradation* dont je parle n'est
pas toujours nuancée ni régulière dans sa progression; car souvent tel organe manque ou
change subitement, et dans ses changemens il
prend quelquefois des formes singulières qui ne
se lient avec aucune autre par des degrés reconnoissables ; et souvent encore tel organe disparoît et reparoît plusieurs fois avant de s'anéantir définitivement. Mais on va sentir que cela n'a
pu être autrement; que la cause qui compose
progressivement l'organisation a dû éprouver diverses déviations dans ses produits, parce que
ces produits sont souvent dans le cas d'être changés par une cause étrangère qui agit sur eux
avec une puissante efficacité; et néanmoins l'on
verra que la *dégradation* dont il s'agit n'en est
pas moins réelle et progressive dans tous les cas
où elle a pu l'être.

Si la cause qui tend sans cesse à composer l'organisation étoit la seule qui eut de l'influence sur
la forme et les organes des animaux, la composition croissante de l'organisation seroit, en progression, partout très-régulière. Mais il n'en est
point ainsi; la nature se trouve forcée de sou-
mettre ses opérations aux influences des circons-

tances qui agissent sur elles, et de toutes parts ces circonstances en font varier les produits. Voilà la cause particulière qui occasionne çà et là dans le cours de la *dégradation* que nous allons constater, les déviations souvent bizarres qu'elle nous offre dans sa progression.

Essayons de mettre dans tout son jour, et la *dégradation* progressive de l'organisation des animaux, et la cause des anomalies que la progression de cette dégradation éprouve dans le cours de la série des animaux.

Il est évident que si la nature n'eût donné l'existence qu'à des animaux aquatiques, et que ces animaux eussent tous et toujours vécu dans le même climat, la même sorte d'eau, la même profondeur, etc., etc., sans doute alors on eût trouvé dans l'organisation de ces animaux, une *gradation* régulière et même nuancée.

Mais la nature n'a point sa puissance resserrée dans de pareilles limites.

D'abord il faut observer que, dans les eaux mêmes, elle a considérablement diversifié les circonstances : les eaux douces, les eaux marines, les eaux tranquilles ou stagnantes, les eaux courantes ou sans cesse agitées, les eaux des climats chauds, celles des régions froides, enfin, celles qui ont peu de profondeur, et celles qui en ont une très-grande, offrent autant de cir-

constances particulières qui agissent chacune différemment sur les animaux qui les habitent. Or,
à degré égal de composition d'organisation, les
races d'animaux qui se sont trouvées exposées dans
chacune de ces circonstances, en ont subi les
influences particulières, et en ont été diversifiées.

Ensuite, après avoir produit les animaux aquatiques de tous les rangs, et les avoir singulièrement variés, à l'aide des différentes circonstances
que les eaux peuvent offrir, ceux qu'elle a amenés
peu à peu à vivre dans l'air, d'abord sur le bord
des eaux, ensuite sur toutes les parties sèches
du globe, se sont trouvés, avec le temps, dans
des circonstances si différentes des premiers, et
qui ont si fortement influé sur leurs habitudes et
sur leurs organes, que la *gradation* régulière
qu'ils devroient offrir dans la composition de leur
organisation, en a été singulièrement altérée;
en sorte qu'elle n'est presque point reconnoissable
en beaucoup d'endroits.

Ces considérations que j'ai long-temps exami-
nées, et que j'établirai sur des preuves positives,
me donnent lieu de présenter le *principe zoologique* suivant, dont le fondement me paroît à
l'abri de toute contestation.

La progression dans la composition de l'or-

ganisation subit, çà et là, dans la série générale des animaux, des anomalies opérées par l'influence des circonstances d'habitation, et par celle des habitudes contractées.

On s'est autorisé de la considération de ces *anomalies* pour rejeter la progression évidente qui existe dans la composition de l'organisation des animaux, et pour refuser de reconnoître la marche que suit la nature dans la production des corps vivans.

Cependant, malgré les écarts apparens que je viens d'indiquer, le plan général de la nature, et sa marche uniforme dans ses opérations, quoique variant à l'infini ses moyens, sont encore très-faciles à distinguer : pour y parvenir, il faut considérer la série générale des animaux connus, l'envisager d'abord dans son ensemble, et ensuite dans ses grandes masses; on y apercevra les preuves les moins équivoques de la *gradation* qu'elle a suivie dans la composition de l'organisation; gradation que les anomalies dont j'ai parlé n'autoriseront jamais à méconnoître. Enfin, on remarquera que, partout où des changemens extrêmes de circonstances n'ont pas agi, on retrouve cette *gradation* parfaitement nuancée dans diverses portions de la série générale, auxquelles nous avons donné le nom de *familles*. Cette vérité devient plus frappante encore dans l'étude que l'on fait de ce qu'on appelle *espéce;* car plus nous observons, plus nos distinctions spécifiques deviennent difficiles, compliquées et minutieuses.

La gradation dans la composition de l'organisation des animaux sera donc un fait qu'on ne pourra révoquer en doute, dès que nous aurons donné des preuves détaillées et positives de ce qui vient d'être exposé. Or, comme nous prenons la série générale des animaux en sens inverse de l'ordre même qu'a suivi la nature, en les faisant successivement exister, cette gradation se change alors, pour nous, en une *dégradation* frappante qui règne d'une extrémité à l'autre de la chaîne animale, sauf les interruptions qui résultent des objets qui restent à découvrir, et celles qui proviennent des anomalies produites par les circonstances extrêmes d'habitation.

Maintenant pour établir, par des faits positifs, le fondement de la *dégradation* de l'organisation des animaux d'une extrémité à l'autre de leur série générale, jetons d'abord un coup d'œil sur la composition et l'ensemble de cette série; considérons les faits qu'elle nous présente, et ensuite nous passerons rapidement en revue les quatorze classes qui la divisent primairement.

En examinant la distribution générale des animaux telle que je l'ai présentée dans l'article précédent, et dont l'ensemble est unanimement avoué des zoologistes, qui ne contestent que sur les limites de certaines classes, je remarque un fait bien évident, et qui, seul, seroit déjà décisif pour mon objet; le voici:

A l'une des extrémités de la série (et c'est celle qu'on est dans l'usage de considérer comme l'antérieure), on voit les animaux les plus parfaits à tous égards, et dont l'organisation est la plus composée; tandis qu'à l'extrémité opposée de la même série se trouvent les plus imparfaits qu'il y ait dans la nature, ceux dont l'organisation est la plus simple, et qu'on soupçonne à peine doués de l'animalité.

Ce fait bien reconnu, et qu'effectivement l'on ne sauroit contester, devient la première preuve de la dégradation que j'entreprends d'établir; car il en est la condition essentielle.

Un autre fait que présente la considération de la série générale des animaux, et qui fournit une seconde preuve de la *dégradation* qui règne dans leur organisation d'une extrémité à l'autre de leur chaîne, est celui-ci:

Les quatre premières classes du règne animal offrent des animaux généralement pourvus d'une *colonne vertébrale*, tandis que les animaux de toutes les autres classes en sont tous absolument privés.

On sait que la colonne vertébrale est la base essentielle du squelette, qu'il ne peut pas exister sans elle, et que partout où elle se trouve, il y a un squelette plus ou moins complet, plus ou moins perfectionné.

On sait aussi que le perfectionnement des facultés prouve celui des organes qui y donnent lieu.

Or, quoique l'homme soit hors de rang, à cause de l'extrême supériorité de son intelligence, relativement à son organisation, il offre assurément le type du plus grand perfectionnement où la nature ait pu atteindre : ainsi, plus une organisation animale approche de la sienne, plus elle est perfectionnée.

Cela étant ainsi, je remarque que le corps de l'homme possède non-seulement un squelette articulé, mais encore celui de tous qui est le plus complet et le plus perfectionné dans toutes ses parties. Ce squelette affermit son corps, fournit de nombreux points d'attache pour ses muscles, et lui permet de varier ses mouvemens presqu'à l'infini.

Le *squelette* entrant comme partie principale dans le plan d'organisation du corps de l'homme, il est évident que tout animal muni d'un *squelette* a l'organisation plus perfectionnée que ceux qui en sont dépourvus.

Donc que les *animaux sans vertèbres* sont plus imparfaits que les *animaux vertébrés* ; donc qu'en plaçant à la tête du règne animal les animaux les plus parfaits, la série générale des animaux présente une *dégradation* réelle dans l'organisation, puisqu'après les quatre premières classes, tous les animaux de celles qui suivent sont privés de squelette, et ont, par conséquent, une organisation moins perfectionnée.

Mais ce n'est pas tout : parmi les vertébrés mêmes, la *dégradation* dont il s'agit se remarque encore ; enfin, nous verrons qu'elle se reconnoît aussi parmi les invertébrés. Donc que cette dégradation est une suite du plan constant que suit la nature, et en même temps un résultat de ce que nous suivons son ordre en sens inverse ; car si nous suivions son ordre même, c'est-à-dire, si nous parcourions la série générale des animaux, en remontant des plus imparfaits jusqu'aux plus parfaits d'entre eux, au lieu d'une dégradation dans l'organisation, nous trouverions une composition croissante, et nous verrions successivement les facultés animales augmenter en nombre et en perfectionnement. Or, pour prouver partout la réalité de la dégradation dont il s'agit, parcourons maintenant, avec ra-

pidité, les différentes classes du règne animal.

LES MAMMIFÈRES.

Animaux à mamelles, ayant quatre membres articulés,
et tous les organes essentiels des animaux les plus parfaits. Du poil sur quelques parties du corps.

LES mammifères (*mammalia*, Lin.) doivent
évidemment se trouver à l'une des extrémités
de la chaîne animale, et être placés à celle qui
offre les animaux les plus parfaits, et les plus riches
en organisation et en facultés; car c'est uniquement parmi eux que se trouvent ceux qui ont
l'intelligence la plus développée.

Si le perfectionnement des facultés prouve celui des organes qui y donnent lieu, comme je l'ai
déjà dit, dans ce cas, tous les animaux à mamelles, et qui, seuls, sont véritablement *vivi-
parés*, ont donc l'organisation la plus perfectionnée, puisqu'il est reconnu que ces animaux ont
plus d'intelligence, plus de facultés, et une réunion de sens plus parfaite que tous les autres;
d'ailleurs, ce sont ceux dont l'organisation approche le plus de celle de l'homme.

Leur organisation présente un corps affermi
dans ses parties par un squelette articulé, plus
généralement complet dans ces animaux que dans
les vertébrés des trois autres classes. La plupart

ont quatre membres articulés, dépendans du squelette; et tous ont un diaphragme entre la poitrine et l'abdomen; un cœur à deux ventricules
et deux oreillettes; le sang rouge et chaud; des
poumons libres, circonscrits dans la poitrine,
et dans lesquels tout le sang passe avant d'être envoyé aux autres parties du corps; enfin, ce sont
les seuls animaux *vivipares;* car ils sont les seuls
dont le *fœtus;* enfermé dans ses enveloppes,
communique néanmoins toujours avec sa mère,
s'y développe aux dépens de sa substance, et
dont les petits, après leur naissance, se nourrissent, pendant quelque temps encore, du lait de
ses mamelles.

Ce sont donc les *mammifères* qui doivent occuper le premier rang dans le règne animal, sous
le rapport du perfectionnement de l'organisation
et du plus grand nombre de facultés (*Recherches sur les Corps vivans,* p. 15), puisqu'après
eux on ne retrouve plus la génération positivement *vivipare,* ni des poumons circonscrits par
un diaphragme dans la poitrine, recevant la
totalité du sang qui doit être envoyé aux autres
parties du corps, etc., etc.

A la vérité, parmi les *mammifères* mêmes, il
est assez difficile de distinguer ce qui appartient
réellement à la dégradation que nous examinons,
de ce qui est le produit des circonstances d'ha-

bitation, des manières de vivre, et des habitudes
depuis long-temps contractées.

Cependant on trouve même parmi eux des
traces de la *dégradation* générale de l'organisation ; car ceux dont les membres sont propres à
saisir les objets, sont supérieurs en perfectionnement à ceux dont les membres ne sont propres qu'à marcher. C'est, en effet, parmi les
premiers que l'homme, considéré sous le rapport
de l'organisation, se trouve placé. Or, il est évident que l'organisation de l'homme étant la plus
parfaite, doit être regardée comme le type d'a-
près lequel on doit juger du perfectionnement
ou de la dégradation des autres organisations animales.

Ainsi, dans les *mammifères*, les trois coupes
qui partagent, quoiqu'inégalement, cette classe,
offrent entre elles, comme on va le voir, une
dégradation remarquable dans l'organisation des
animaux qu'elles comprennent.

Première coupe : les *mammifères onguiculés* ;
ils ont quatre membres, des ongles aplatis ou
pointus à l'extrémité de leurs doigts, et qui ne
les enveloppent point. Ces membres sont, en général, propres à saisir les objets, ou au moins
à s'y accrocher. C'est parmi eux que se trouvent
les animaux les plus parfaits en organisation.

Deuxième coupe : les *mammifères ongulés* ; ils

ont quatre membres, et leurs doigts sont enveloppés entièrement à leur extrémité par une
corne arrondie, qu'on nomme *sabot*. Leurs pieds
ne servent à aucun autre usage qu'à marcher ou
courir sur la terre, et ne sauroient être employés,
soit à grimper sur les arbres, soit à saisir aucun
objet ou aucune proie, soit à attaquer et déchirer
les autres animaux. Ils ne se nourrissent que de
matières végétales.

Troisième coupe : les *mammifères exongulés* ;
ils n'ont que deux membres, et ces membres
sont très-courts, aplatis et conformés en nageoires. Leurs doigts, enveloppés par la peau,
n'ont ni ongles, ni corne. Ce sont de tous les
mammifères ceux dont l'organisation est la moins
perfectionnée. Ils n'ont ni bassin, ni pieds de derrière ; ils avalent sans mastication préalable ; enfin, ils vivent habituellement dans les eaux ; mais
ils viennent respirer l'air à leur surface. On leur
a donné le nom de *cétacés*.

Quoique les *amphibies* habitent aussi dans les
eaux, d'où ils sortent pour se traîner, de temps
à autre, sur le rivage, ils appartiennent réellement à la première coupe dans l'ordre naturel,
et non à celle qui comprend les cétacés.

Dès à présent, l'on voit qu'il faut distinguer
la *dégradation* de l'organisation qui provient de
l'influence des lieux d'habitation et des habitudes

contractées, de celle qui résulte des progrès moins avancés dans le perfectionnement ou la composition de l'organisation. Ainsi, à cet égard, il ne faut s'abaisser qu'avec réserve dans les considérations de détail; parce que, comme je le ferai voir, les milieux dans lesquels vivent habituellement les animaux, les lieux particuliers d'habitation, les habitudes forcées par les circonstances, les manières de vivre, etc., ayant une grande puissance pour modifier les organes, on pourroit attribuer à la *dégradation* que nous considérons, des formes de parties qui sont réellement dues à d'autres causes.

Il est évident, par exemple, que les *amphibies* et les *cétacés*, vivant habituellement dans un milieu dense, et où des membres bien développés n'auroient pu que gêner leurs mouvemens, ne doivent avoir que des membres très-raccourcis; que le seul produit de l'influence des eaux qui nuiroit aux mouvemens de membres fort allongés, ayant des parties solides intérieurement, a dû les rendre tels qu'ils sont en effet, et que conséquemment ces animaux doivent leur forme générale aux influences du milieu dans lequel ils habitent. Mais relativement à la *dégradation* que nous cherchons à reconnoître dans les *mammifères* mêmes, les *amphibies* doivent être éloignés des *cétacés*, parce que leur organisation est bien

moins

moins dégradée dans ses parties essentielles, et qu'elle exige qu'on les rapproche de l'ordre des *mammifères onguiculés*, tandis que les *cétacés* doivent former le dernier ordre de la classe, étant les *mammifères* les plus imparfaits.

Nous allons passer aux *oiseaux* ; mais auparavant, je dois faire remarquer qu'entre les *mammifères* et les *oiseaux*, il n'y a pas de nuance ; qu'il existe un vide à remplir, et que, sans doute, la nature a produit des animaux qui remplissent à peu près ce vide, et qui devront former une classe particulière, s'ils ne peuvent être compris, soit dans les mammifères, soit dans les oiseaux, d'après leur système d'organisation.

Cela vient de se réaliser par la découverte récente de deux genres d'animaux de la Nouvelle-Hollande ; ce sont :

Les Ornythorinques, ...⎫
Les Échidnées, ...⎭ Monotrèmes, Geoff.

Ces animaux sont quadrupèdes, sans mamelles, sans dents enchâssées, sans lèvres, et n'ont qu'un orifice pour les organes génitaux, les excrémens et les urines (un cloaque). Leur corps est couvert de poils ou de piquans.

Ce ne sont point des mammifères ; car ils sont sans mamelles, et très-vraisemblablement ovipares ;

10

Ce ne sont pas des oiseaux ; car leurs poumons ne sont pas percés, et ils n'ont point de membres conformés en ailes ;

Enfin, ce ne sont point des reptiles ; car leur cœur à deux ventricules les en éloigne nécessairement.

Ils appartiennent donc à une classe particulière.

LES OISEAUX.

Animaux sans mamelles, ayant deux pieds, et deux bras conformés en ailes. Des plumes recouvrant le corps.

Le second rang appartient évidemment aux *oiseaux* : car si l'on ne trouve point dans ces animaux un aussi grand nombre de facultés et autant d'intelligence que dans les animaux du premier rang, ils sont les seuls, les monotrèmes exceptés, qui aient, comme les *mammifères*, un cœur à deux ventricules et deux oreillettes, le sang chaud, la cavité du crâne totalement remplie par le cerveau, et le tronc toujours environné de côtes. Ils ont donc, avec les animaux à mamelles, des qualités communes et exclusives, et, par conséquent, des rapports qu'on ne sauroit retrouver dans aucun des animaux des classes postérieures.

Mais les *oiseaux*, comparés aux mammifères, offrent, dans leur organisation, une *dégradation* évidente, et qui ne tient nullement à l'influence d'aucune sorte de circonstances. En effet, ils manquent essentiellement de mamelles, organes dont les animaux du premier rang sont les seuls pourvus, et qui tiennent à un système de génération qu'on ne retrouve plus dans les oiseaux, ni dans aucun des animaux des rangs 'qui vont suivre. En un mot, ils sont essentiellement *ovipares* ; car le système des vrais *vivipares*, qui est propre aux animaux du premier rang, ne se retrouve plus dès le second, et ne reparoît plus ailleurs. Leur *fœtus*, enfermé dans une enveloppe inorganique (la coque de l'œuf), qui bientôt ne communique plus avec la mère, peut s'y développer sans se nourrir de sa substance.

Le *diaphragme* qui, dans les mammifères, sépare complétement, quoique plus ou moins obliquement, la poitrine de l'abdomen, cesse ici d'exister, ou ne se trouve que très-incomplet.

Il n'y a de mobile dans la colonne vertébrale des *oiseaux*, que les vertèbres du cou et de la queue, parce que les mouvemens des autres vertèbres de cette colonne ne s'étant pas trouvés nécessaires à l'animal, ils ne se sont pas exécutés, et n'ont pas mis d'obstacles aux grands développemens du sternum qui maintenant les rend presque impossibles.

En effet, le sternum des *oiseaux* donnant at-

tache à des muscles pectoraux que des mouvemens énergiques, presque continuellement exercés, ont rendu très-épais et très-forts, est devenu
extrêmement large, et cariné dans le milieu.
Mais ceci tient aux habitudes de ces animaux,
et non à la dégradation générale que nous examinons. Cela est si vrai, que le mammifère qu'on
nomme *chauve-souris*, a aussi le sternum cariné.

Tout le sang des oiseaux passe encore dans leur
poumon avant d'arriver aux autres parties du
corps. Ainsi ils respirent complétement par un
poumon, comme les animaux du premier rang ; et
après eux, aucun animal connu n'est dans ce cas.

Mais ici se présente une particularité fort remarquable, et qui est relative aux circonstances
où se trouvent ces animaux : habitant, plus que
les autres *vertébrés*, le sein de l'air, dans lequel
ils s'élèvent presque continuellement, et qu'ils
traversent dans toutes sortes de directions ; l'habitude qu'ils ont prise de gonfler d'air leur poumon, pour accroître leur volume, et se rendre
plus légers, a fait contracter à cet organe une
adhérence aux parties latérales de la poitrine,
et a mis l'air qui y étoit retenu et raréfié par
la chaleur du lieu, dans le cas de percer le
poumon et les enveloppes environnantes, et de
pénétrer dans presque toutes les parties du corps,
dans l'intérieur des grands os, qui sont creux, et

jusque dans le tuyau des grandes plumes (1).
Ce n'est néanmoins que dans le poumon que le
sang des oiseaux reçoit l'influence de l'air dont
il a besoin; car l'air qui pénètre dans les autres
parties du corps a un autre usage que celui de
servir à la respiration.

Ainsi, les oiseaux, qu'avec raison l'on a placés
après les animaux à mamelles, présentent, dans
leur organisation générale, une *dégradation* évidente, non parce que leur poumon offre une
particularité qu'on ne trouve pas dans les premiers, et qui n'est due, ainsi que leurs plumes,
qu'à l'habitude qu'ils ont prise de s'élancer dans le

---

(1) Si les oiseaux ont leurs poumons percés, et leurs poils
changés en plumes par les suites de leur habitude de s'élever dans le sein de l'air, on me demandera pourquoi les
chauves-souris n'ont pas aussi des plumes et leurs poumons
percés. Je répondrai qu'il me paroît probable que les chauves-souris ayant un système d'organisation plus perfectionné
que celui des oiseaux, et par suite un diaphragme complet qui
borne le gonflement de leurs poumons, n'ont pu réussir à les
percer, ni à se gonfler suffisamment d'air, pour que l'influence
de ce fluide arrivant avec effort jusqu'à la peau, donne à la
matière cornée des poils, la faculté de se ramifier en plumes. En effet, dans les oiseaux, l'air s'introduisant jusque
dans la bulbe des poils, change en tuyau leur base, et
force ces mêmes poils de se diviser en plumes; ce qui ne
peut avoir lieu dans la chauve-souris, où l'air ne pénètre
pas au delà du poumon.

sein de l'air, mais parce qu'ils n'ont plus le sys-tème de génération qui est propre aux animaux les plus parfaits, et qu'ils n'ont que celui de la plupart des animaux des classes postérieures.

Il est fort difficile de reconnoître, parmi les oiseaux mêmes, la *dégradation* de l'organisation qui fait ici l'objet de nos recherches; nos con-noissances sur leur organisation sont encore trop générales. Aussi, jusqu'à présent, a-t-il été arbitraire de placer en tête de cette classe tel ou tel de ses ordres, et de la terminer de même par celui de ses ordres que l'on a voulu choisir.

Cependant, si l'on considère que les oiseaux aquatiques (comme les *palmipèdes*), que les échassiers et que les *gallinacés* ont cet avantage sur tous les autres oiseaux, que leurs petits, en sortant de l'œuf, peuvent marcher et se nourrir; et, surtout, si l'on fait attention que, parmi les palmipèdes, les *manchots* et les *pingoins*, dont les ailes, presque sans plumes, ne sont que des rames pour nager, et ne peuvent servir au vol, ce qui rapproche, en quelque sorte, ces oiseaux des mo-notrèmes et des cétacés; on reconnoîtra que les palmipèdes, les échassiers et les gallinacés doi-vent constituer les trois premiers ordres des oi-seaux, et que les colombins, les passereaux, les rapaces et les grimpeurs, doivent former les quatre derniers ordres de la classe. Or, ce que l'on sait des habitudes des oiseaux de ces quatre derniers ordres, nous apprend que leurs petits, en sortant de l'œuf, ne peuvent marcher, ni se nourrir eux-mêmes.

Enfin, si, d'après cette considération, les *grimpeurs* composent le dernier ordre des oiseaux, comme ils sont les seuls qui aient deux doigts postérieurs et deux en avant, ce caractère, qui leur est commun avec le caméléon, semble autoriser à les rapprocher des reptiles.

LES REPTILES.

Animaux n'ayant qu'un ventricule au cœur, et jouissant encore d'une respiration pulmonaire, mais incomplète. Leur peau est lisse, ou munie d'écailles.

Au troisième rang se placent naturellement et nécessairement les *reptiles*, et ils vont nous fournir de nouvelles et de plus grandes preuves de la *dégradation* de l'organisation d'une extrémité à l'autre de la chaîne animale, en partant des animaux les plus parfaits. En effet, on ne retrouve plus dans leur cœur, qui n'a qu'un ventricule, cette conformation qui appartient essentiellement aux animaux du premier et du second rang, et leur sang est froid, presque comme celui des animaux des rangs postérieurs.

Une autre preuve de la dégradation de l'organisation des reptiles nous est offerte dans leur respiration : d'abord, ce sont les derniers animaux qui respirent par un véritable poumon ; car, après eux, on ne retrouve dans aucun des animaux des classes suivantes un organe respiratoire de cette nature ; ce que j'essayerai de prouver en parlant des mollusques. Ensuite, chez eux, le poumon est, en général, à cellules fort grandes, proportionnellement moins nombreuses, et déjà fort simplifié. Dans beaucoup d'espèces, cet organe manque dans le premier âge, et se trouve alors remplacé par des *branchies*, organe respiratoire qu'on ne trouve jamais dans les animaux des rangs antérieurs. Quelquefois ici, les deux sortes d'organes cités pour la respiration se rencontrent à la fois dans le même individu.

Mais la plus grande preuve de *dégradation* à l'égard de la respiration des *reptiles*, c'est qu'il n'y a qu'une partie de leur sang qui passe par le poumon, tandis que le reste arrive aux parties du corps, sans avoir reçu l'influence de la respiration.

Enfin, chez les *reptiles*, les quatre membres essentiels aux animaux les plus parfaits commencent à se perdre, et même beaucoup d'entre eux (presque tous les serpens) en manquent totalement.

Indépendamment de la *dégradation* d'organisation reconnue dans la forme du cœur, dans
la température du sang qui s'élève à peine au-
dessus de celle des milieux environnans, dans la
respiration incomplète, et dans la simplification
presque graduelle du poumon, on remarque que
les *reptiles* diffèrent considérablement entre eux;
en sorte que les animaux de chacun des ordres
de cette classe offrent de plus grandes différences dans leur organisation et dans leur forme
extérieure, que ceux des deux classes précédentes. Les uns vivent habituellement dans l'air,
et parmi eux, ceux qui n'ont point de pattes ne
peuvent que ramper; les autres habitent les eaux
ou vivent sur leurs rives, se retirant, tantôt dans
l'eau, et tantôt dans les lieux découverts. Il y
en a qui sont revêtus d'écailles, et d'autres qui
ont la peau nue. Enfin, quoique tous aient le
cœur à un ventricule, dans les uns, il a deux
oreillettes, et dans les autres, il n'en a qu'une
seule. Toutes ces différences tiennent aux circonstances d'habitation, de manière de vivre, etc.;
circonstances qui, sans doute, influent plus fortement sur une organisation qui est encore éloignée du but où tend la nature, qu'elles ne pourroient le faire sur celles qui sont plus avancées
vers leur perfectionnement.

Ainsi, les *reptiles* étant des animaux ovipares

(même ceux dont les œufs éclosent dàns le sein de leur mère); ayant le squelette modifié, et le plus souvent très-dégradé; présentant une respiration et une circulation moins perfectionnées que celles des animaux à mamelles et des oiseaux; et offrant tous un petit cerveau qui ne remplit pas totalement la cavité du crâne ; sont moins parfaits que les animaux des deux classes précédentes, et confirment, de leur côté, la *dégradation* croissante de l'organisation , à mesure qu'on se rapproche de ceux qui sont les plus imparfaits.

Parmi ces animaux, indépendamment des modifications qui résultent, pour la conformation de leurs parties, des circonstances dans lesquelles ils vivent, on remarque, en outre, des traces de la *dégradation générale* de l'organisation; car, dans le dernier de leurs ordres (dans les *batraciens*), les individus, dans le premier âge, respirent par des branchies.

Si l'on considéroit comme une suite de la *dégradation*, le défaut de pattes qui s'observe dans les serpens, les *ophidiens* devroient constituer le dernier ordre des reptiles : mais ce seroit une erreur que d'admettre cette considération. En effet, les serpens étant des animaux qui, pour se cacher, ont pris les habitudes de ramper immédiatement sur la terre, leur corps a acquis une longueur considérable et dispro-portionnée à sa grosseur. Or, des pattes allongées eussent été nuisibles à leur besoin de ramper et de se cacher, et des pattes très-courtes, ne pouvant être qu'au nombre de quatre, puisque ce sont des animaux vertébrés, eussent été incapables de mouvoir leur corps. Ainsi les habitudes de ces animaux ont fait disparoître leurs pattes, et néanmoins les *batraciens*, qui en ont, offrent une organisation plus dégradée, et sont plus voisins des poissons.

Les preuves de l'importante considération que j'expose seront établies sur des faits positifs ; conséquemment, elles seront toujours à l'abri des contestations qu'on voudroit en vain leur opposer.

LES POISSONS.

Animaux respirant par des branchies, ayant la peau lisse ou chargée d'écailles, et le corps muni de nageoires.

EN suivant le cours de cette *dégradation* soutenue dans l'ensemble de l'organisation, et dans la diminution du nombre des facultés animales, on voit que les *poissons* doivent être nécessairement placés au quatrième rang, c'est-à-dire, après les *reptiles*. Ils ont, en effet, une organisation moins avancée encore vers son perfectionnement que celle des reptiles, et, par conséquent, plus éloignée de celle des animaux les plus parfaits.

Sans doute, leur forme générale, leur défaut d'étranglement entre la tête et le corps, pour former un cou, et les différentes nageoires qui leur tiennent lieu de membres, sont les résultats de l'influence du milieu dense qu'ils habitent, et non ceux de la *dégradation* de leur organisation. Mais cette *dégradation* n'en est pas moins réelle et fort grande, comme on peut s'en convaincre en examinant leurs organes intérieurs ; elle est telle, qu'elle force d'assigner aux poissons un rang postérieur à celui des reptiles.

On ne retrouve plus en eux l'organe respiratoire des animaux les plus parfaits, c'est-à-dire, qu'ils manquent de véritable *poumon*, et qu'ils n'ont à la place de cet organe que des *branchies* ou feuillets pectinés et vasculifères, disposés aux deux côtés du cou ou de la tête, quatre ensemble de chaque côté. L'eau que ces animaux respirent entre par la bouche, passe entre les feuillets des branchies, baigne les vaisseaux nombreux qui s'y trouvent ; et comme cette eau est mélangée d'air, ou en contient en dissolution, cet air, quoiqu'en petite quantité, agit sur le sang des branchies et y opère le bénéfice de la respiration. L'eau ensuite sort latéralement par les ouïes, c'est-à-dire, par les trous qui sont ouverts aux deux côtés du cou.

Or, remarquez que voilà la dernière fois que le fluide respiré entrera par la bouche de l'animal, pour parvenir à l'organe de la respiration.

Ces animaux, ainsi que ceux des rangs postérieurs, n'ont ni trachée-artère, ni larynx, ni voix véritable (même ceux qu'on nomme *grondeurs*), ni paupières sur les yeux, etc. Voilà des organes et des facultés ici perdus, et qu'on ne retrouve plus dans le reste du règne animal.

Cependant les *poissons* font encore partie de la coupe des animaux vertébrés ; mais ils en sont les derniers, et ils terminent le cinquième degré d'organisation, étant, avec les reptiles, les seuls animaux qui aient :

— Une colonne vertébrale ;

— Des nerfs aboutissant à un cerveau qui ne remplit point le crâne ;

— Le cœur à un ventricule ;

— Le sang froid ;

— Enfin, l'oreille tout-à-fait intérieure.

Ainsi, les poissons offrant, dans leur organisation, une génération ovipare ; un corps sans mamelles, dont la forme est la plus appropriée à la natation ; des nageoires qui ne sont pas toutes en rapport avec les quatre membres des animaux les plus parfaits ; un squelette très-incom-

plet, singulièrement modifié, et à peine ébauché dans les derniers animaux de cette classe ;
un seul ventricule au cœur, et le sang froid ;
des branchies en place de poumon ; un très-petit
cerveau ; le sens du tact incapable de faire connoître la forme des corps ; et se trouvant vraisemblablement sans *odorat*, car les odeurs ne
sont transmises que par l'air : il est évident que
ces animaux confirment fortement, de leur côté,
la *dégradation* d'organisation que nous avons
entrepris de suivre dans toute l'étendue du règne
animal.

Maintenant nous allons voir que la division
primaire des *poissons* nous offre, dans les poissons que l'on nomme *osseux*, ceux qui sont les
plus perfectionnés d'entre eux ; et dans les poissons *cartilagineux*, ceux qui sont les moins perfectionnés. Ces deux considérations confirment,
dans la classe même, la *dégradation* de l'organisation ; car les poissons cartilagineux annoncent,
par la mollesse et l'état cartilagineux des parties
destinées à affermir leur corps et à faciliter ses
mouvemens, que c'est chez eux que le squelette
finit, ou plutôt que c'est chez eux que la nature
a commencé à l'ébaucher.

En suivant toujours l'ordre en sens inverse de
celui de la nature, les huit derniers genres de
cette classe doivent comprendre les poissons dont

les ouvertures branchiales, sans opercule et sans membrane; ne sont que des trous latéraux ou sous la gorge; enfin, les lamproies et les *gastéro-branches* doivent terminer la classe, ces poissons étant extrêmement différens de tous les autres par l'imperfection de leur squelette, et parce qu'ils ont le corps nu, visqueux, dépourvu de nageoires latérales, etc.

Observations sur les Vertébrés.

Les animaux vertébrés, quoiqu'offrant entre eux de grandes différences dans leurs organes, paroissent tous formés sur un plan commun d'organisation. En remontant des poissons aux mammifères, on voit que ce plan s'est perfectionné de classe en classe, et qu'il n'a été terminé complétement que dans les mammifères les plus parfaits; mais aussi l'on remarque que, dans le cours de son perfectionnement, ce plan a subi des modifications nombreuses, et même très-considérables, de la part des influences des lieux d'habitation des animaux, ainsi que de celles des habitudes que chaque race a été forcée de contracter selon les circonstances dans lesquelles elle s'est trouvée.

On voit par-là, d'une part, que si les animaux vertébrés diffèrent fortement les uns des autres par l'état de leur organisation, c'est que la nature

n'a commencé l'exécution de son plan à leur
égard, que dans les poissons; qu'elle l'a ensuite
plus avancé dans les reptiles; qu'elle l'a porté
plus près de son perfectionnement dans les oiseaux, et qu'enfin elle n'est parvenue à le terminer complétement que dans les mammifères
les plus parfaits;

De l'autre part, on ne peut s'empêcher de reconnoître que si le perfectionnement du plan d'organisation des vertébrés n'offre pas partout, depuis les poissons les plus imparfaits jusqu'aux
mammifères les plus parfaits, une *gradation* régulière et nuancée, c'est que le travail de la
nature a été souvent altéré, contrarié, et même
changé dans sa direction, par les influences que
des circonstances singulièrement différentes, et
même contrastantes, ont exercé sur les animaux
qui s'y sont trouvés exposés dans le cours d'une
longue suite de leurs générations renouvelées.

Anéantissement de la Colonne vertébrale.

Lorsqu'on est à ce point de l'échelle animale, la
colonne vertébrale se trouve entièrement anéan-
tie; et comme cette colonne est la base de tout
véritable squelette, et que cette charpente osseuse fait une partie importante de l'organisation des animaux les plus parfaits, tous les *animaux sans vertèbres* que nous allons successivement

vement examiner, ont donc l'organisation plus
dégradée encore que ceux des quatre classes
que nous venons de passer en revue. Aussi
dorénavant, les appuis pour l'action musculaire ne reposeront plus sur des parties intérieures.

D'ailleurs, aucun des *animaux sans vertèbres*
ne respire par des poumons cellulaires ; aucun
d'eux n'a de voix, ni conséquemment d'organe
pour cette faculté ; enfin, ils paroissent, la plupart, dépourvus de véritable sang, c'est-à-dire,
de ce fluide essentiellement rouge dans les vertébrés, qui ne doit sa couleur qu'à l'intensité de
son animalisation, et surtout qui éprouve une véritable *circulation*. Quel abus ne seroit-ce pas
faire des mots, que de donner le nom de *sang*
au fluide sans couleur et sans consistance, qui se
meut avec lenteur dans la substance cellulaire
des polypes ? Il faudra donc donner un pareil
nom à la séve des végétaux ?

Outre la *colonne vertébrale*, ici se perd encore l'*iris* qui caractérise les yeux des animaux
les plus parfaits ; car, parmi les *animaux sans
vertèbres*, ceux qui ont des yeux n'en ont pas
qui soient distinctement ornés d'iris.

Les *reins*, de même, ne se trouvent que dans
les animaux vertébrés, les poissons étant les derniers en qui l'on rencontre encore cet organe.

11

Dorénavant, plus de moelle épinière, plus de grand nerf sympathique.

Enfin, une observation très-importante à considérer, c'est que, dans les vertébrés, et principalement vers l'extrémité de l'échelle animale qui présente les animaux les plus parfaits, tous les organes essentiels sont isolés, ou ont chacun un foyer isolé, dans autant de lieux particuliers. On verra bientôt que le contraire a parfaitement lieu, à mesure qu'on s'avance vers l'autre extrémité de la même échelle.

Il est donc évident que les animaux sans vertèbres ont tous l'organisation moins perfectionnée que ceux qui possèdent une colonne vertébrale, l'organisation des animaux à mamelles présentant celle qui comprend les animaux les plus parfaits sous tous les rapports, et étant, sans contredit, le vrai type de celle qui a le plus de perfection.

Voyons maintenant si les classes et les grandes familles qui partagent la nombreuse série des *animaux sans vertèbres*, présentent aussi, dans la comparaison de ces masses entre elles, une *dégradation* croissante dans la composition et la perfection de l'organisation des animaux qu'elles comprennent.

ANIMAUX SANS VERTÈBRES.

EN arrivant aux *animaux sans vertèbres*, on entre dans une immense série d'animaux divers, les plus nombreux de ceux qui existent dans la nature, les plus curieux et les plus intéressans sous le rapport des différences qu'on observe dans leur organisation et leurs facultés.

On est convaincu, en observant leur état, que, pour leur donner successivement l'existence, la nature a procédé graduellement du plus simple vers le plus composé. Or, ayant eu pour but d'arriver à un plan d'organisation qui en permettroit le plus grand perfectionnement (celui des animaux vertébrés), plan très-différent de ceux qu'elle a été préalablement forcée de créer pour y parvenir, on sent que, parmi ces nombreux animaux, l'on doit rencontrer, non un seul système d'organisation perfectionné progressivement, mais divers systèmes très-distincts, chacun d'eux ayant dû résulter du point où chaque organe de première importance a commencé à exister.

En effet, lorsque la nature est parvenue à créer un organe spécial pour la digestion (comme dans les *polypes*), elle a, pour la première fois, donné une forme particulière et constante aux animaux qui en sont munis, les *infusoires* par qui elle a tout commencé, ne pouvant posséder ni la faculté que donne cet organe, ni le mode de forme et d'organisation propre à en favoriser les fonctions.

Lorsqu'ensuite elle a établi un organe spécial de *respiration*, et à mesure qu'elle a varié cet organe pour le perfectionner, et l'accommoder aux circonstances d'habitation des animaux, elle a diversifié l'organisation selon que l'existence et le développement des autres organes spéciaux l'ont successivement exigé.

Lorsqu'après cela elle a réussi à produire le système *nerveux*, aussitôt il lui a été possible de créer le système *musculaire*, et dès lors il lui a fallu des points affermis pour les attaches des muscles, des parties paires constituant une forme symétrique, et il en est résulté différens modes d'organisation, à raison des circonstances d'habitation et des parties acquises, qui ne pouvoient avoir lieu auparavant.

Enfin, lorsqu'elle a obtenu assez de mouvement dans les fluides contenus de l'animal, pour que la *circulation* pût s'organiser, il en est encore résulté, pour l'organisation, des particularités importantes qui la distinguent, des systèmes organiques, dans lesquels la circulation n'a point lieu.

Pour apercevoir le fondement de ce que je viens d'exposer, et mettre en évidence la dégradation et la simplification de l'organisation, puisque nous suivons en sens inverse l'ordre de la nature, parcourons rapidement les différentes classes des animaux sans vertèbres.

LES MOLLUSQUES.

Animaux mollasses, non articulés, respirant par des branchies, et ayant un manteau. Point de moelle longitudinale noueuse; point de moelle épinière.

LE cinquième rang, en descendant l'échelle graduée que forme la série des animaux, appartient de toute nécessité aux *mollusques*; car devant être placés un degré plus bas que les poissons, puisqu'ils n'ont plus de colonne vertébrale, ce sont néanmoins les mieux organisés des animaux sans vertèbres. Ils respirent par des branchies, mais qui sont très-diversifiées, soit dans leur forme et leur grandeur, soit dans leur situation en dedans ou en dehors de l'animal, selon les genres et les habitudes des races que ces genres comprennent. Ils ont tous un cerveau; des nerfs non noueux, c'est-à-dire, qui ne présentent pas une rangée de ganglions le long d'une moelle longitudinale; des artères et des veines; et un ou plusieurs cœurs uniloculaires. Ce sont les seuls animaux connus qui, possédant un système nerveux, n'ont ni moelle épinière, ni moelle longitudinale noueuse.

Les branchies essentiellement destinées, par la nature, à opérer la respiration dans le sein même de l'eau, ont dû subir des modifications, quant à leurs facultés, et quant à leurs formes, dans les animaux aquatiques qui se sont exposés, ainsi que les générations des individus de leur race, à se mettre souvent en contact avec l'air, et même pour plusieurs de ces races, à y rester habituellement.

L'organe respiratoire de ces animaux s'est insensiblement accoutumé à l'air; ce qui n'est point une supposition; car on sait que tous les crustacés ont des *branchies*, et cependant on connoît des crabes (*cancer ruricola*) qui vivent habituellement sur la terre, respirant l'air en nature avec leurs branchies. A la fin, cette habitude de respirer l'air avec des branchies est devenue nécessaire à beaucoup de mollusques qui l'ont contractée : elle a modifié l'organe même ; en sorte que les branchies de ces animaux n'ayant plus besoin d'autant de points de contact avec le fluide à respirer, sont devenues adhérentes aux parois de la cavité qui les contient.

Il en est résulté que l'on distingue parmi les mollusques, deux sortes de branchies :

Les unes sont constituées par des lacis de vaisseaux qui rampent sur la peau d'une cavité intérieure, qui ne forment point de saillie, et qui ne peuvent respirer que l'air : on peut les nommer des *branchies aériennes* ;

Les autres sont des organes presque toujours en saillie, soit en dedans, soit en dehors de l'animal, formant des franges ou des lames pectinées, ou des cordonnets, etc. , et qui ne peuvent opérer la respiration qu'à l'aide du contact de l'eau fluide. On peut les nommer des *branchies aquariennes.*

Si des différences dans les habitudes des animaux en ont occasionné dans leurs organes, on en peut conclure ici que, pour l'étude des caractères particuliers à certains ordres de mollusques, il sera utile de distinguer ceux qui ont des branchies aériennes, de ceux dont les branchies ne peuvent respirer que l'eau ; mais de part et d'autre, ce sont toujours des branchies, et il nous paroît très-inconvenable de dire que les mollusques qui respirent l'air possèdent un *poumon.* Qui ne sait combien de fois l'abus des mots et les fausses applications des noms, ont servi à dénaturer les objets, et à nous jeter dans l'erreur ?

Y a-t-il une si grande différence entre l'organe respiratoire du *pneumoderme*, qui consiste en lacis ou cordonnet vasculaire rampant sur une peau extérieure, et le lacis vasculaire des hélices qui rampe sur une peau intérieure ? Le *pneumoderme* cependant paroît ne respirer que l'eau.

Au reste, examinons un moment s'il y a des rapports entre l'organe respiratoire des mollusques qui respirent l'air, et le poumon des animaux vertébrés.

Le propre du poumon est de constituer une masse spongieuse particulière, composée de cellules plus ou moins nombreuses, dans lesquelles l'air en nature parvient toujours, d'abord par la bouche de l'animal, et de là par un canal plus ou moins cartilagineux, qu'on nomme *trachée-artère*, et qui, en général, se subdivise en ramifications appelées *bronches*, lesquelles aboutissent aux cellules. Les cellules et les bronches se remplissent et se vident d'air alternativement, par les suites du gonflement et de l'affaissement successifs de la cavité du corps qui en contient la masse ; en sorte qu'il est particulier au poumon d'offrir des inspirations et des expirations alternatives et distinctes. Cet organe ne peut supporter que le contact de l'air même, et se trouve fort irrité par celui de l'eau ou de toute autre matière. Il est donc d'une nature différente de celle de la *cavité branchiale* de certains mollusques qui est toujours unique, qui n'offre point d'inspiration et d'expiration distinctes, point de gonflement et d'affaissement alternatifs, qui n'a jamais de *trachée-artère*, jamais de *bronches*, et dans laquelle le fluide respiré n'entre jamais par la bouche de l'animal.

Une cavité respiratoire, qui n'offre ni *trachée-artère*, ni *bronches*, ni gonflement et affaissement alternatifs, dans laquelle le fluide respiré n'entre point par la bouche, et qui s'accommode tantôt à l'air, et tantôt à l'eau, ne sauroit être un *poumon*. Confondre par un même nom des objets si différens, ce n'est point avancer la science, c'est l'embarrasser.

Le *poumon* est le seul organe respiratoire qui puisse donner à l'animal la faculté d'avoir une voix. Après les reptiles, aucun animal n'a de *poumon* ; aussi aucun n'a de voix.

Je conclus qu'il n'est pas vrai qu'il y ait des mollusques qui respirent par un *poumon*. Si quelques-uns respirent l'air en nature, certains crustacés le respirent également, et tous les insectes le respirent aussi ; mais aucun de ces animaux n'a de vrai poumon, à moins qu'on ne donne un même nom à des objets très-différens.

Si les mollusques, par leur organisation générale, qui est inférieure en perfectionnement à celle des poissons, prouvent aussi, de leur côté, la *dégradation* progressive que nous examinons dans la chaîne animale, la même dégradation parmi les mollusques eux-mêmes n'est pas aussi facile à déterminer ; car, parmi les animaux très-nombreux et très-diversifiés de cette classe, il est difficile de distinguer ce qui appartient à la *dégradation* dont il s'agit, de ce qui est le produit des lieux d'habitation et des habitudes de ces animaux.

A la vérité, des deux ordres uniques qui partagent la nombreuse classe des mollusques, et qui sont éminemment en contraste l'un avec l'autre par l'importance de leurs caractères distinctifs, les animaux du premier de ces ordres (les *mollusques céphalés*) ont une tête très-distincte, des yeux, des mâchoires ou une trompe, et se régénèrent par accouplement.

Au contraire, tous les mollusques du second ordre (les *mollusques acéphalés*) sont sans tête, sans yeux, sans mâchoires, ni trompe à la bouche, et jamais ne s'accouplent pour se régénérer.

Or, on ne sauroit disconvenir que le second ordre des mollusques ne soit inférieur au premier en perfectionnement d'organisation.

Cependant, il importe de considérer que le défaut de tête, d'yeux, etc., dans les mollusques acéphalés, n'appartient pas uniquement à la dégradation générale de l'organisation , puisque, dans des degrés inférieurs de la chaîne animale, nous retrouvons des animaux qui ont une tête, des yeux, etc.; mais il y a apparence que c'est

\encore ici une de ces déviations dans la progression du perfectionnement de l'organisation qui
sont produites par les circonstances, et, par
conséquent, par des causes étrangères à celles
qui composent graduellement l'organisation des
animaux.

En considérant l'influence de l'emploi des organes, et celle d'un défaut absolu et constant
d'usage, nous verrons, en effet, qu'une tête, des
yeux, etc., eussent été fort inutiles aux mollusques du second ordre, parce que le grand développement de leur manteau n'eût permis à ces
organes aucun emploi quelconque.

Conformément à cette loi de la nature, qui
veut que tout organe constamment sans emploi
se détériore insensiblement, s'appauvrisse, et à
la fin disparoisse entièrement, la tête, les yeux,
les mâchoires, etc., se trouvent, en effet, anéantis dans les mollusques acéphalés : nous en verrons ailleurs bien d'autres exemples.

Dans les animaux sans vertèbres, la nature
ne trouvant plus, dans les parties intérieures,
des appuis pour le mouvement musculaire, y a
suppléé, dans les *mollusques*, par le manteau
dont elle les a munis. Or, ce manteau des mollusques est d'autant plus ferme et plus resserré,
que ces animaux exécutent plus de locomotion,
et qu'ils sont réduits à ce seul secours.

Ainsi, dans les mollusques céphalés, où il y a plus de locomotion que dans ceux qui n'ont point de tête, le manteau est plus étroit, plus épais et plus ferme ; et parmi ces mollusques céphalés, ceux qui sont nus (sans coquilles) ont, en outre, dans leur manteau une cuirasse plus ferme encore que le manteau lui-même ; cuirasse qui facilite singulièrement la locomotion et les contractions de l'animal (les limaces).

Mais si au lieu de suivre la chaîne animale en sens inverse de l'ordre même de la nature, nous la parcourions depuis les animaux les plus imparfaits jusqu'aux plus parfaits, alors il nous seroit facile d'apercevoir que la nature, sur le point de commencer le plan d'organisation des animaux vertébrés, a été forcée, dans les mollusques, d'abandonner le moyen d'une peau crustacée ou cornée pour les appuis de l'action musculaire ; que se préparant à porter ces points d'appui dans l'intérieur de l'animal, les mollusques se sont trouvés, en quelque sorte, dans le passage de ce changement de système d'organisation, et qu'en conséquence, n'ayant plus que de foibles moyens de mouvemens locomoteurs, ils ne les exécutent tous qu'avec une lenteur remarquable.

LES CIRRHIPÈDES.

Animaux privés d'yeux, respirant par des branchies, munis d'un manteau, et ayant des bras articulés à peau cornée.

Les *cirrhipèdes*, dont on ne connoît encore que quatre genres (1), doivent être considérés comme formant une classe particulière, parce que ces animaux ne peuvent entrer dans le cadre d'aucune autre classe des animaux sans vertèbres.

Ils tiennent aux mollusques par leur manteau, et l'on doit les placer immédiatement après les mollusques acéphalés, étant, comme eux, sans tête et sans yeux.

Cependant les cirrhipèdes ne peuvent faire partie de la classe des mollusques ; car leur système nerveux présente, comme les animaux des trois classes qui suivent, une *moelle longitudinale noueuse*. D'ailleurs, ils ont des bras articulés, à peau cornée, et plusieurs paires de mâchoires transversales. Ils sont donc d'un rang inférieur à celui des mollusques. Les mouvemens de leurs fluides s'opèrent par une véritable circulation, à l'aide d'artères et de veines.

---

(1) Les anatifes, les balanites, les coronules et les tubicinelles.

Ces animaux sont fixés sur les corps marins, et conséquemment n'exécutent point de locomotion ; ainsi leurs principaux mouvemens se réduisent à ceux de leurs bras. Or, quoiqu'ils aient un manteau comme les mollusques, la nature n'en pouvant obtenir aucune aide pour les mouvemens de leurs bras, a été forcée de créer dans la peau de ces bras des points d'appui pour les muscles qui doivent les mouvoir. Aussi cette peau est-elle coriace, et comme cornée à la manière de celle des crustacés et des insectes.

LES ANNELIDES.

Animaux à corps allongé et annelé, dépourvus de pattes articulées, respirant par des branchies, ayant un système de circulation, et une moelle longitudinale noueuse.

LA classe des *annelides* vient nécessairement après celle des cirrhipèdes, parce qu'aucune annelide n'a de manteau. On est ensuite forcé de les placer avant les crustacés, parce que ces animaux n'ont point de pattes articulées, qu'ils ne doivent point interrompre la série de ceux qui en ont, et que leur organisation ne permet pas de leur assigner un rang postérieur aux insectes.

Quoique ces animaux soient, en général, encore très-peu connus, le rang que leur assigne leur organisation, prouve qu'à leur égard, la *dégradation* de l'organisation continue de se soutenir ; car, sous ce point de vue, ils sont inférieurs aux *mollusques*, ayant une moelle longitudinale noueuse ; ils le sont, en outre, aux *cirrhipèdes*, qui ont un manteau comme les mollusques, et leur défaut de pattes articulées ne permet pas qu'on les place de manière à interrompre la série de ceux qui offrent cette organisation.

La forme allongée des annelides, qu'elles doivent à leurs habitudes de vivre, soit enfoncées dans la terre humide ou dans le limon, soit dans les eaux mêmes où elles habitent, la plupart, dans des tubes de différentes matières, d'où elles sortent et rentrent à leur gré, les fait ressembler tellement à des vers, que tous les naturalistes, jusque-là, les avoient confondues avec eux.

Leur organisation intérieure offre un très-petit cerveau, une moelle longitudinale noueuse, des artères et des veines dans lesquelles circule un sang le plus souvent coloré en rouge ; elles respirent par des branchies, tantôt externes et saillantes, et tantôt internes et cachées ou non apparentes.

LES CRUSTACÉS.

Animaux ayant le corps et les membres articulés, la peau crustacée, un système de circulation, et respirant par des branchies.

Ici l'on entre dans la nombreuse série des animaux, dont le corps, et surtout les membres, sont articulés, et dont les tégumens sont fermes, crustacés, cornés ou coriaces.

Les parties solides ou affermies de ces animaux sont toutes à l'extérieur : or, la nature ayant créé le *système musculaire* très-peu avant les premiers animaux de cette série, et ayant eu besoin de l'appui de parties solides pour lui donner de l'énergie, fut obligée d'établir le *mode* des articulations pour obtenir la possibilité des mouvemens.

Tous les animaux réunis sous le rapport du mode des articulations, furent considérés par Linneus, et après lui, comme ne formant qu'une seule classe, à laquelle on donna le nom d'*insectes* ; mais on reconnut enfin que cette grande série d'animaux présente plusieurs coupes importantes, qu'il est essentiel de distinguer.

Aussi, la classe des *crustacés*, qu'on avoit confondue avec celle des insectes, quoique tous les anciens naturalistes l'en eussent toujours distinguée,

guée, est une coupe indiquée par la nature, essentielle à conserver, qui doit suivre immédiatement celle des *annelides*, et occuper le huitième rang dans la série générale des animaux;
la considération de l'organisation l'exige : il n'y
a point d'arbitraire à cet égard.

En effet, les *crustacés* ont un cœur, des artères et des veines, un fluide circulant, transparent, presque sans couleur, et tous respirent par
de véritables *branchies*. Cela est incontestable,
et embarrassera toujours ceux qui s'obstinent à
les ranger parmi les insectes, par la raison qu'ils
ont des membres articulés.

Si les *crustacés*, par leur circulation et par
leur organe respiratoire, sont éminemment distingués des *arachnides* et des *insectes*; et si,
par cette considération, leur rang est évidemment supérieur, ils partagent néanmoins avec
les *arachnides* et les *insectes*, ce trait d'inferio-
rité d'organisation, relativement aux *annelides*,
c'est-à-dire, celui de faire partie de la série des
animaux à membres articulés; série dans laquelle
on voit s'éteindre et disparoître le système de
circulation, et, par conséquent, le cœur, les
artères et les veines, et dans laquelle encore la
respiration, par le *système branchial*, se perd
pareillement. Les crustacés confirment donc, de
leur côté, la *dégradation* soutenue de l'organi-

12

sation, dans le sens où nous parcourons l'échelle animale. Le fluide qui circule dans leurs vaisseaux étant transparent, et presque sans consistance, comme celui des insectes, prouve encore à leur égard cette dégradation.

Quant à leur système nerveux, il consiste en un très-petit cerveau et en une moelle longitudinale noueuse; caractère d'appauvrissement de ce système, qu'on observe dans les animaux des deux classes précédentes et des deux qui suivent, les animaux de ces classes étant les derniers dans lesquels le système nerveux soit encore manifeste.

C'est dans les crustacés que les dernières traces de l'*organe de l'ouïe* ont été aperçues; après eux; elles ne se retrouvent plus dans aucun animal.

Observations.

Ici se termine l'existence d'un véritable *système de circulation*, c'est-à-dire, d'un système d'artères et de veines qui fait partie de l'organisation des animaux les plus parfaits, et dont ceux de toutes les classes précédentes sont pourvus. L'organisation des animaux dont nous allons parler est donc plus imparfaite encore que celle des *crustacés*, qui sont les derniers dans lesquels la circulation soit bien manifeste. Ainsi, la *dégradation* de l'organisation se continue d'une

manière évidente, puisqu'à mesure qu'on avance
dans la série des animaux, tous les traits de ressemblance entre l'organisation de ceux que l'on
considère, et celle des animaux les plus parfaits,
se perdent successivement.

Quelle que soit la nature du mouvement des
fluides dans les animaux des classes que nous
allons parcourir, ce mouvement s'opère par des
moyens moins actifs, et va toujours en se ra-
lentissant.

LES ARACHNIDES.

Animaux respirant par des trachées bornées, ne subissant
point de métamorphose, et ayant en tout temps des pattes
articulées, et des yeux à la tête.

En continuant l'ordre que nous avons suivi
jusqu'à présent, le neuvième rang, dans le règne
animal, appartient nécessairement aux *arachnides;* elles ont tant de rapport avec les *crustacés,* qu'on sera toujours forcé de les en rapprocher et de les placer immédiatement après
eux. Néanmoins elles en sont éminemment distinguées; car elles présentent le premier exemple d'un organe respiratoire inférieur aux *branchies,* puisqu'on ne le rencontre jamais dans les
animaux qui ont un cœur, des artères et des
veines.

En effet, les *arachnides* ne respirent que par des stigmates et des trachées aérifères, qui sont des organes respiratoires analogues à ceux des insectes. Mais ces trachées, au lieu de s'étendre par tout le corps, comme celles des insectes, sont circonscrites dans un petit nombre de vésicules; ce qui montre que la nature termine, dans les *arachnides*, le mode de respiration qu'elle a été obligée d'employer avant d'établir les *branchies*, comme elle a terminé, dans les poissons ou dans les derniers reptiles, celui dont elle a été obligée de faire usage avant de pouvoir former un véritable *poumon*.

Si les *arachnides* sont bien distinguées des crustacés, puisqu'elles ne respirent point par des branchies, mais par des *trachées* aérifères très-bornées, elles sont aussi très-distinguées des insectes; et il seroit tout aussi inconvenable de les réunir aux insectes, dont elles n'ont point le caractère classique, et dont elles diffèrent même par leur organisation intérieure, qu'il l'étoit de confondre les crustacés avec les insectes.

En effet, les *arachnides*, quoiqu'ayant de grands rapports avec les insectes, en sont essentiellement distinctes :

1°. En ce qu'elles ne subissent jamais de métamorphose, qu'elles naissent sous la forme et

avec toutes les parties qu'elles doivent toujours
conserver, et que, conséquemment, elles ont en
tout temps des yeux à la tête, et des pattes articulées; ordre de choses qui tient à la nature
de leur organisation intérieure, en cela fort différente de celle des insectes;

2°. En ce que dans les *arachnides* du premier
ordre (les A. palpistes), on commence à apercevoir l'ébauche d'un système de circulation (1);

3°. En ce que leur système de respiration,
quoique du même ordre que celui des insectes,
en est, malgré cela, très-différent, puisque leurs
trachées, bornées à un petit nombre de vésicules,
ne sont pas constituées par des canaux aériens
très-nombreux, qui s'étendent dans tout le corps
de l'animal, comme on le voit dans les trachées
des insectes;

4°. Enfin, en ce que les *arachnides* engendrent
plusieurs fois dans le cours de leur vie; faculté
dont les insectes sont dépourvus.

Ces considérations doivent suffire pour faire

_____

(1) « C'est surtout dans les araignées que ce cœur est facile
à observer : on le voit battre, au travers de la peau de l'abdomen, dans les espèces non velues. En enlevant cette peau,
on voit un organe creux, oblong, pointu aux deux bouts, se
portant par le bout antérieur jusque vers le thorax, et des
côtés duquel il part visiblement deux ou trois paires de vaisseaux. » *Cuvier, Anatom. comp.*, vol. IV, p. 419.

sentir combien sont fautives les distributions dans lesquelles les *arachnides* et les *insectes* sont réunis dans la même classe, parce que leurs auteurs n'ont considéré que les articulations des pattes de ces animaux, et que la peau plus ou moins crustacée qui les recouvre. C'est à peu près comme si, ne considérant que les tégumens plus ou moins écailleux des *reptiles* et des *poissons*, on les réunissoit dans la même classe.

Quant à la *dégradation* générale de l'organisation que nous recherchons en parcourant l'échelle entière des animaux, elle est, dans les *arachnides*, extrêmement évidente : ces animaux, en effet, respirant par un organe inférieur, en perfectionnement organique, au poumon, et même aux branchies, et n'ayant que la première ébauche d'une circulation qui ne paroît pas encore terminée, confirment, à leur tour, la *dégradation* soutenue dont il s'agit.

Cette dégradation se remarque même dans la série des espèces rapportées à cette classe ; car les *arachnides*, antennistes ou du second ordre, sont fortement distinguées des autres, leur sont très-inférieures en progrès d'organisation, et se rapprochent considérablement des insectes ; elles en diffèrent néanmoins, en ce qu'elles ne subissent aucune métamorphose ; et comme elles ne s'élancent jamais dans le sein de l'air, il est très-

probable que leurs trachées ne s'étendent pas généralement dans toutes les parties de leur corps.

LES INSECTES.

Animaux subissant des métamorphoses, et ayant, dans
l'état parfait, deux yeux et deux antennes à la tête, six
pattes articulées, et deux trachées qui s'étendent par tout
le corps.

En continuant de suivre un ordre inverse de
celui de la nature, après les arachnides viennent
nécessairement les *insectes*, c'est-à-dire, cette
immense série d'animaux imparfaits, qui n'ont
ni artères, ni veines; qui respirent par des trachées aérifères non bornées; enfin, qui naissent
dans un état moins parfait que celui dans lequel
ils se régénèrent, et qui conséquemment subissent
des *métamorphoses*.

Parvenus dans leur état parfait, tous les insectes, sans exception, ont six pattes articulées,
deux antennes et deux yeux à la tête, et la plupart ont alors des ailes.

Les *insectes*, d'après l'ordre que nous suivons,
occupent nécessairement le dixième rang dans le
règne animal; car ils sont inférieurs en perfectionnement d'organisation aux arachnides, puisqu'ils ne naissent point, comme ces dernières, dans
leur état parfait, et qu'ils n'engendrent qu'une
seule fois dans le cours de leur vie.

C'est particulièrement dans les *insectes* que l'on commence à remarquer que les organes essentiels à l'entretien de leur vie sont répartis presque également, et la plupart situés dans toute l'étendue de leur corps, au lieu d'être isolés dans des lieux particuliers, comme cela a lieu dans les animaux les plus parfaits. Cette considération perd graduellement ses exceptions, et devient de plus en plus frappante dans les animaux des classes postérieures.

Nulle part, jusqu'ici, la *dégradation* générale de l'organisation ne s'est trouvée plus manifeste que dans les *insectes*, où elle est inférieure en perfectionnement à celle des animaux de toutes les classes précédentes. Cette dégradation se montre même entre les différens ordres qui divisent naturellement les insectes; car ceux des trois premiers ordres (les coléoptères, les orthoptères et les névroptères) ont des mandibules et des mâchoires à la bouche; ceux du quatrième ordre (les hyménoptères) commencent à posséder une espèce de trompe; enfin, ceux des quatre derniers ordres (les lépidoptères, les hémiptères, les diptères et les aptères) n'ont plus réellement qu'une trompe. Or, des mâchoires paires ne se retrouvent nulle part dans le règne animal, après les insectes des trois premiers ordres. Sous le rapport des ailes, les insectes des six premiers ordres en

ont quatre , dont toutes, ou deux seulement,
servent au vol. Ceux du septième et du huitième
n'ont plus que deux ailes , ou en manquent par
avortement. Les larves des insectes des deux
derniers ordres n'ont point de pattes, et ressemblent à des vers.

Il paroît que les *insectes* sont les derniers animaux qui offrent une génération sexuelle bien distincte , et qui soient vraisemblablement *ovipares*.

Enfin , nous verrons que les *insectes* sont infiniment curieux, par les particularités relatives
à ce qu'on nomme leur *industrie* ; mais que cette
industrie prétendue n'est nullement le produit
d'aucune pensée, c'est-à-dire , d'aucune combinaison d'idées de leur part.

Observation.

Autant les poissons, parmi les vertébrés, présentent, dans leur conformation générale et
dans les anomalies relatives à la progression de
la composition d'organisation, le produit de l'influence du milieu qu'ils habitent; autant les *insectes* , parmi les invertébrés, offrent , dans leur
forme, leur organisation et leurs métamorphoses,
le résultat évident de l'influence de l'air dans lequel
ils vivent, et dans le sein duquel la plupart s'élancent et se soutiennent habituellement comme les
oiseaux.

Si les *insectes* eussent eu un poumon, s'ils eussent pu se gonfler d'air, et si l'air qui pénètre dans toutes les parties de leur corps eut pu s'y raréfier, comme celui qui s'introduit dans le corps des oiseaux, leurs poils se fussent, sans doute, changés en plumes.

Enfin, si, parmi les animaux sans vertèbres, l'on s'étonne de trouver si peu de rapports entre les *insectes* qui subissent des métamorphoses singulières, et les animaux invertébrés des autres classes, que l'on fasse attention que ce sont les seuls animaux sans vertèbres qui s'élancent dans le sein de l'air et qui y exécutent des mouvemens de progression ; alors on sentira que des circonstances et des habitudes aussi particulières, ont dû produire des résultats qui leur sont pareillement particuliers.

Les *insectes* ne sont rapprochés que des *arachnides* par leurs rapports ; et, en effet, les uns et les autres sont, en général, les seuls animaux sans vertèbres qui vivent dans l'air ; mais aucune *arachnide* n'a la faculté de voler ; aucune aussi ne subit de métamorphose ; et en traitant des influences des habitudes, je montrerai que ces animaux s'étant accoutumés à rester sur les corps de la surface du globe, et à vivre dans des retraites, ont dû perdre une partie des facultés des insectes, et acquérir des caractères qui les en distinguent éminemment.

*Anéantissement de plusieurs Organes essentiels
aux animaux plus parfaits.*

Après les *insectes*, il paroît qu'il y a dans la
série un vide assez considérable, que les animaux non observés laissent ici à remplir ; car
en cet endroit de la série, plusieurs organes essentiels aux animaux plus parfaits manquent subitement et sont réellement anéantis, puisqu'on
ne les retrouve plus dans ceux des classes qui
nous restent à parcourir.

Disparition du Système nerveux.

Ici, en effet, le *système nerveux* (les nerfs et
leur centre de rapport) disparoît entièrement et
ne se montre plus dans aucun des animaux des
classes qui vont suivre.

Dans les animaux les plus parfaits, ce système
consiste en un cerveau qui paroît servir à l'exécution des actes de l'intelligence, et à la base duquel se trouve le foyer des sensations, d'où partent des nerfs, ainsi qu'une moelle épinière dor-
sale qui en envoie d'autres à diverses parties.

Dans les animaux vertébrés, le cerveau s'appauvrit successivement ; et à mesure que son volume diminue, la moelle épinière devient plus
grosse et semble y suppléer.

Dans les mollusques, première classe des invertébrés, le cerveau existe encore; mais il n'y a ni moelle épinière, ni moelle longitudinale noueuse; et comme les ganglions sont rares, les nerfs ne paroissent point noueux.

Enfin, dans les cinq classes qui suivent, le système nerveux, à son dernier période, se réduit à un très-petit cerveau à peine ébauché, et en une moelle longitudinale qui envoie des nerfs aux parties. Dès lors il n'y a plus de foyer isolé pour les sensations, mais une multitude de petits foyers disposés dans toute la longueur du corps de l'animal.

C'est ainsi que se termine, dans les insectes, l'important système du sentiment; celui qui, à un certain terme de développement, donne naissance aux idées, et qui, dans sa plus grande perfection, peut produire tous les actes d'intelligence; enfin, celui qui est la source où l'action musculaire puise sa force, et sans lequel la génération sexuelle ne paroît pas pouvoir exister.

Le *centre de rapport* du système nerveux se trouve dans le cerveau ou dans sa base, ou est placé dans une moelle longitudinale noueuse. Lorsqu'il n'y a plus de cerveau bien évident, il y a encore une moelle longitudinale; mais lorsqu'il n'y a ni cerveau, ni moelle longitudinale, le système nerveux cesse d'exister.

Disparition des Organes sexuels.

Ici encore disparoissent totalement les traces de la génération sexuelle ; et, en effet, dans les animaux qui vont être cités, il n'est plus possible de reconnoître les organes d'une véritable fécondation. Néanmoins, nous allons encore retrouver dans les animaux des deux classes qui suivent, des espèces d'*ovaires* abondans en corpuscules oviformes, que l'on prend pour des œufs. Mais je regarde ces prétendus œufs, qui peuvent produire sans fécondation préalable, comme des bourgeons ou des *gemmules internes* ; ils font le passage de la génération gemmi-pare interne, à la génération sexuelle ovipare.

Le penchant de l'homme vers ses habitudes est si grand, qu'il persiste, même contre l'évidence, à considérer toujours les choses de la même manière.

C'est ainsi que les botanistes, habitués à observer les organes sexuels d'un grand nombre de plantes, veulent que toutes, sans exception, aient de semblables organes. En conséquence, plusieurs d'entre eux ont fait tous les efforts imaginables, à l'égard des plantes *cryptogames* ou *agames*, pour y découvrir des étamines et des pistils; et ils ont mieux aimé en attribuer, arbitrairement et sans preuves, les fonctions à des parties dont ils ne connoissent pas l'usage, que de reconnoître que la nature sait parvenir au même but par différens moyens.

On s'est persuadé que tout corps reproductif est une graine ou un œuf, c'est-à-dire, un corps qui, pour être reproductif, a besoin de recevoir l'influence de la fécondation sexuelle. C'est ce qui a fait dire à Linné : *Omne vivum ex ovo.* Mais nous connoissons très-bien maintenant des végétaux et des animaux qui se régénèrent uniquement par des corps qui ne sont ni des graines ni des œufs, et qui, conséquemment, n'ont aucun besoin de fécondation sexuelle. Aussi ces corps sont-ils conformés différemment et se développent-ils d'une autre manière.

Voici le principe auquel il faut avoir égard pour juger du mode de génération d'un corps vivant quelconque.

Tout corpuscule reproductif, soit végétal, soit animal, qui, sans se *débarrasser d'aucune enveloppe*, s'étend, s'accroît, et devient un végétal ou un animal semblable à celui dont il provient, n'est point une graine ni un œuf; il ne subit aucune germination ou n'éclôt point après avoir commencé de s'accroître, et sa formation n'a exigé aucune fécondation sexuelle: aussi ne contient-il pas un embryon enfermé dans des enveloppes dont il soit obligé de se débarrasser, comme celui de la graine ou de l'œuf.

Or, suivez attentivement les développemens des corpuscules reproductifs des algues, des champignons, etc., et vous verrez que ces corpuscules ne font que s'étendre et s'accroître pour prendre insensiblement la forme du végétal dont ils proviennent; qu'ils ne se débarrassent d'aucune enveloppe, comme le fait l'embryon de la graine ou celui que contient l'œuf.

De même, suivez le *gemma* ou bourgeon d'un polype, comme d'une *hydre*, et vous serez convaincu que ce corps reproductif ne fait que s'étendre et s'accroître; qu'il ne se débarrasse d'aucune enveloppe; en un mot, qu'il n'éclôt point comme le fait le poulet ou le ver à soie qui sort de son œuf.

Il est donc évident que toute reproduction d'individus ne se fait point par la voie de la fécondation sexuelle, et que là où la fécondation sexuelle ne s'opère pas, il n'y a réellement pas d'organe véritablement sexuel. Or, comme, après les *insectes*, on ne distingue dans les animaux des quatre classes qui suivent, aucun organe de fécondation, il y a apparence que c'est à ce point de la chaîne animale que la *génération sexuelle* cesse d'exister.

Disparition de l'Organe de la vue.

C'est encore ici que l'*organe de la vue*, qui est si utile aux animaux les plus parfaits, se trouve entièrement anéanti. Cet organe qui a commencé à manquer dans une partie des *mollusques*, dans les *cirrhipèdes*, et dans la plupart des *annelides*, et qui ne s'est ensuite retrouvé dans les *crustacés*, les *arachnides* et les *insectes*, que dans un état fort imparfait, d'un usage très-borné et presque nul, ne reparoît, après les insectes, dans aucun animal.

Enfin, c'est encore ici que la *tête*, cette partie essentielle du corps des animaux les plus parfaits, et qui est le siége du cerveau et de presque tous les sens, cesse totalement d'exister; car le renflement de l'extrémité antérieure du corps de quelques vers, comme les *ténia*, et qui est causé par la disposition de leurs suçoirs, n'étant ni le siége d'un cerveau, ni celui de l'organe de l'ouïe, de la vue, etc., puisque tous ces organes manquent dans les animaux des classes qui suivent, le renflement dont il s'agit ne peut être considéré comme une véritable tête.

On voit qu'à ce terme de l'échelle animale, la *dégradation* de l'organisation devient extrêmement rapide, et qu'elle fait fortement pressentir

sentir l'approche de la plus grande simplification
de l'organisation animale.

LES VERS.

Animaux à corps mou, allongé, sans tête, sans yeux, sans
pattes articulées, dépourvu de moelle longitudinale et de
système de circulation.

IL s'agit ici des vers qui n'ont point de vaisseaux pour la circulation, tels que ceux que l'on
connoît sous le nom de *vers intestins*, et de quelques autres vers non intestins, dont l'organisation est tout aussi imparfaite. Ce sont des animaux à corps mou, plus ou moins allongé, ne
subissant point de métamorphose, et dépourvu
dans tous, de tête, d'yeux et pattes articulées.

Les *vers* doivent suivre immédiatement les *insectes*, venir avant les *radiaires*, et occuper le
onzième rang dans le règne animal. C'est parmi
eux qu'on voit commencer la tendance de la nature à établir le *système des articulations*; système qu'elle a ensuite exécuté complétement dans
les insectes, les arachnides et les crustacés. Mais
l'organisation des vers étant moins parfaite que
celle des insectes, puisqu'ils n'ont plus de moelle
longitudinale, plus de tête, plus d'yeux, et plus
de pattes réelles, force de les placer après eux;
enfin, le nouveau mode de forme que commence

13

en eux la nature, pour établir le système des articulations, et s'éloigner de la disposition rayonnante dans les parties, prouve qu'on doit placer les *vers* avant les *radiaires* mêmes. D'ailleurs, après les insectes, on perd ce plan exécuté par la nature dans les animaux des classes précédentes, savoir, cette forme générale de l'animal, qui consiste en une *opposition symétrique* dans les parties, de manière que chacune d'elles est opposée à une partie tout-à-fait semblable.

Dans les *vers*, on ne retrouve plus cette opposition symétrique des parties, et on ne voit pas encore la disposition rayonnante des organes, tant intérieurs qu'extérieurs, qui se remarque dans les *radiaires*.

Depuis que j'ai établi les *annelides*, quelques naturalistes donnent le nom de *vers* aux annelides mêmes; et comme alors ils ne savent que faire des animaux dont il est ici question, ils les réunissent avec les polypes. Je laisse au lecteur à juger quels sont les rapports et les caractères classiques qui autorisent à réunir dans la même classe, un *ténia* ou une *ascaride*, avec une *hydre* ou tout autre polype.

Comme les insectes, plusieurs *vers* paroissent encore respirer par des trachées, dont les ouvertures à l'extérieur sont des espèces de stigmates; mais il y a lieu de croire que ces trachées, bornées ou imparfaites, sont *aquifères* et non aérifères comme celles des insectes, parce que ces animaux ne vivent jamais à l'air libre, et qu'ils sont sans cesse, soit plongés dans l'eau, soit baignés dans des fluides qui en contiennent.

Aucun organe de fécondation n'étant bien distinct en eux, je présume que la génération sexuelle n'a plus lieu dans ces animaux. Il seroit possible néanmoins que, de même que la circulation est ébauchée dans les *arachnides*, la génération sexuelle le soit aussi dans les *vers*; ce que les différentes formes de la queue des *strongles* semblent indiquer; mais l'observation n'a pas encore bien établi cette génération dans ces animaux.

Ce que l'on aperçoit dans certains d'entre eux, et que l'on prend pour des *ovaires* (comme dans les *ténia*), paroît n'être que des amas de corpuscules reproductifs, qui n'ont besoin d'aucune fécondation. Ces corpuscules oviformes sont intérieurs comme ceux des *oursins*, au lieu d'être extérieurs comme ceux des *corines*, etc. Les polypes offrent entre eux les mêmes différences à l'égard de la situation des gemmules qu'ils produisent. Il est donc vraisemblable que les vers sont des *gemmipares* internes.

Des animaux qui, comme les *vers*, manquent de tête, d'yeux, de pattes, et peut-être de génération sexuelle, prouvent donc aussi, de leur

côté, la *dégradation* soutenue de l'organisation
que nous recherchons dans toute l'étendue de
l'échelle animale.

LES RADIAIRES.

Animaux à corps régénératif, dépourvu de tête, d'yeux,
de pattes articulées ; ayant la bouche inférieure, et dans
ses parties, soit intérieures, soit extérieures, une disposition rayonnante.

Selon l'ordre en usage, les *radiaires* occupent
le douzième rang dans la série nombreuse des
animaux connus, et composent l'une des trois
dernières classes des animaux sans vertèbres.

Parvenus à cette classe, on rencontre dans les
animaux qu'elle comprend, un mode de forme
générale, et de disposition, tant intérieure qu'extérieure, des parties et des organes, que la nature n'a employé dans aucun des animaux des
classes antérieures.

En effet, les *radiaires* ont éminemment dans
leurs parties, soit intérieures, soit extérieures,
cette disposition rayonnante autour d'un centre
ou d'un axe, qui constitue une forme particulière
dont la nature n'avoit, jusque-là, fait aucun usage,
et dont elle n'a commencé l'ébauche que dans
les *polypes*, qui, conséquemment, viennent après
elles.

Néanmoins, les *radiaires* forment, dans l'é-
chelle des animaux, un échelon très-distinct de
celui que constituent les polypes; en sorte qu'il
n'est pas plus possible de confondre les *radiaires*
avec les polypes, qu'il ne l'est de ranger les crustacés avec les insectes ou les reptiles parmi les
poissons.

En effet, dans les *radiaires*, non-seulement
on aperçoit encore des organes qui paroissent des-
tinés à la respiration (des tubes ou espèces de trachées aquifères); mais on observe, en outre, des
organes particuliers pour la génération, tels que
des espèces d'ovaires de diverses formes, et rien
de semblable ne se retrouve dans les polypes.
D'ailleurs, le canal intestinal des radiaires n'est
pas généralement un cul-de-sac à une seule ouverture, comme dans tous les polypes, et la
bouche, toujours en bas ou inférieure, montre,
dans ces animaux, une disposition particulière,
qui n'est point celle que nous offrent les polypes
dans leur généralité.

Quoique les *radiaires* soient des animaux fort
singuliers et encore peu connus, ce que l'on sait
de leur organisation indique évidemment le rang
que je leur assigne. Comme les vers, les *radiaires*
sont sans tête, sans yeux, sans pattes articulées,
sans système de circulation, et peut-être sans nerfs.
Cependant les *radiaires* viennent nécessairement

après les vers; car ceux-ci n'ont rien dans la disposition des organes intérieurs qui tienne de la forme rayonnante, et c'est parmi eux que commence le mode des articulations.

Si les radiaires sont privées de nerfs, elles sont alors dépourvues de la faculté de *sentir*, et ne sont plus que simplement irritables; ce que des observations faites sur des *étoiles de mer* vivantes, à qui l'on a coupé des rayons sans qu'elles aient offert aucun signe de douleur, semblent confirmer.

Dans beaucoup de *radiaires*, des fibres sont encore distinctes; mais peut-on donner à ces fibres le nom de *muscles*, à moins qu'on ne soit autorisé à dire qu'un muscle privé de nerfs est encore capable d'exécuter ses fonctions? N'a-t-on pas, dans les végétaux, l'exemple de la possibilité dont jouit le tissu cellulaire, de pouvoir se réduire en fibres, sans que ces fibres puissent être regardées comme musculaires? Tout corps vivant, dans lequel on distingue des fibres, ne me paroît pas avoir de muscles par cette seule raison; et je pense que là où il n'y a plus de nerfs, le système musculaire n'existe plus. Il y a lieu de croire que, dans les animaux privés de nerfs, les fibres qui peuvent encore s'y rencontrer, jouissent, par leur simple irritabilité, de la faculté de produire des mouvemens qui remplacent ceux des muscles , quoiqu'avec moins d'énergie.

Non-seulement il paroît que , dans les *radiaires,* le système musculaire n'existe plus, mais, en outre, qu'il n'y a plus de génération sexuelle. En effet, rien ne constate, ni même n'indique que les petits corps oviformes , dont les amas composent ce qu'on nomme les *ovaires* de ces animaux , reçoivent aucune fécondation , et soient de véritables *œufs* : cela est d'autant moins vraisemblable , qu'on les trouve également dans tous les individus. Je regarde donc ces petits corps oviformes comme des *gemmules* internes déjà perfectionnées, et leurs amas dans des lieux particuliers, comme des moyens préparés par la nature , pour arriver à la génération sexuelle.

Les *radiaires* concourent , de leur côté , à prouver la *dégradation* générale de l'organisation animale; car en arrivant à cette classe d'animaux, on rencontre une forme et une disposition nouvelle des parties et des organes qui sont fort éloignées de celles des animaux des classes précédentes ; d'ailleurs , elles paroissent privées du sentiment , du mouvement musculaire, de la génération sexuelle , et parmi elles, on voit le canal intestinal cesser d'avoir deux issues, les amas de corpuscules oviformes disparoître, et le corps devenir entièrement gélatineux.

Observation.

Il paroît que dans les animaux très-imparfaits, comme les *polypes* et les *radiaires*, le centre du mouvement des fluides n'existe encore que dans le canal alimentaire ; c'est là qu'il commence à s'établir, et c'est par la voie de ce canal que les *fluides subtils* ambians pénètrent principalement pour exciter le mouvement dans les fluides contenables ou propres de ces animaux. Que seroit la vie végétale, sans les excitations extérieures, et que seroit de même la vie des animaux les plus imparfaits, sans cette cause, c'est-à-dire, sans le calorique et l'électricité des milieux environnans ?

C'est, sans doute, par une suite de ce moyen qu'emploie la nature, d'abord avec une foible énergie dans les *polypes*, et ensuite avec de plus grands développemens dans les *radiaires*, que la forme rayonnante a été acquise ; car les fluides subtils ambians, pénétrant par le canal alimentaire, et étant expansifs, ont dû, par une répulsion sans cesse renouvelée du centre vers tous les points de la circonférence, donner lieu à cette disposition rayonnante des parties.

C'est par cette cause que, dans les *radiaires*, le canal intestinal, quoique encore fort imparfait, puisque, le plus souvent, il n'a qu'une seule

ouverture, est néanmoins compliqué d'appendices rayonnans, vasculiformes, nombreux, et souvent ramifiés.

C'est, sans doute, encore par cette cause que, dans
les *radiaires* mollasses, telles que les méduses, etc.,
on observe un mouvement isochrone constant;
mouvement qui résulte très-vraisemblablement
des intermittences successives entre les masses
de fluides subtils qui pénètrent dans l'intérieur de
ces animaux, et celles des mêmes fluides qui s'en
échappent après s'être répandus dans toutes leurs
parties.

Qu'on ne dise pas que les mouvemens iso-
chrones des *radiaires* mollasses soient les suites
de leur respiration; car après les animaux vertébrés, la nature n'offre, dans celle d'aucun
animal, ces mouvemens alternatifs et mesurés
d'inspiration et d'expiration. Quelle que soit
la respiration des *radiaires*, elle est extrêmement lente, et s'exécute sans mouvemens perceptibles.

LES POLYPES.

Animaux à corps subgélatineux et régénératif, n'ayant aucun autre organe spécial, qu'un canal alimentaire à une seule ouverture. Bouche terminale, accompagnée de tentacules en rayons, ou d'organe cilié et rotatoire.

En arrivant aux *polypes*, on est parvenu à l'avant-dernier échelon de l'échelle animale, c'est-à-dire, à l'avant-dernière des classes qu'il a été nécessaire d'établir parmi les animaux.

Ici, l'imperfection et la simplicité de l'organisation se trouvent très-éminentes; en sorte que les animaux qui sont dans ce cas n'ont presque plus de facultés, et qu'on a douté long-temps de leur nature animale.

Ce sont des animaux gemmipares, à corps homogène, presque généralement gélatineux, très-régénératif dans ses parties, ne tenant de la forme rayonnante (que la nature a commencée en eux) que par les tentacules en rayons qui sont autour de leur bouche, et n'ayant aucun autre organe spécial qu'un canal intestinal à une seule ouverture, et, par conséquent, incomplet.

On peut dire que les *polypes* sont des animaux beaucoup plus imparfaits que tous ceux qui font partie des classes précédentes; car on ne retrouve en eux ni cerveau, ni moelle longitudinale, ni nerfs, ni organes particuliers pour la respiration, ni vaisseaux pour la circulation des fluides, ni ovaire pour la génération. La substance de leur corps est, en quelque sorte, homogène, et constituée par un *tissu cellulaire* gélatineux et irritable, dans lequel des fluides se meuvent avec lenteur. Enfin, tous leurs viscères se réduisent à un canal alimentaire imparfait, rarement replié sur lui-même, ou muni d'appendices, ne ressemblant, en général, qu'à un sac allongé, et n'ayant toujours qu'une seule ouverture servant à la fois de bouche et d'anus.

On ne peut être fondé à dire que, dans les animaux dont il s'agit, et où l'on ne trouve ni système nerveux, ni organe respiratoire, ni muscle, etc., ces organes, infiniment réduits, existent néanmoins; mais qu'ils sont répandus et fondus dans la masse générale du corps, et également répartis dans toutes ses molécules, au lieu d'être rassemblés dans des lieux particuliers; et qu'en conséquence, tous les points de leur corps peuvent éprouver toutes les sortes de sensations, le mouvement musculaire, la volonté, des idées et la pensée : ce seroit une supposition tout-à-fait gratuite, sans base et sans vraisemblance. Or, avec une pareille supposition, on pourroit dire que l'*hydre* a, dans tous les points de son corps, tous les organes de l'animal le plus parfait, et

par conséquent, que chaque point du corps de
ce polype voit, entend, distingue les odeurs,
perçoit les saveurs, etc.; mais, en outre, qu'il
a des idées, qu'il forme des jugemens, qu'il
pense; en un mot, qu'il raisonne. Chaque molécule du corps de l'*hydre*, ou de tout autre polype, seroit elle seule un animal parfait, et l'hydre
elle-même seroit un animal plus parfait encore
que l'homme, puisque chacune de ses molécules
équivaudroit, en complément d'organisation et
de facultés, à un individu entier de l'espèce humaine.

Il n'y a pas de raison pour refuser d'étendre le
même raisonnement à la *monade*, le plus imparfait des animaux connus, et ensuite pour cesser
de l'appliquer aux *végétaux* mêmes, qui jouissent
aussi de la vie. Alors on attribueroit à chaque
molécule d'un végétal toutes les facultés que je
viens de citer, mais restreintes dans des limites
relatives à la nature du corps vivant dont elle
fait partie.

Ce n'est assurément point là où conduisent
les résultats de l'étude de la nature. Cette étude
nous apprend, au contraire, que partout où un
organe cesse d'exister, les facultés qui en dépendent cessent également. Tout animal qui n'a
point d'yeux, ou en qui l'on a détruit les yeux,
ne voit point; et quoiqu'en dernière analise, les

différens *sens* prennent leur source dans le *tact*, qui n'est que diversement modifié dans chacun d'eux, tout animal qui manque de *nerf*, organe spécial du sentiment, ne sauroit éprouver aucun genre de sensation ; car il n'a point le sentiment intime de son existence, il n'a point le foyer auquel il faudroit que la sensation fût rapportée, et conséquemment il ne sauroit sentir.

Ainsi, le *sens du toucher*, base des autres sens, et qui est répandu dans presque toutes les parties du corps des animaux qui ont des *nerfs*, n'existe plus dans ceux qui, comme les *polypes*, en sont dépourvus. Dans ceux-ci, les parties ne sont plus que simplement *irritables*, et le sont à un degré très-éminent ; mais ils sont privés du sentiment, et par suite, de toute espèce de sensation. En effet, pour qu'une sensation puisse avoir lieu, il faut d'abord un organe pour la recevoir (des nerfs), et ensuite il faut qu'il existe un foyer quelconque (un cerveau ou une moelle longitudinale noueuse), où cette sensation puisse être rapportée.

Une sensation est toujours la suite d'une impression reçue, et rapportée aussitôt à un foyer intérieur où se forme cette sensation. Interrompez la communication entre l'organe qui reçoit l'impression et le foyer où la sensation se forme, tout sentiment cesse aussitôt dans ce lieu.

Jamais on ne pourra contester ce principe.

Aucun *polype* ne peut être réellement *ovipare*; car aucun n'a d'organe particulier pour la génération. Or, pour produire de véritables œufs, il faut non-seulement que l'animal ait un *ovaire*, mais, en outre, qu'il ait, ou qu'un autre individu de son espèce ait un organe particulier pour la fécondation, et personne ne sauroit démontrer que les *polypes* soient munis de semblables organes; au lieu que l'on connoît très-bien les bourgeons que plusieurs d'entre eux produisent pour se multiplier; et en y donnant un peu d'attention, l'on s'aperçoit que ces bourgeons ne sont eux-mêmes que des scissions plus isolées du corps de l'animal; scissions moins simples que celles que la nature emploie pour multiplier les animalcules qui composent la dernière classe du règne animal.

Les *polypes* étant éminemment irritables, ne se meuvent que par des excitations extérieures et étrangères à eux. Tous leurs mouvemens sont des résultats nécessaires d'impressions reçues, et s'exécutent généralement sans actes de volonté, parce qu'ils n'en sauroient produire, et sans possibilité de choix, puisqu'ils ne peuvent avoir de volonté.

La lumière les force constamment, et toujours de la même manière, à se diriger de son côté, comme elle le fait à l'égard des rameaux et des feuilles ou des fleurs des plantes, quoique avec plus de lenteur. Aucun *polype* ne court après sa proie, ni n'en fait la recherche par ses tentacules ; mais lorsque quelque corps étranger touche ces mêmes tentacules, elles l'arrêtent, l'amènent à la bouche, et le polype l'avale sans faire aucune distinction relativement à sa nature appropriée ou non à son utilité. Il le digère et s'en nourrit, si ce corps en est susceptible ; il le rejette en entier, s'il s'est conservé quelque temps intact dans son canal alimentaire ; enfin, il rend ceux de ses débris qu'il ne peut plus altérer ; mais dans tout cela, même nécessité d'action, et jamais possibilité de choix qui permette de les varier.

Quant à la distinction des *polypes* avec les *radiaires*, elle est des plus grandes et des plus tranchées : on ne trouve dans l'intérieur des polypes aucune partie distincte ayant une disposition rayonnante ; leurs tentacules seules ont cette disposition, c'est-à-dire, la même que celle des bras des *mollusques céphalopodes*, qu'on ne confondra sûrement pas avec les radiaires. D'ailleurs, les *polypes* ont la bouche supérieure et terminale, tandis que celle des *radiaires* est différemment disposée.

Il n'est point du tout convenable de donner

aux *polypes* le nom de *zoophytes*, qui veut dire animaux-plantes, parce que ce sont uniquement et complétement des animaux, qu'ils ont des facultés généralement exclusives aux plantes, celle d'être véritablement *irritables*, et, en général, celle de *digérer*, et qu'enfin leur nature ne tient essentiellement rien de celle de la plante.

Les seuls rapports qu'il y ait entre les *polypes* et les *plantes* se trouvent : 1°. dans la simplification assez rapprochée de leur organisation ; 2°. dans la faculté qu'ont beaucoup de polypes d'adhérer les uns aux autres, de communiquer ensemble par leur canal alimentaire, et de former des animaux composés ; 3°. enfin, dans la forme extérieure des masses que ces polypes réunis constituent ; forme qui a long-temps fait prendre ces masses pour de véritables végétaux, parce que souvent elles sont ramifiées presque de la même manière.

Que les *polypes* aient une seule ou plusieurs bouches, il s'agit toujours, à leur égard, d'un canal alimentaire auquel elles conduisent, et, par conséquent, d'un organe pour la digestion, dont tous les végétaux sont dépourvus.

Si la *dégradation* de l'organisation que nous avons remarquée dans toutes les classes, depuis les mammifères, est quelque part évidente, c'est assurément parmi les *polypes*, dont l'organisation

sation est réduite à une extrême simplification.

LES INFUSOIRES.

Animaux infiniment petits, à corps gélatineux, transparent, homogène et très-contractile; n'ayant intérieurement aucun organe spécial distinct, mais souvent des
gemmules oviformes, et n'offrant à l'extérieur ni tentacules en rayons, ni organes rotatoires.

Nous voici, enfin, parvenus à la dernière classe
du règne animal, à celle qui comprend les animaux les plus imparfaits à tous égards, c'est-à-
dire, ceux qui ont l'organisation la plus simple,
qui possèdent le moins de facultés, et qui semblent n'être tous que de véritables ébauches de
la nature animale.

Jusqu'à présent, j'avois réuni ces petits animaux à la classe des *polypes*, dont ils constituoient le dernier ordre sous le nom de *polypes
amorphes*, n'ayant point de forme constante qui
soit particulière à tous; mais j'ai reconnu la nécessité de les séparer, pour en former une classe
particulière; ce qui ne change nullement le rang
que je leur avois assigné. Tout ce qui résulte de
ce changement se réduit à une ligne de séparation que la simplification plus grande de leur
organisation, et leur défaut de tentacules en
rayons et d'organes rotatoires paroissent exiger.

14

L'organisation des *infusoires*, devenant de plus simple en plus simple, selon les genres qui les composent, les derniers de ces genres nous présentent, en quelque sorte, le terme de l'animalité ; ils nous offrent, au moins, celui où nous pouvons atteindre. C'est surtout dans les animaux du second ordre de cette classe que l'on s'assure que toute trace du canal intestinal et de la bouche est entièrement disparue ; qu'il n'y a plus d'organe particulier quelconque, et qu'en un mot, ils n'exécutent plus de digestion.

Ce ne sont que de très-petits corps gélatineux, transparens, contractiles et homogènes, composés de tissu cellulaire presque sans consistance, et néanmoins irritables dans tous leurs points. Ces petits corps, qui ne paroissent que des points animés ou mouvans, se nourrissent par absorption et par une imbibition continuelle, et, sans doute, ils sont animés par l'influence des fluides subtils ambians, tels que le *calorique* et l'*électricité*, qui excitent en eux les mouvemens qui constituent la vie.

Si, à l'égard de pareils animaux, l'on supposoit encore qu'ils possèdent tous les organes que l'on connoît dans les autres, mais que ces organes sont fondus dans tous les points de leur corps, combien une pareille supposition ne seroit-elle pas vaine !

En effet, la consistance extrêmement foible et presque nulle des parties de ces petits corps gélatineux, indique que de pareils organes ne doivent pas exister, parce que l'exécution de leurs fonctions seroit impossible. L'on sent effectivement que, pour que des organes quelconques aient la puissance de réagir sur des fluides, et d'exercer les fonctions qui leur sont propres, il faut que leurs parties aient la consistance et la ténacité qui peuvent leur en donner la force ; or, c'est ce qui ne peut être supposé à l'égard des frêles animalcules dont il s'agit.

C'est uniquement parmi les animaux de cette classe que la nature paroît former les *générations spontanées* ou directes qu'elle renouvelle sans cesse chaque fois que les circonstances y sont favorables ; et nous essayerons de faire voir que c'est par eux qu'elle a acquis les moyens de produire indirectement, à la suite d'un temps énorme, toutes les autres races d'animaux que nous connoissons.

Ce qui autorise à penser que les *infusoires,* ou que la plupart de ces animaux ne doivent leur existence qu'à des *générations spontanées,* c'est que ces frêles animaux périssent tous dans les abaissemens de température qu'amènent les mauvaises saisons ; et on ne supposera sûrement pas que des corps aussi délicats puissent laisser aucun bourgeon ayant assez de consistance pour se conserver, et les reproduire dans les temps de chaleur.

On trouve les *infusoires* dans les eaux croupissantes, dans les infusions de substances végétales ou animales, et même dans la liqueur prolifique des animaux les plus parfaits. On les retrouve les mêmes dans toutes les parties du monde, mais seulement dans les circonstances où ils peuvent se former.

Ainsi, en considérant successivement les différens systèmes d'organisation des animaux, depuis les plus composés jusqu'aux plus simples, nous avons vu la *dégradation* de l'organisation animale commencer dans la classe même qui comprend les animaux les plus parfaits, s'avancer ensuite progressivement de classe en classe, quoique avec des *anomalies* produites par diverses sortes de circonstances, et, enfin, se terminer dans les *infusoires*. Ces derniers sont les animaux les plus imparfaits, les plus simples en organisation, et ceux dans lesquels la *dégradation* que nous avons suivie est parvenue à son terme, en réduisant l'organisation animale à constituer un corps simple, homogène, gélatineux, presque sans consistance, dépourvu d'organes particuliers, et uniquement formé d'un *tissu cellulaire* très-délicat, à peine ébauché, lequel paroît vivifié par des fluides subtils ambians, qui le pénètrent et s'en exhalent sans cesse.

Nous avons vu successivement chaque organe spécial, même le plus essentiel, se dégrader peu à peu, devenir moins particulier, moins isolé, enfin, se perdre et disparoître entière-ment long-temps avant d'avoir atteint l'autre extrémité de l'ordre que nous suivions; et nous avons remarqué que c'est principalement dans les *animaux sans vertèbres* qu'on voit s'anéantir des organes spéciaux.

A la vérité, même avant de sortir de la division des animaux vertébrés, on aperçoit déjà de grands changemens dans le perfectionnement des organes, et même quelques-uns d'entre eux, comme la vessie urinaire, le diaphragme, l'organe de la voix, les paupières, etc., disparoissent totalement. En effet, le poumon, l'organe le plus perfectionné pour la respiration, commence à se dégrader dans les reptiles, et cesse d'exister dans les poissons, pour ne plus reparoître dans aucun des animaux sans vertèbres. Enfin, le squelette, dont les dépendances fournissent la base des quatre extrémités ou membres que la plupart des animaux vertébrés possèdent, commence à se détériorer, principalement dans les reptiles, et finit entièrement avec les poissons.

Mais c'est dans la division des *animaux sans vertèbres* qu'on voit s'anéantir le cœur, le cerveau, les branchies, les glandes conglomérées, les vaisseaux propres à la circulation, l'organe de l'ouïe, celui de la vue, ceux de la génération sexuelle, ceux même du sentiment, ainsi que ceux du mouvement.

Je l'ai déjà dit, ce seroit en vain que nous chercherions dans un polype, comme dans une hydre, ou dans la plupart des animaux de cette classe, les moindres vestiges, soit de nerfs (organes du sentiment), soit de muscles (organes du mouvement) : l'irritabilité seule, dont tout polype est doué à un degré fort éminent, remplace en lui et la faculté de sentir qu'il ne peut posséder, puisqu'il n'en a pas l'organe essentiel, et la faculté de se mouvoir volontairement, puisque toute volonté est un acte de l'organe de l'intelligence, et que cet animal est absolument dépourvu d'un pareil organe. Tous ses mouvemens sont des résultats nécessaires d'impressions reçues dans ses parties irritables, d'excitations extérieures, et s'exécutent sans possibilité de choix.

Mettez une *hydre* dans un verre d'eau, et placez ce verre dans une chambre qui ne reçoive le jour que par une fenêtre, et, par conséquent, que d'un seul côté. Lorsque cette *hydre* sera fixée sur un point des parois du verre, tournez ce verre de manière que le jour frappe dans un point opposé à celui où se trouve l'animal : vous verrez toujours l'hydre aller, par un mouvement lent, se placer dans le lieu où frappe la lumière, et y rester tant que vous ne changerez pas ce point. Elle suit en cela ce qu'on observe dans les parties des végétaux qui se dirigent, sans aucun acte de volonté, vers le côté d'où vient la lumière.

Sans doute, partout où un organe spécial n'existe plus, la faculté à laquelle il donnoit lieu cesse aussi d'exister ; mais, en outre, on observe clairement qu'à mesure qu'un organe se dégrade et s'appauvrit, la faculté qui en résultoit devient proportionnellement plus obscure et plus imparfaite. C'est ainsi qu'en descendant du plus composé vers le plus simple, les insectes sont les derniers animaux en qui l'on trouve des yeux ; mais on a tout-à-fait lieu de penser qu'ils voient fort obscurément, et qu'ils en font peu d'usage.

Ainsi, en parcourant la chaîne des animaux, depuis les plus parfaits jusqu'aux plus imparfaits, et en considérant successivement les différens systèmes d'organisation qui se distinguent dans l'étendue de cette chaîne, la *dégradation* de l'organisation, et de chacun des organes jusqu'à leur entière disparition, est un fait positif dont nous venons de constater l'existence.

Cette dégradation se montre même dans la nature et la consistance des fluides essentiels et de la chair des animaux ; car la chair et le sang des mammifères et des oiseaux sont les matières les plus composées et les plus animalisées que l'on puisse obtenir des parties molles des animaux. Aussi, après les poissons, ces matières se dégradent progressivement, au point que, dans les radiaires mollasses, dans les polypes, et surtout dans les infusoires, le fluide essentiel n'a plus que la consistance et la couleur de l'eau, et que les chairs de ces animaux n'offrent plus qu'une matière gélatineuse, à peine animalisée. Le bouillon que l'on feroit avec de pareilles chairs ne seroit, sans doute, guères nourrissant et fortifiant pour l'homme qui en feroit usage.

Que l'on reconnoisse ou non ces vérités intéressantes, ce sera néanmoins toujours à elles que seront amenés ceux qui observeront attentivement les faits, et qui, surmontant les préventions généralement répandues, consulteront les phénomènes de la nature, et étudieront ses lois et sa marche constante.

Maintenant nous allons passer à l'examen d'un autre genre de considération, et nous essayerons de prouver que les circonstances d'habitation exercent une grande influence sur les actions des animaux, et que, par une suite de cette influence, l'emploi augmenté et soutenu d'un organe ou son défaut d'usage, sont des causes qui modifient l'organisation et la forme des animaux, et qui donnent lieu aux anomalies qu'on observe dans la progression de la composition de l'organisation animale.

CHAPITRE VII.

*De l'influence des Circonstances sur les actions
et les habitudes des Animaux, et de celle
des actions et des habitudes de ces Corps vivans, comme causes qui modifient leur organisation et leurs parties.*

IL ne s'agit pas ici d'un raisonnement, mais de
l'examen d'un fait positif, qui est plus général
qu'on ne pense, et auquel on a négligé de donner
l'attention qu'il mérite, sans doute, parce que,
le plus souvent, il est très-difficile à reconnoître.
Ce fait consiste dans l'influence qu'exercent les
circonstances sur les différens corps vivans qui
s'y trouvent assujettis.

A la vérité, depuis assez long-temps on a
remarqué l'influence des différens états de notre
organisation sur notre caractère, nos penchans,
nos actions, et même nos idées; mais il me
semble que personne encore n'a fait connoître
celle de nos actions et de nos habitudes sur notre
organisation même. Or, comme ces actions et
ces habitudes dépendent entièrement des circonstances dans lesquelles nous nous trouvons habi-

tuellement, je vais essayer de montrer combien est grande l'influence qu'exercent ces circonstances sur la forme générale, sur l'état des parties, et même sur l'organisation des corps vivans. Ainsi, c'est de ce fait très-positif dont il va être question dans ce chapitre.

Si nous n'avions pas eu de nombreuses occasions de reconnoître, d'une manière évidente, les effets de cette influence sur certains corps vivans que nous avons transportés dans des circonstances tout-à-fait nouvelles, et très-différentes de celles où ils se trouvoient, et si nous n'avions pas vu ces effets et les changemens qui en sont résultés, se produire, en quelque sorte, sous nos yeux mêmes, le fait important dont il s'agit nous fut toujours resté inconnu.

L'influence des circonstances est effectivement, en tout temps et partout, agissante sur les corps qui jouissent de la vie ; mais ce qui rend pour nous cette influence difficile à apercevoir, c'est que ses effets ne deviennent sensibles ou reconnoissables (surtout dans les animaux) qu'à la suite de beaucoup de temps.

Avant d'exposer et d'examiner les preuves de ce fait qui mérite notre attention, et qui est fort important pour la *Philosophie zoologique*, reprenons le fil des considérations dont nous avons commencé l'examen.

Dans le paragraphe précédent, nous avons vu que c'est maintenant un fait incontestable, qu'en considérant l'échelle animale dans un sens inverse de celui de la nature, on trouve qu'il existe, dans les masses qui composent cette échelle, une *dégradation* soutenue, mais irrégulière, dans l'organisation des animaux qu'elles comprennent; une simplification croissante dans l'organisation de ces corps vivans; enfin, une diminution proportionnée dans le nombre des facultés de ces êtres.

Ce fait bien reconnu peut nous fournir les plus grandes lumières sur l'ordre même qu'a suivi la nature dans la production de tous les animaux qu'elle a fait exister; mais il ne nous montre pas pourquoi l'organisation des animaux, dans sa composition croissante, depuis les plus imparfaits jusqu'aux plus parfaits, n'offre qu'une *gradation irrégulière*, dont l'étendue présente quantité d'anomalies ou d'écarts qui n'ont aucune apparence d'ordre dans leur diversité.

Or, en cherchant la raison de cette irrégularité singulière dans la composition croissante de l'organisation des animaux, si l'on considère le produit des influences que des circonstances infiniment diversifiées dans toutes les parties du globe, exercent sur la forme générale, les parties et l'organisation même de ces animaux, tout alors sera clairement expliqué.

Il sera, en effet, évident que l'état où nous
voyons tous les animaux, est, d'une part, le produit de la *composition* croissante de l'organisation qui tend à former une *gradation régulière* ;
et, de l'autre part, qu'il est celui des influences
d'une multitude de circonstances très-différentes
qui tendent continuellement à détruire la régularité dans la gradation de la composition croissante de l'organisation.

Ici, il devient nécessaire de m'expliquer sur
le sens que j'attache à ces expressions : *Les circonstances influent sur la forme et l'organisation des animaux*, c'est-à-dire, qu'en devenant
très-différentes, elles changent, avec le temps,
et cette forme et l'organisation elle-même, par
des modifications proportionnées.

Assurément, si l'on prenoit ces expressions
à la lettre, on m'attribueroit une erreur; car
quelles que puissent être les circonstances, elles
n'opèrent directement sur la forme et sur l'organisation des animaux aucune modification quelconque.

Mais de grands changemens dans les circonstances amènent, pour les animaux, de grands
changemens dans leurs besoins, et de pareils
changemens dans les besoins en amènent nécessairement dans les actions. Or, si les nouveaux
besoins deviennent constans ou très-durables, les

animaux prennent alors de nouvelles *habitudes*, qui sont aussi durables que les besoins qui les ont fait naître. Voilà ce qu'il est facile de démontrer, et même ce qui n'exige aucune explication pour être senti.

Il est donc évident qu'un grand changement dans les circonstances, devenu constant pour une race d'animaux, entraîne ces animaux à de nouvelles habitudes.

Or, si de nouvelles circonstances devenues permanentes pour une race d'animaux, ont donné à ces animaux de nouvelles *habitudes*, c'est-à-dire, les ont portés à de nouvelles actions qui sont devenues habituelles, il en sera résulté l'emploi de telle partie par préférence à celui de telle autre, et, dans certains cas, le défaut total d'emploi de telle partie qui est devenue inutile.

Rien de tout cela ne sauroit être considéré comme hypothèse ou comme opinion particulière; ce sont, au contraire, des vérités qui n'exigent, pour être rendues évidentes, que de l'attention et l'observation des faits.

Nous verrons tout à l'heure, par la citation de faits connus qui l'attestent, d'une part, que de nouveaux besoins ayant rendu telle partie nécessaire, ont réellement, par une suite d'efforts, fait naître cette partie, et qu'ensuite son emploi soutenu l'a peu à peu fortifiée, développée, et a

fini par l'agrandir considérablement ; d'une autre
part, nous verrons que, dans certains cas, les
nouvelles circonstances et les nouveaux besoins
ayant rendu telle partie tout-à-fait inutile, le
défaut total d'emploi de cette partie a été cause
qu'elle a cessé graduellement de recevoir les développemens que les autres parties de l'animal
obtiennent ; qu'elle s'est amaigrie et atténuée peu
à peu, et qu'enfin, lorsque ce défaut d'emploi
a été total pendant beaucoup de temps, la partie
dont il est question a fini par disparoître. Tout
cela est positif; je me propose d'en donner les
preuves les plus convaincantes.

Dans les végétaux, où il n'y a point d'actions,
et, par conséquent, point d'*habitudes* proprement dites, de grands changemens de circonstances n'en amènent pas moins de grandes différences dans les développemens de leurs parties ;
en sorte que ces différences font naître et développer certaines d'entre elles, tandis qu'elles atténuent et font disparoître plusieurs autres. Mais
ici tout s'opère par les changemens survenus dans
la nutrition du végétal, dans ses absorptions et
ses transpirations, dans la quantité de calorique,
de lumière, d'air et d'humidité qu'il reçoit alors
habituellement; enfin, dans la supériorité que
certains des divers mouvemens vitaux peuvent
prendre sur les autres.

Entre des individus de même espèce, dont les uns sont continuellement bien nourris, et dans des circonstances favorables à tous leurs développemens, tandis que les autres se trouvent dans des circonstances opposées, il se produit une différence dans l'état de ces individus, qui peu à peu devient très-remarquable. Que d'exemples ne pourrois-je pas citer à l'égard des animaux et des végétaux, qui confirmeroient le fondement de cette considération! Or, si les circonstances restant les mêmes, rendent habituel et constant l'état des individus mal nourris, souffrans ou languissans, leur organisation intérieure en est à la fin modifiée, et la génération entre les individus dont il est question conserve les modifications acquises, et finit par donner lieu à une race très-distincte de celle dont les individus se rencontrent sans cesse dans des circonstances favorables à leurs développemens.

Un printemps très-sec est cause que les herbes d'une prairie s'accroissent très-peu, restent maigres et chétives, fleurissent et fructifient, quoique n'ayant pris que très-peu d'accroissement.

Un printemps entremêlé de jours de chaleurs et de jours pluvieux, fait prendre à ces mêmes herbes beaucoup d'accroissement, et la récolte des foins est alors excellente.

Mais si quelque cause perpétue, à l'égard de ces

ces plantes, les circonstances défavorables, elles varieront proportionnellement, d'abord dans leur port ou leur état général, et ensuite dans plusieurs particularités de leurs caractères.

Par exemple, si quelque graine de quelqu'une des herbes de la prairie en question est transportée dans un lieu élevé, sur une pelouse sèche, aride, pierreuse, très-exposée aux vents, et y peut germer, la plante qui pourra vivre dans ce lieu s'y trouvant toujours mal nourrie, et les individus qu'elle y reproduira continuant d'exister dans ces mauvaises circonstances, il en résultera une race véritablement différente de celle qui vit dans la prairie, et dont elle sera cependant originaire. Les individus de cette nouvelle race seront petits, maigres dans leurs parties; et certains de leurs organes ayant pris plus de développement que d'autres, offriront alors des proportions particulières.

Ceux qui ont beaucoup observé, et qui ont consulté les grandes collections, ont pu se convaincre qu'à mesure que les circonstances d'habitation, d'exposition, de climat, de nourriture, d'habitude de vivre, etc., viennent à changer; les caractères de taille, de forme, de proportion entre les parties, de couleur, de consistance, d'agilité et d'industrie pour les animaux, changent proportionnellement.

15

Ce que la nature fait avec beaucoup de temps, nous le faisons tous les jours, en changeant nous-mêmes subitement, par rapport à un végétal vivant, les circonstances dans lesquelles lui et tous les individus de son espèce se rencontroient.

Tous les botanistes savent que les végétaux qu'ils transportent de leur lieu natal dans les jardins pour les y cultiver, y subissent peu à peu des changemens qui les rendent à la fin méconnoissables. Beaucoup de plantes très-velues naturellement, y deviennent glabres, ou à peu près; quantité de celles qui étoient couchées et traînantes, y voient redresser leur tige; d'autres y perdent leurs épines ou leurs aspérités; d'autres encore, de l'état ligneux et vivace que leur tige possédoit dans les climats chauds qu'elles habitoient, passent, dans nos climats, à l'état herbacé, et parmi elles, plusieurs ne sont plus que des plantes annuelles; enfin, les dimensions de leurs parties y subissent elles-mêmes des changemens très-considérables. Ces effets des changemens de circonstances sont tellement reconnus, que les botanistes n'aiment point à décrire les plantes de jardins, à moins qu'elles n'y soient nouvellement cultivées.

Le froment cultivé (*triticum sativum*) n'est-il pas un végétal amené par l'homme à l'état où nous le voyons actuellement ? Qu'on me dise dans quel pays une plante semblable habite naturellement, c'est-à-dire, sans y être la suite de sa culture dans quelque voisinage ?

Où trouve-t-on, dans la nature, nos choux, nos laitues, etc., dans l'état où nous les possédons dans nos jardins potagers ? N'en est-il pas de même à l'égard de quantité d'animaux que la domesticité a changés ou considérablement modifiés ?

Que de races très-différentes parmi nos poules et nos pigeons domestiques, nous nous sommes procurées en les élevant dans diverses circonstances et dans différens pays, et qu'en vain on chercheroit maintenant à retrouver telles dans la nature !

Celles qui sont les moins changées, sans doute, par une domesticité moins ancienne, et parce qu'elles ne vivent pas dans un climat qui leur soit étranger, n'en offrent pas moins, dans l'état de certaines de leurs parties, de grandes différences produites par les habitudes que nous leur avons fait contracter. Ainsi, nos canards et nos oies domestiques retrouvent leur type dans les canards et les oies sauvages ; mais les nôtres ont perdu la faculté de pouvoir s'élever dans les hautes régions de l'air, et de traverser de grands pays en volant ; enfin, il s'est opéré un changement réel dans l'état de leurs parties, comparées à celles des animaux de la race dont ils proviennent.

Qui ne sait que tel oiseau de nos climats, que nous élevons dans une cage, et qui y vit cinq ou six années de suite, étant après cela replacé dans la nature, c'est-à-dire, rendu à la liberté, n'est plus alors en état de voler comme ses semblables qui ont toujours été libres? Le léger changement de circonstance opéré sur cet individu, n'a fait, à la vérité, que diminuer sa faculté de voler, et, sans doute, n'a opéré aucun changement dans la forme de ses parties. Mais si une nombreuse suite de générations des individus de la même race avoit été tenue en captivité pendant une durée considérable, il n'y a nul doute que la forme même des parties de ces individus n'eût peu à peu subi des changemens notables. A plus forte raison si, au lieu d'une simple captivité constamment soutenue à leur égard, cette circonstance eût été en même temps accompagnée d'un changement de climat fort différent, et que ces individus, par degrés, eussent été habitués à d'autres sortes de nourritures, et à d'autres actions pour s'en saisir; certes, ces circonstances réunies et devenues constantes, eussent formé insensiblement une nouvelle race alors tout-à-fait particulière.

Où trouve-t-on maintenant, dans la nature, cette multitude de races de *chiens*, que, par suite de la domesticité où nous avons réduit ces animaux, nous avons mis dans le cas d'exister telles qu'elles sont actuellement? Où trouve-t-on ces dogues, ces lévriers, ces barbets, ces épagneuls, ces bichons, etc., etc., races qui offrent entre elles de plus grandes différences que celles que nous admettons comme spécifiques entre les animaux d'un même genre qui vivent librement dans la nature?

Sans doute, une race première et unique, alors fort voisine du loup, s'il n'en est lui-même le vrai type, a été soumise par l'homme, à une époque quelconque, à la domesticité. Cette race, qui n'offroit alors aucune différence entre ses individus, a été peu à peu dispersée avec l'homme dans différens pays, dans différens climats; et après un temps quelconque, ces mêmes individus ayant subi les influences des lieux d'habitation et des habitudes diverses qu'on leur a fait contracter dans chaque pays, en ont éprouvé des changemens remarquables, et ont formé différentes races particulières. Or, l'homme qui, pour le commerce, ou pour d'autre genre d'intérêt, se déplace même à de très-grandes distances, ayant transporté dans un lieu très-habité, comme une grande capitale, différentes races de chiens formées dans des pays fort éloignés, alors le croisement de ces races, par la génération, a donné lieu successivement à toutes celles que nous connoissons maintenant.

Le fait suivant prouve, à l'égard des plantes, combien le changement de quelque circonstance importante influe pour changer les parties de ces corps vivans.

Tant que le *ranunculus aquatilis* est enfoncé dans le sein de l'eau, ses feuilles sont toutes finement découpées et ont leurs divisions capillacées; mais lorsque les tiges de cette plante atteignent la surface de l'eau, les feuilles qui se développent dans l'air sont élargies, arrondies et simplement lobées. Si quelques pieds de la même plante réussissent à pousser, dans un sol seulement humide, sans être inondé, leurs tiges alors sont courtes, et aucune de leurs feuilles n'est partagée en découpures capillacées; ce qui donne lieu au *ranunculus hederaceus*, que les botanistes regardent comme une espèce, lorsqu'ils le rencontrent.

Il n'est pas douteux qu'à l'égard des animaux, des changemens importans dans les circonstances où ils ont l'habitude de vivre, n'en produisent pareillement dans leurs parties; mais ici les mutations sont beaucoup plus lentes à s'opérer que dans les végétaux, et, par conséquent, sont pour nous moins sensibles, et leur cause moins reconnoissable.

Quant aux circonstances qui ont tant de puissance pour modifier les organes des corps vivans, les plus influentes sont, sans doute, la diversité des milieux dans lesquels ils habitent; mais, en outre, il y en a beaucoup d'autres qui ensuite influent considérablement dans la production des effets dont il est question.

On sait que des lieux différens changent de nature et de qualité, à raison de leur position, de leur composition et de leur climat; ce que l'on aperçoit facilement en parcourant différens lieux distingués par des qualités particulières; voilà déjà une cause de variation pour les animaux et les végétaux qui vivent dans ces divers lieux. Mais ce qu'on ne sait pas assez, et même ce qu'en général on se refuse à croire, c'est que chaque lieu lui-même change, avec le temps, d'exposition, de climat, de nature et de qualité, quoique avec une lenteur si grande par rapport à notre durée, que nous lui attribuons une *stabilité* parfaite.

Or, dans l'un et l'autre cas, ces lieux changés changent proportionnellement les circonstances relatives aux corps vivans qui les habitent, et celles-ci produisent alors d'autres influences sur ces mêmes corps.

On sent de là que s'il y a des extrêmes dans ces changemens, il y a aussi des nuances, c'est-à-dire, des degrés qui sont intermédiaires et qui remplissent l'intervalle. Conséquemment, il y a aussi des nuances dans les différences qui distinguent ce que nous nommons des *espèces*.

Il est donc évident que toute la surface du globe offre, dans la nature et la situation des matières qui occupent ses différens points, une diversité de circonstances qui est partout en rapport avec celle des formes et des parties des animaux, indépendamment de la diversité particulière qui résulte nécessairement du progrès de la composition de l'organisation dans chaque animal.

Dans chaque lieu où des animaux peuvent habiter, les circonstances qui y établissent un ordre de choses restent très-long-temps les mêmes, et n'y changent réellement qu'avec une lenteur si grande que l'homme ne sauroit les remarquer directement. Il est obligé de consulter des monumens pour reconnoître que dans chacun de ces lieux l'ordre de choses qu'il y trouve n'a pas toujours été le même, et pour sentir qu'il changera encore.

Les races d'animaux qui vivent dans chacun de ces lieux y doivent donc conserver aussi long-temps leurs habitudes : de là pour nous l'apparente constance des races que nous nommons *espèces*; constance qui a fait naître en nous l'idée que ces races sont aussi anciennes que la nature.

Mais dans les différens points de la surface du globe qui peuvent être habités, la nature et la situation des lieux et des climats y constituent, pour les animaux comme pour les végétaux, des *circonstances différentes* dans toute sorte de degrés. Les animaux qui habitent ces différens lieux doivent donc différer les uns des autres non-seulement en raison de l'état de composition de l'organisation dans chaque race, mais, en outre, en raison des habitudes que les individus de chaque race y sont forcés d'avoir ; aussi, à mesure qu'en parcourant de grandes portions de la surface du globe, le naturaliste observateur voit changer les circonstances d'une manière un peu notable, il s'aperçoit constamment alors que les espèces changent proportionnellement dans leurs caractères.

Or, le véritable ordre de choses qu'il s'agit de considérer dans tout ceci, consiste à reconnoître :

1°. Que tout changement un peu considérable et ensuite maintenu dans les circonstances où se trouve chaque race d'animaux, opère en elle un changement réel dans leurs besoins ;

2°. Que tout changement dans les besoins des animaux nécessite pour eux d'autres actions pour satisfaire aux nouveaux besoins et, par suite, d'autres habitudes ;

3°. Que tout nouveau besoin nécessitant de nouvelles actions pour y satisfaire, exige de l'animal qui l'éprouve, soit l'emploi plus fréquent de telle de ses parties dont auparavant il faisoit moins d'usage, ce qui la développe et l'agrandit considérablement, soit l'emploi de nouvelles parties que les besoins font naître insensiblement en lui, par des efforts de son sentiment intérieur; ce que je prouverai tout à l'heure par des faits connus.

Ainsi, pour parvenir à connoître les véritables causes de tant de formes diverses et de tant d'habitudes différentes dont les animaux connus nous offrent les exemples, il faut considérer que les circonstances infiniment diversifiées, mais toutes lentement changeantes, dans lesquelles les animaux de chaque race se sont successivement rencontrés, ont amené, pour chacun d'eux, des besoins nouveaux et nécessairement des changemens dans leurs habitudes. Or, cette vérité, qu'on ne sauroit contester, étant une fois reconnue, il sera facile d'apercevoir comment les nouveaux besoins ont pu être satisfaits, et les nouvelles habitudes prises, si l'on donne quelqu'attention aux deux lois suivantes de la nature, que l'observation a toujours constatées.

PREMIÈRE LOI.

Dans tout animal qui n'a point dépassé le terme de ses développemens, l'emploi plus fréquent et soutenu d'un organe quelconque, fortifie peu à peu cet organe, le développe, l'agrandit, et lui donne une puissance proportionnée à la durée de cet emploi ; tandis que le défaut constant d'usage de tel organe, l'affoiblit insensiblement, le détériore, diminue progressivement ses facultés, et finit par le faire disparoître.

DEUXIÈME LOI.

Tout ce que la nature a fait acquérir ou perdre aux individus par l'influence des circonstances où leur race se trouve depuis long-temps exposée, et, par conséquent, par l'influence de l'emploi prédominant de tel organe, ou par celle d'un défaut constant d'usage de telle partie ; elle le conserve par la génération aux nouveaux individus qui en proviennent, pourvu que les changemens acquis soient communs aux deux sexes, ou à ceux qui ont produit ces nouveaux individus.

Ce sont là deux vérités constantes qui ne peuvent être méconnues que de ceux qui n'ont jamais observé ni suivi la nature dans ses opérations, ou que de ceux qui se sont laissés entraîner à l'erreur que je vais combattre.

Les naturalistes ayant remarqué que les formes des parties des animaux, comparées aux usages de ces parties, sont toujours parfaitement en rapport, ont pensé que les formes et l'état des parties en avoient amené l'emploi : or, c'est là l'erreur ; car il est facile de démontrer, par l'observation, que ce sont, au contraire, les besoins et les usages des parties qui ont développé ces mêmes parties, qui les ont même fait naître lorsqu'elles n'existoient pas, et qui, conséquemment, ont donné lieu à l'état où nous les observons dans chaque animal.

Pour que cela ne fût pas ainsi, il eût fallu que la nature eût créé, pour les parties des animaux, autant de formes que la diversité des circonstances dans lesquelles ils ont à vivre l'eût exigé, et que ces formes, ainsi que ces circonstances, ne variassent jamais.

Ce n'est point là certainement l'ordre de choses qui existe ; et s'il étoit réellement tel, nous n'aurions pas de chevaux coureurs de la forme de ceux qui sont en Angleterre ; nous n'aurions pas nos gros chevaux de trait, si lourds et si différens des premiers, car la nature n'en a point elle-même produit de semblables ; nous n'aurions pas, par la même raison, de chiens bassets à jambes torses, de lévriers si agiles à la course, de barbets, etc. ; nous n'aurions pas de poules sans queue, de pigeons paons, etc. ; enfin, nous pourrions cultiver les plantes sauvages, tant qu'il nous plairoit, dans le sol gras et fertile de nos jardins, sans craindre de les voir changer par une longue culture.

Depuis long-temps on a eu, à cet égard, le sentiment de ce qui est, puisqu'on a établi la *sentence* suivante, qui a passé en *proverbe*, et que tout le monde connoît : *les habitudes forment une seconde nature.*

Assurément, si les habitudes et la nature de chaque animal ne pouvoient jamais varier, le proverbe eût été faux, n'eût point eu lieu, et n'eût pu se conserver dans le cas où on l'eût proposé.

Si l'on considère sérieusement tout ce que je viens d'exposer, on sentira que j'étois fondé en raisons, lorsque dans mon ouvrage intitulé, *Recherches sur les corps vivans* (p. 50), j'ai établi la proposition suivante :

« Ce ne sont pas les organes, c'est-à-dire, la nature et la forme des parties du corps d'un animal, qui ont donné lieu à ses habitudes et à ses facultés particulières ; mais ce sont, au contraire, ses habitudes, sa manière de vivre, et les circonstances dans lesquelles se sont rencontrés les individus dont il provient, qui ont, avec le temps, constitué la forme de son corps, le nombre et l'état de ses organes, enfin, les facultés dont il jouit. »

Que l'on pèse bien cette proposition, et qu'on

y rapporte toutes les observations que la nature et l'état des choses nous mettent sans cesse dans le cas de faire ; alors son importance et sa solidité deviendront pour nous de la plus grande évidence.

Du temps et des circonstances favorables , sont, comme je l'ai déjà dit, les deux principaux moyens qu'emploie la nature pour donner l'existence à toutes ses productions : on sait que le temps n'a point de limites pour elle, et qu'en conséquence elle l'a toujours à sa disposition.

Quant aux circonstances dont elle a eu besoin et dont elle se sert encore chaque jour pour varier tout ce qu'elle continue de produire , on peut dire qu'elles sont, en quelque sorte, inépuisables pour elle.

Les principales naissent de l'influence des climats ; de celle des diverses températures de l'atmosphère et de tous les milieux environnans ; de celle de la diversité des lieux et de leur situation ; de celle des habitudes , des mouvemens les plus ordinaires, des actions les plus fréquentes ; enfin, de celle des moyens de se conserver, de la manière de vivre , de se défendre , de se multiplier , etc.

Or, par suite de ces influences diverses, les facultés s'étendent et se fortifient par l'usage, se diversifient par les nouvelles habitudes long-temps conservées, et insensiblement la conformation, la consistance, en un mot, la nature et l'état des parties, ainsi que des organes, participent des suites de toutes ces influences, se conservent et se propagent par la génération.

Ces vérités, qui ne sont que les suites des deux lois naturelles exposées ci-dessus, sont, dans tous les cas, éminemment confirmées par les faits ; elles indiquent clairement la marche de la nature dans la diversité de ses productions.

Mais au lieu de nous contenter de généralités que l'on pourroit considérer comme hypothétiques, examinons directement les faits, et considérons, dans les animaux, le produit de l'emploi ou du défaut d'usage de leurs organes sur ces organes mêmes, d'après les habitudes que chaque race a été forcée de contracter.

Or, je vais prouver que le défaut constant d'exercice à l'égard d'un organe, diminue d'abord ses facultés, l'appauvrit ensuite graduellement, et finit par le faire disparoître, ou même l'anéantir, si ce défaut d'emploi se perpétue très-longtemps de suite dans les générations successives des animaux de la même race.

Ensuite je ferai voir qu'au contraire, l'habitude d'exercer un organe, dans tout animal qui n'a point atteint le terme de la diminution de ses facultés, non-seulement perfectionne et accroît les facultés de cet organe, mais, en outre, lui fait acquérir des développemens et des dimensions qui le changent insensiblement; en sorte qu'avec le temps elle le rend fort différent du même organe considéré dans un autre animal qui l'exerce beaucoup moins.

Le défaut d'emploi d'un organe, devenu constant par les habitudes qu'on a prises, appauvrit graduellement cet organe, et finit par le faire disparoître et même l'anéantir.

Comme une pareille proposition ne sauroit être admise que sur des preuves, et non sur sa simple énonciation, essayons de la mettre en évidence par la citation des principaux faits connus qui en constatent le fondement.

Les animaux vertébrés, dont le plan d'organisation est dans tous à peu près le même, quoiqu'ils offrent beaucoup de diversité dans leurs parties, sont dans le cas d'avoir leurs mâchoires armées de *dents*; cependant ceux d'entre eux que les circonstances ont mis dans l'habitude d'avaler les objets dont ils se nourrissent, sans exécuter auparavant aucune *mastication*, se sont trouvés exposés à ce que leurs dents ne reçussent aucun développement. Alors ces dents, ou sont restées cachées entre les lames osseuses des mâchoires, sans pouvoir paroître au-dehors, ou même

même se sont trouvées anéanties jusque dans leurs élémens.

Dans la baleine, que l'on avoit cru complétement dépourvue de dents, M. *Geoffroy* les a retrouvés cachées dans les mâchoires du *fœtus* de cet animal. Ce professeur a encore retrouvé, dans les oiseaux, la rainure où les dents devoient être placées; mais on ne les y aperçoit plus.

Dans la classe même des mammifères, qui comprend les animaux les plus parfaits, et principalement ceux dont le plan d'organisation des vertèbres est exécuté le plus complétement, non-seulement la baleine n'a plus de dents à son usage, mais on y trouve aussi, dans le même cas, le fourmiller (*myrmecophaga*), dont l'habitude de n'exécuter aucune mastication s'est introduite et conservée, depuis long-temps, dans sa race.

Des yeux à la tête sont le propre d'un grand nombre d'animaux divers, et font essentiellement partie du plan d'organisation des vertébrés.

Déjà néanmoins la taupe, qui, par ses habitudes, fait très-peu d'usage de la vue, n'a que des yeux très-petits, et à peine apparens, parce qu'elle exerce très-peu cet organe.

L'*aspalax* d'Olivier (*Voyage en Egypte et en Perse*, II, pl. 28, f. 2), qui vit sous terre comme la taupe, et qui vraisemblablement s'expose encore moins qu'elle à la lumière du jour, a tota-

16

lement perdu l'usage de la vue : aussi n'offre-t-il plus que des vestiges de l'organe qui en est le siége ; et encore ces vestiges sont tout-à-fait cachés sous la peau et sous quelques autres parties qui les recouvrent, et ne laissent plus le moindre accès à la lumière.

Le *protée*, reptile aquatique, voisin des salamandres par ses rapports, et qui habite dans des cavités profondes et obscures qui sont sous les eaux, n'a plus, comme l'*aspalax*, que des vestiges de l'organe de la vue ; vestiges qui sont couverts et cachés de la même manière.

Voici une considération décisive, relativement à la question que j'agite actuellement.

La lumière ne pénètre point partout ; conséquemment, les animaux qui vivent habituellement dans les lieux où elle n'arrive pas, manquent d'occasion d'exercer l'organe de la vue, si la nature les en a munis. Or, les animaux qui font partie d'un plan d'organisation, dans lequel les *yeux* entrent nécessairement, en ont dû avoir dans leur origine. Cependant, puisqu'on en trouve parmi eux qui sont privés de l'usage de cet organe, et qui n'en ont plus que des vestiges cachés et recouverts, il devient évident que l'appauvrissement et la disparition même de l'organe dont il s'agit, sont les résultats, pour cet organe, d'un défaut constant d'exercice.

Ce qui le prouve, c'est que l'organe de l'*ouïe* n'est jamais dans ce cas, et qu'on le trouve toujours dans les animaux où la nature de leur organisation doit le faire exister : en voici la raison.

La *matière du son* (1), celle qui, mue par

---

(1) Les physiciens pensent ou disent encore que l'*air atmosphérique* est la matière propre du son, c'est-à-dire, que c'est celle qui, mue par les chocs ou les vibrations des corps, transmet à l'organe de l'ouïe l'impression des ébranlemens qu'elle a reçus.

C'est une erreur qu'attestent quantité de faits connus, qui prouvent qu'il est impossible à l'air de pénétrer partout où la matière qui produit le son pénètre réellement.

Voyez mon Mémoire sur la *matière du son*, imprimé à la fin de mon *Hydrogéologie*, p. 225, dans lequel j'ai établi les preuves de cette erreur.

On a fait, depuis l'impression de mon Mémoire, que l'on s'est bien gardé de citer, de grands efforts pour faire cadrer la vitesse connue de la propagation du son dans l'air, avec la mollesse des parties de l'air qui rend la propagation de ses oscillations trop lente pour égaler cette vitesse. Or, comme l'air, dans ses oscillations, éprouve nécessairement des compressions et des dilatations successives dans les parties de sa masse, on a employé le produit du calorique exprimé dans les compressions subites de l'air, et celui du calorique absorbé dans les raréfactions de ce fluide. Ainsi, à l'aide des effets de ces produits et de leur quantité, déterminés par des suppositions appropriées, les géomètres rendent maintenant raison de la vitesse avec laquelle le *son* se propage le choc ou les vibrations des corps, transmet à l'organe de l'ouïe l'impression qu'elle en a reçue, pénètre partout, traverse tous les milieux, et même la masse des corps les plus denses : il en résulte que tout animal qui fait partie d'un plan d'organisation dans lequel l'*ouïe* entre essentiellement, a toujours occasion d'exercer cet organe dans quelque lieu qu'il habite. Aussi, parmi les *animaux vertébrés*, n'en voit-on aucun qui soit privé de l'organe de l'ouïe; et après eux, lorsque le même organe manque, on ne le retrouve plus ensuite dans aucun des animaux des classes postérieures.

Il n'en est pas ainsi de l'organe de la vue; car on voit cet organe disparoître, reparoître et disparoître encore, à raison, pour l'animal, de la possibilité ou de l'impossibilité de l'exercer.

---

dans l'air. Mais cela ne répond nullement aux faits qui constatent que le *son* se propage à travers des corps que l'air ne sauroit traverser ni ébranler dans leurs parties.

En effet, la supposition de la vibration des plus petites parties des corps solides; vibration très-douteuse et qui ne peut se propager que dans des corps homogènes et de même densité, et non s'étendre d'un corps dense dans un corps rare, ni de celui-ci dans un autre très-dense; ne sauroit répondre au fait bien connu de la propagation du son à travers des corps hétérogènes et de densités, ainsi que de natures très-différentes.

Dans les *mollusques acéphalés*, le grand développement du manteau de ces mollusques eût
rendu leurs yeux et même leur tête tout-à-fait
inutiles. Ces organes, quoique faisant partie d'un
plan d'organisation qui doit les comprendre, ont
donc dû disparoître et s'anéantir par un défaut
constant d'usage.

Enfin, il entroit dans le plan d'organisation
des *reptiles*, comme des autres animaux vertébrés, d'avoir quatre pattes dépendantes de leur
squelette. Les serpens devroient conséquemment
en avoir quatre, d'autant plus qu'ils ne constituent point le dernier ordre des reptiles, et
qu'ils sont moins voisins des poissons que les batraciens (les grenouilles, les salamandres, etc.)

Cependant les serpens ayant pris l'habitude de
ramper sur la terre, et de se cacher sous les herbes, leur corps, par suite d'efforts toujours répétés pour s'allonger, afin de passer dans des espaces étroits, a acquis une longueur considérable
et nullement proportionnée à sa grosseur. Or,
des pattes eussent été très-inutiles à ces animaux,
et conséquemment sans emploi : car des pattes
allongées eussent été nuisibles à leur besoin de
ramper, et des pattes très-courtes, ne pouvant
être qu'au nombre de quatre, eussent été incapables de mouvoir leur corps. Ainsi le défaut
d'emploi de ces parties ayant été constant dans

les races de ces animaux, a fait disparoître totalement ces mêmes parties, quoiqu'elles fussent réellement dans le plan d'organisation des animaux de leur classe.

Beaucoup d'insectes qui, par le caractère naturel de leur ordre, et même de leur genre, devroient avoir des ailes, en manquent plus ou moins complétement, par défaut d'emploi. Quantité de coléoptères, d'orthoptères, d'hyménoptères et d'hémiptères, etc., en offrent des exemples; les habitudes de ces animaux ne les mettant jamais dans le cas de faire usage de leurs ailes.

Mais il ne suffit pas de donner l'explication de la cause qui a amené l'état des organes des différens animaux; état que l'on voit toujours le même dans ceux de même espèce; il faut, en outre, faire voir des changemens d'état opérés dans les organes d'un même individu pendant sa vie, par le seul produit d'une grande mutation dans les habitudes particulières aux individus de son espèce. Le fait suivant, qui est des plus remarquables, achevera de prouver l'influence des habitudes sur l'état des organes, et combien des changemens soutenus dans les habitudes d'un individu, en amènent dans l'état des organes qui entrent en action pendant l'exercice de ces habitudes.

M. Tenon, membre de l'Institut, a fait part à la Classe des Sciences, qu'ayant examiné le canal intestinal de plusieurs hommes qui avoient été buveurs passionnés pendant une grande partie de leur vie, il l'avoit constamment trouvé raccourci d'une quantité extraordinaire, comparativement au même organe de tous ceux qui n'ont pas pris une pareille habitude.

On sait que les grands buveurs, ou ceux qui se sont adonnés à l'ivrognerie, prennent très-peu d'alimens solides, qu'ils ne mangent presque point, et que la boisson qu'ils prennent en abondance et fréquemment, suffit pour les nourrir.

Or, comme les alimens fluides, surtout les boissons spiritueuses, ne séjournent pas long-temps, soit dans l'estomac, soit dans les intestins, l'estomac et le reste du canal intestinal perdent l'habitude d'être distendus dans les buveurs, ainsi que dans les personnes sédentaires et continuellement appliquées aux travaux d'esprit, qui se sont habituées à ne prendre que très-peu d'alimens. Peu à peu, et à la longue, leur estomac s'est resserré, et leurs intestins se sont raccourcis.

Il ne s'agit point ici de rétrécissement et de raccourcissement opérés par un froncement des parties, qui en permettroit l'extension ordinaire, si, au lieu d'une vacuité maintenue, ces viscères venoient à être remplis; mais il est question de rétrécissement et de raccourcissement réels, considérables, et tels que ces organes romproient plutôt que de céder subitement à des causes qui exigeroient l'extension ordinaire.

A circonstances d'âge tout-à-fait égales, comparez un homme qui, pour s'être livré à des études et des travaux d'esprit habituels qui ont rendu ses digestions plus difficiles, a contracté l'habitude de manger très-peu, avec un autre qui fait habituellement beaucoup d'exercice, sort souvent de chez lui, et mange bien; l'estomac du premier n'aura presque plus de facultés, et une très-petite quantité d'alimens le remplira, tandis que celui du second aura conservé et même augmenté les siennes.

Voilà donc un organe fortement modifié dans ses dimensions et ses facultés par l'unique cause d'un changement dans les habitudes, pendant la vie de l'individu.

L'emploi fréquent d'un organe devenu constant par les habitudes, augmente les facultés de cet organe, le développe lui-même, et lui fait acquérir des dimensions et une force d'action qu'il n'a point dans les animaux qui l'exercent moins.

L'on vient de voir que le défaut d'emploi d'un organe qui devroit exister, le modifie, l'appauvrit, et finit par l'anéantir.

Je vais maintenant démontrer que l'emploi continuel d'un organe, avec des efforts faits pour en tirer un grand parti dans des circonstances qui l'exigent, fortifie, étend et agrandit cet organe, ou en crée de nouveaux qui peuvent exercer des fonctions devenues nécessaires.

L'oiseau, que le besoin attire sur l'eau pour y trouver la proie qui le fait vivre, écarte les doigts de ses pieds lorsqu'il veut frapper l'eau et se mouvoir à sa surface. La peau qui unit ces doigts à leur base, contracte, par ces écartemens des doigts sans cesse répétés, l'habitude de s'étendre; ainsi, avec le temps, les larges membranes qui unissent les doigts des canards, des oies, etc., se sont formées telles que nous les voyons. Les mêmes efforts faits pour nager, c'est-à-dire, pour pousser l'eau, afin d'avancer et de se mouvoir dans ce liquide, ont étendu de même les membranes qui sont entre les doigts des grenouilles, des tortues de mer, de la loutre, du castor, etc.

Au contraire, l'oiseau, que sa manière de vivre habitue à se poser sur les arbres, et qui provient d'individus qui avoient tous contracté cette habitude, a nécessairement les doigts des pieds plus allongés et conformés d'une autre manière que ceux des animaux aquatiques que je viens de citer. Ses ongles, avec le temps, se sont allongés, aiguisés et courbés en crochet, pour embrasser les rameaux sur lesquels l'animal se repose si souvent.

De même l'on sent que l'oiseau de rivage, qui ne se plaît point à nager, et qui cependant a besoin de s'approcher des bords de l'eau pour y trouver sa proie, est continuellement exposé à s'enfoncer dans la vase. Or, cet oiseau, voulant faire en sorte que son corps ne plonge pas dans le liquide, fait tous ses efforts pour étendre et allonger ses pieds. Il en résulte que la longue habitude que cet oiseau et tous ceux de sa race contractent d'étendre et d'allonger continuellement leurs pieds, fait que les individus de cette race se trouvent élevés comme sur des échasses, ayant obtenu peu à peu de longues pattes nues, c'est-à-dire, dénuées de plumes jusqu'aux cuisses, et souvent au delà. *Système des Animaux sans vertèbres*, p. 14.

L'on sent encore que le même oiseau voulant pêcher sans mouiller son corps, est obligé de faire de continuels efforts pour allonger son cou. Or, les suites de ces efforts habituels dans cet individu et dans ceux de sa race, ont dû, avec le temps, allonger le leur singulièrement; ce qui est, en effet, constaté par le long cou de tous les oiseaux de rivage.

Si quelques oiseaux nageurs, comme le cygne

et l'oie, et dont les pattes sont courtes, ont néanmoins un cou fort allongé, c'est que ces oiseaux,
en se promenant sur l'eau, ont l'habitude de
plonger leur tête dedans aussi profondément
qu'ils peuvent, pour y prendre des larves aquatiques et différens animalcules dont ils se nourrissent, et qu'ils ne font aucun effort pour allonger leurs pattes.

Qu'un animal, pour satisfaire à ses besoins,
fasse des efforts répétés pour allonger sa langue,
elle acquerra une longueur considérable (le fourmiller, le pic-verd); qu'il ait besoin de saisir
quelque chose avec ce même organe, alors sa
langue se divisera et deviendra fourchue. Celle
des oiseaux-mouches, qui saisissent avec leur
langue, et celle des lézards et des serpens, qui
se servent de la leur pour palper et reconnoître
les corps qui sont devant eux, sont des preuves
de ce que j'avance.

Les besoins, toujours occasionnés par les circonstances, et ensuite les efforts soutenus pour y
satisfaire, ne sont pas bornés, dans leurs résultats, à modifier, c'est-à-dire, à augmenter ou diminuer l'étendue et les facultés des organes; mais ils
parviennent aussi à déplacer ces mêmes organes,
lorsque certains de ces besoins en font une nécessité.

Les poissons, qui nagent habituellement dans

de grandes masses d'eau, ayant besoin de voir latéralement, ont, en effet, leurs yeux placés sur les côtés de la tête. Leur corps, plus ou moins aplati, suivant les espèces, a ses tranchans perpendiculaires au plan des eaux, et leurs yeux sont placés de manière qu'il y a un œil de chaque côté aplati. Mais ceux des poissons que leurs habitudes mettent dans la nécessité de s'approcher sans cesse des rivages, et particulièrement des rives peu inclinées ou à pentes douces, ont été forcés de nager sur leurs faces aplaties, afin de pouvoir s'approcher plus près des bords de l'eau. Dans cette situation, recevant plus de lumière en dessus qu'en dessous, et ayant un besoin particulier d'être toujours attentifs à ce qui se trouve au-dessus d'eux, ce besoin a forcé un de leurs yeux de subir une espèce de déplacement, et de prendre la situation très-singulière que l'on connoît aux yeux des *soles*, des *turbots*, des *limandes*, etc. (des pleuronectes et des achires). La situation de ces yeux n'est plus symétrique, parce qu'elle résulte d'une mutation incomplète. Or, cette mutation est entièrement terminée dans les *raies*, où l'aplatissement transversal du corps est tout-à-fait horizontal, ainsi que la tête. Aussi les yeux des raies, placés tous deux dans la face supérieure, sont redevenus symétriques.

Les serpens, qui rampent à la surface de la terre, avoient besoin de voir principalement les objets élevés, ou qui sont au-dessus d'eux. Ce besoin a dû influer sur la situation de l'organe de la vue de ces animaux; et, en effet, ils ont les yeux placés dans les parties latérales et supérieures de la tête, de manière à apercevoir facilement ce qui est au-dessus d'eux ou à leurs côtés; mais ils ne voient presque pas ce qui est devant eux à une très-petite distance. Cependant, forcés de suppléer au défaut de la vue pour connoître les corps qui sont devant leur tête, et qui pourroient les blesser en s'avançant, ils n'ont pu palper ces corps qu'à l'aide de leur langue, qu'ils sont obligés d'allonger de toutes leurs forces. Cette habitude a non-seulement contribué à rendre cette langue grêle, très-longue et très-contractile, mais encore l'a forcée de se diviser dans le plus grand nombre des espèces, pour palper plusieurs objets à la fois; elle leur a même permis de se former une ouverture à l'extrémité de leur museau, pour passer leur langue sans être obligés d'écarter leurs mâchoires.

Rien de plus remarquable que le produit des habitudes dans les mammifères herbivores.

Le quadrupède, à qui les circonstances et les besoins qu'elles ont amenés, ont donné, depuis long-temps, ainsi qu'à ceux de sa race, l'habitude

de brouter l'herbe, ne marche que sur la terre,
et se trouve obligé d'y rester sur ses quatre pieds
la plus grande partie de sa vie, n'y exécutant,
en général, que peu de mouvement, ou que des
mouvemens médiocres. Le temps considérable
que cette sorte d'animal est forcé d'employer,
chaque jour, pour se remplir du seul genre d'ali-
ment dont il fait usage, fait qu'il s'exerce peu
au mouvement, qu'il n'emploie ses pieds qu'à le
soutenir sur la terré, pour marcher ou courir,
et qu'il ne s'en sert jamais pour s'accrocher et
grimper sur les arbres.

De cette habitude de consommer, tous les
jours, de gros volumes de matières alimentaires
qui distendent les organes qui les reçoivent, et
de celle de ne faire que des mouvemens médiocres, il est résulté que le corps de ces animaux
s'est considérablement épaissi, est devenu lourd
et comme massif, et a acquis un très-grand volume, comme on le voit dans les éléphans, rhi-
nocéros, bœufs, buffles, chevaux, etc.

L'habitude de rester debout sur leurs quatre
pieds pendant la plus grande partie du jour, pour
brouter, a fait naître une corne épaisse qui enveloppe l'extrémité des doigts de leurs pieds; et
comme ces doigts sont restés sans être exercés à
aucun mouvement, et qu'ils n'ont servi à aucun
autre usage qu'à les soutenir, ainsi que le reste

du pied, la plupart d'entre eux se sont raccourcis, se sont effacés, et même ont fini par disparoître. Ainsi, dans les *pachidermes*, les uns ont
aux pieds cinq doigts enveloppés de corne, et,
par conséquent, leur sabot est divisé en cinq
parties; d'autres n'en ont que quatre, et d'autres
encore en ont seulement trois. Mais dans les *ruminans*, qui paroissent être les plus anciens des mammifères qui se soient bornés à ne se soutenir que
sur la terre, il n'y a plus que deux doigts aux
pieds, et même il ne s'en trouve qu'un seul dans
les *solipèdes* (le cheval, l'âne).

Cependant, parmi ces animaux herbivores, et
particulièrement parmi les *ruminans*, il s'en
trouve qui, par les circonstances des pays déserts qu'ils habitent, sont sans cesse exposés à
être la proie des animaux carnassiers, et ne peuvent trouver de salut que dans des fuites préci-
pitées. La nécessité les a donc forcés de s'exercer à des courses rapides; et de l'habitude qu'ils
en ont prise, leur corps est devenu plus svelte
et leurs jambes beaucoup plus fines : on en voit
des exemples dans les antilopes, les gazelles, etc.

D'autres dangers, dans nos climats, exposant
continuellement les cerfs, les chevreuils, les
daims, à périr par les chasses que l'homme fait
à ces animaux, les a réduits à la même nécessité,
les a contraints à des habitudes semblables, et

a donné lieu aux mêmes produits à leur égard.

Les animaux ruminans ne pouvant employer leurs pieds qu'à les soutenir, et ayant peu de force dans leurs mâchoires, qui ne sont exercées qu'à couper et broyer l'herbe, ne peuvent se battre qu'à coups de tête, en dirigeant l'un contre l'autre le *vertex* de cette partie.

Dans leurs accès de colère, qui sont fréquens, surtout entre les mâles, leur sentiment intérieur, par ses efforts, dirige plus fortement les fluides vers cette partie de leur tête, et il s'y fait une sécrétion de matière cornée dans les uns, et de matière osseuse mélangée de matière cornée dans les autres, qui donne lieu à des protubérances solides : de là l'origine des cornes et des bois, dont la plupart de ces animaux ont la tête armée.

Relativement aux habitudes, il est curieux d'en observer le produit dans la forme particulière et la taille de la girafe (*camelo-pardalis*) : on sait que cet animal, le plus grand des mammifères, habite l'intérieur de l'Afrique, et qu'il vit dans des lieux où la terre, presque toujours aride et sans herbage, l'oblige de brouter le feuillage des arbres, et de s'efforcer continuellement d'y atteindre. Il est résulté de cette habitude, soutenue, depuis long-temps, dans tous les individus de sa race, que ses jambes de devant sont devenues plus longues que celles de derrière, et que son

son col s'est tellement allongé, que la giraffe , sans
se dresser sur les jambes de derrière , élève sa
tête et atteint à six mètres de hauteur (près de
vingt pieds).

Parmi les oiseaux, les autruches, privées de
la faculté de voler , et élevées sur des jambes très-
hautes , doivent vraisemblablement leur conformation singulière à des circonstances analogues.

Le produit des habitudes est tout aussi remarquable dans les mammifères carnassiers, qu'il l'est
dans les herbivores ; mais il présente des effets
d'un autre genre.

En effet, ceux de ces mammifères qui se sont
habitués, ainsi que leur race, soit à grimper, soit
à gratter pour creuser la terre, soit à déchirer
pour attaquer et mettre à mort les autres animaux dont ils font leur proie, ont eu besoin de
se servir des doigts de leurs pieds : or, cette habitude a favorisé la séparation de leurs doigts,
et leur a formé les griffes dont nous les voyons
armés.

Mais, parmi les carnassiers, il s'en trouve qui
sont obligés d'employer la course pour attraper
leur proie : or, celui de ces animaux que le besoin, et conséquemment que l'habitude de déchirer avec ses griffes, ont mis dans le cas, tous
les jours, de les enfoncer profondément dans le
corps d'un autre animal, afin de s'y accrocher,

et ensuite de faire effort pour arracher la partie saisie, a dû, par ces efforts répétés, procurer à ces griffes une grandeur et une courbure qui l'eussent ensuite beaucoup gêné pour marcher ou courir sur les sols pierreux : il est arrivé, dans ce cas, que l'animal a été obligé de faire d'autres efforts pour retirer en arrière ces griffes trop saillantes et crochues qui le gênoient ; et il en est résulté, petit à petit, la formation de ces gaînes particulières, dans lesquelles les *chats*, les *tigres*, les *lions*, etc., retirent leurs griffes lorsqu'ils ne s'en servent point.

Ainsi, les efforts, dans un sens quelconque, long-temps soutenus ou habituellement faits par certaines parties d'un corps vivant, pour satis-faire des besoins exigés par la nature ou par les circonstances, étendent ces parties, et leur font acquérir des dimensions et une forme qu'elles n'eussent jamais obtenues, si ces efforts ne fussent point devenus l'action habituelle des animaux qui les ont exercés. Les observations faites sur tous les animaux connus, en fournissent partout des exemples.

En peut-on un plus frappant que celui que nous offre le *kanguroo* ? Cet animal, qui porte ses petits dans la poche qu'il a sous l'abdomen, a pris l'habitude de se tenir comme debout, posé seulement sur ses pieds de derrière et sur sa

queue, et de ne se déplacer qu'à l'aide d'une
suite de sauts, dans lesquels il conserve son attitude redressée pour ne point gêner ses petits.
Voici ce qui en est résulté :

1°. Ses jambes de devant, dont il fait très-peu
d'usage, et sur lesquelles il s'appuie seulement dans
l'instant où il quitte son attitude redressée, n'ont
jamais pris de développement proportionné à
celui des autres parties, et sont restées maigres,
très-petites et presque sans force ;

2°. Les jambes de derrière, presque continuellement en action, soit pour soutenir tout le corps,
soit pour exécuter les sauts, ont, au contraire,
obtenu un développement considérable, et sont
devenues très-grandes et très-fortes ;

3°. Enfin, la queue, que nous voyons ici fortement employée au soutien de l'animal, et à
l'exécution de ses principaux mouvemens, a acquis dans sa base une épaisseur et une force extrêmement remarquables.

Ces faits très-connus sont assurément bien propres à prouver ce qui résulte de l'usage habituel
pour les animaux d'un organe ou d'une partie
quelconque ; et si, lorsqu'on observe, dans un
animal, un organe particulièrement développé,
fort et puissant, l'on prétend que son exercice
habituel ne lui a rien fait obtenir, que son défaut soutenu d'emploi ne lui feroit rien perdre,

et qu'enfin cet organe a toujours été tel depuis la création de l'espèce à laquelle cet animal appartient; je demanderai pourquoi nos canards domestiques ne peuvent plus voler comme les canards sauvages; en un mot, je citerai une multitude d'exemples à notre égard, qui attestent les différences résultées pour nous de l'exercice ou du défaut d'exercice de tel de nos organes, quoique ces différences ne se soient pas maintenues dans les individus qui se succèdent par la génération, car alors leurs produits seroient encore bien plus considérables.

Je ferai voir dans la seconde partie, que, lorsque la volonté détermine un animal à une action quelconque, les organes qui doivent exécuter cette action y sont aussitôt provoqués par l'affluence de fluides subtils (du fluide nerveux) qui y deviennent la cause déterminante des mouvemens qu'exige l'action dont il s'agit. Une multitude d'observations constatent ce fait, qu'on ne sauroit maintenant révoquer en doute.

Il en résulte que des répétitions multipliées de ces actes d'organisation fortifient, étendent, développent, et même créent les organes qui y sont nécessaires. Il ne faut qu'observer attentivement ce qui se passe partout à cet égard, pour se convaincre du fondement de cette cause des développemens et des changemens organiques.

Or, tout changement acquis dans un organe par une habitude d'emploi suffisante pour l'avoir opéré, se conserve ensuite par la génération, s'il est commun aux individus qui, dans la fécondation, concourent ensemble à la reproduction de leur espèce. Enfin, ce changement se propage, et passe ainsi dans tous les individus qui se succèdent et qui sont soumis aux mêmes circonstances, sans qu'ils aient été obligés de l'acquérir par la voie qui l'a réellement créé.

Au reste, dans les réunions reproductives, les mélanges entre des individus qui ont des qualités ou des formes différentes, s'opposent nécessairement à la propagation constante de ces qualités et de ces formes. Voilà ce qui empêche que dans l'homme, qui est soumis à tant de circonstances diverses qui influent sur lui, les qualités ou les défectuosités accidentelles qu'il a été dans le cas d'acquérir se conservent et se propagent par la génération. Si, lorsque des particularités de forme ou des défectuosités quelconques se trouvent acquises, deux individus, dans ce cas, s'unissoient toujours ensemble, ils reproduiroient les mêmes particularités, et des générations successives se bornant dans de pareilles unions, une race particulière et distincte en seroit alors formée. Mais des mélanges perpétuels entre des individus qui n'ont pas les mêmes particularités de

forme, font disparoître toutes les particularités
acquises par des circonstances particulières. De
là on peut assurer que si des distances d'habitation ne séparoient pas les hommes, les mélanges
pour la génération feroient disparoître les caractères généraux qui distinguent les différentes na-
tions.

Si je voulois ici passer en revue toutes les
classes, tous les ordres, tous les genres, et toutes
les espèces des animaux qui existent, je pour-
rois faire voir que la conformation des individus
et de leurs parties, que leurs organes, leurs facultés, etc., etc., sont partout uniquement le résultat des circonstances dans lesquelles chaque
espèce s'est trouvée assujettie par la nature, et
des habitudes que les individus qui la composent
ont été obligés de contracter, et qu'ils ne sont
pas le produit d'une forme primitivement exis-
tante, qui a forcé les animaux aux habitudes qu'on
leur connoît.

On sait que l'animal qu'on nomme l'*aï*, ou le
paresseux (*bradypus tridactylus*), est constamment dans un état de foiblesse si considérable,
qu'il n'exécute que des mouvemens très-lents et
très-bornés, et qu'il marche difficilement sur la
terre. Ses mouvemens sont si lents, qu'on prétend
qu'il ne peut faire qu'une cinquantaine de pas en
une journée. On sait encore que l'organisation de

cet animal est tout-à-fait en rapport avec son état
de foiblesse ou son inaptitude à marcher; et que
s'il vouloit faire des mouvemens autres que ceux
qu'on lui voit exécuter, il ne le pourroit pas.

De là, supposant que cet animal avoit reçu de
la nature l'organisation qu'on lui connoît, on a
dit que cette organisation le forçoit à ses habitudes et à l'état misérable où il se trouve.

Je suis bien éloigné de penser ainsi; car je
suis convaincu que les habitudes que les individus de la race de l'aï ont été forcés de contracter originairement, ont dû nécessairement amener leur organisation à son état actuel.

Que des dangers continuels aient autrefois portés
les individus de cette espèce à se réfugier sur les
arbres, à y demeurer habituellement, et à s'y
nourrir de leurs feuilles; il est évident qu'alors
ils auront dû se priver d'une multitude de mouvemens que les animaux qui vivent sur la terre
sont dans le cas d'exécuter. Tous les besoins de
l'*aï* se seront donc réduits à s'accrocher aux
branches, à y ramper ou s'y traîner pour atteindre les feuilles, et ensuite à rester sur l'arbre
dans une espèce d'inaction, afin d'éviter de tom-
ber. D'ailleurs, cette sorte d'inaction aura été
provoquée sans cesse par la chaleur du climat;
car pour les animaux à sang chaud, les chaleurs
invitent plus au repos qu'au mouvement.

Or, pendant une longue suite de temps, les individus de la race de l'*aï* ayant conservé l'habitude de rester sur les arbres, et de n'y faire que des mouvemens lents et peu variés qui pouvoient suffire à leurs besoins, leur organisation peu à peu se sera mise en rapport avec leurs nouvelles habitudes, et en cela il sera résulté :

1°. Que les bras de ces animaux faisant de continuels efforts pour embrasser facilement les branches d'arbres, se seront allongés;

2°. Que les ongles de leurs doigts auront acquis beaucoup de longueur et une forme crochue, par les efforts soutenus de l'animal pour se cramponner ;

3°. Que leurs doigts n'étant jamais exercés à des mouvemens particuliers, auront perdu toute mobilité entre eux, se seront réunis, et n'auront conservé que la faculté de se fléchir, ou de se redresser tous ensemble;

4°. Que leurs cuisses embrassant continuellement, soit le tronc, soit les grosses branches des arbres, auront contracté un écartement habituel qui aura contribué à élargir le bassin et à diriger en arrière les cavités cotyloïdes;

5°. Enfin, qu'un grand nombre de leurs os se seront soudés, et qu'ainsi plusieurs parties de leur squelette auront pris une disposition et une figure conformes aux habitudes de ces animaux, et contraires à celles qu'il leur faudroit avoir pour d'autres habitudes.

Voilà ce qu'on ne pourra jamais contester, parce qu'en effet, la nature, dans mille autres occasions, nous montre, dans le pouvoir des circonstances sur les habitudes, et dans celui des habitudes sur les formes, les dispositions et les proportions des parties des animaux, des faits constamment analogues.

Un plus grand nombre de citations n'étant nullement nécessaire, voici maintenant à quoi se réduit le point de la discussion.

Le fait est que les divers animaux ont chacun, suivant leur genre et leur espèce, des habitudes particulières, et toujours une organisation qui se trouve parfaitement en rapport avec ces habitudes.

De la considération de ce fait, il semble qu'on soit libre d'admettre, soit l'une, soit l'autre des deux conclusions suivantes, et qu'aucune d'elles ne puisse être prouvée.

Conclusion admise jusqu'à ce jour : la nature (ou son Auteur), en créant les animaux, a prévu toutes les sortes possibles de circonstances dans lesquelles ils auroient à vivre, et a donné à chaque espèce une organisation constante, ainsi qu'une forme déterminée et invariable dans ses parties, qui forcent chaque espèce à vivre dans les lieux et les climats où on la trouve, et à y conserver les habitudes qu'on lui connoît.

Ma *conclusion particulière* : la nature, en produisant successivement toutes les espèces d'animaux, et commençant par les plus imparfaits ou les plus simples, pour terminer son ouvrage par les plus parfaits, a compliqué graduellement leur organisation ; et ces animaux se répandant généralement dans toutes les régions habitables du globe, chaque espèce a reçu de l'influence des circonstances dans lesquelles elle s'est rencontrée, les habitudes que nous lui connoissons et les modifications dans ses parties que l'observation nous montre en elle.

La première de ces deux conclusions est celle qu'on a tirée jusqu'à présent, c'est-à-dire, que c'est à peu près celle de tout le monde : elle suppose, dans chaque animal, une organisation constante, et des parties qui n'ont jamais varié et qui ne varient jamais ; elle suppose encore que les circonstances des lieux qu'habite chaque espèce d'animal ne varient jamais dans ces lieux ; car si elles varioient, les mêmes animaux n'y pourroient plus vivre, et la possibilité d'en retrouver ailleurs de semblables, et de s'y transporter, pourroit leur être interdite.

La seconde conclusion est la mienne propre : elle suppose que, par l'influence des circonstances sur les habitudes, et qu'ensuite par celle des ha-

bitudes sur l'état des parties, et même sur celui
de l'organisation, chaque animal peut recevoir
dans ses parties et son organisation, des modifications susceptibles de devenir très-considérables, et d'avoir donné lieu à l'état où nous trouvons tous les animaux.

Pour établir que cette seconde conclusion est
sans fondement, il faut d'abord prouver que chaque point de la surface du globe ne varie jamais
dans sa nature, son exposition, sa situation éle-
vée ou enfoncée, son climat, etc., etc. ; et prouver ensuite qu'aucune partie des animaux ne subit, même à la suite de beaucoup de temps,
aucune modification par le changement des circonstances, et par la nécessité qui les contraint à
un autre genre de vie et d'action que celui qui
leur étoit habituel.

Or, si un seul fait constate qu'un animal depuis long-temps en domesticité, diffère de l'espèce sauvage dont il est provenu, et si, parmi
telle espèce en domesticité, l'on trouve une
grande différence de conformation entre les individus que l'on a soumis à telle habitude, et
ceux que l'on a contraints à des habitudes différentes, alors il sera certain que la première conclusion n'est point conforme aux lois de la nature, et qu'au contraire, la seconde est parfaitement d'accord avec elles.

Tout concourt donc à prouver mon assertion; savoir : que ce n'est point la forme , soit du corps, soit de ses parties, qui donne lieu aux habitudes et à la manière de vivre des animaux ; mais que ce sont, au contraire , les habitudes, la manière de vivre , et toutes les autres circonstances influentes qui ont , avec le temps , constitué la forme du corps et des parties des animaux. Avec de nouvelles formes, de nouvelles facultés ont été acquises , et peu à peu la nature est parvenue à former les animaux tels que nous les voyons actuellement.

Peut-il y avoir , en histoire naturelle , une considération plus importante , et à laquelle on doive donner plus d'attention que celle que je viens d'exposer ?

Terminons cette première partie par les principes et l'exposition de l'ordre naturel des animaux.

CHAPITRE VIII.

De l'Ordre naturel des Animaux et de la disposition qu'il faut donner à leur distribution générale pour la rendre conforme à l'ordre même de la nature.

J'AI déjà fait remarquer (chap. V) que le but essentiel d'une distribution des animaux ne doit pas se borner, de notre part, à la possession d'une liste de classes, de genres et d'espèces ; mais que cette distribution doit en même temps offrir, par sa disposition, le moyen le plus favorable à l'étude de la nature, et celui qui est le plus propre à nous faire connoître sa marche, ses moyens et ses lois.

Cependant, je ne crains pas de le dire, nos distributions générales des animaux ont reçu, jusqu'à présent, une disposition inverse de l'ordre même qu'a suivi la nature en donnant successivement l'existence à ses productions vivantes ; ainsi, en procédant, selon l'usage, du plus composé vers le plus simple, nous rendons la connoissance des progrès dans la composition de l'organisation plus difficile à saisir, et nous nous mettons dans le cas d'apercevoir moins facilement, soit les causes de ces progrès, soit celles qui les interrompent çà et là.

Lorsqu'on reconnoît qu'une chose est utile, qu'elle est même indispensable pour le but qu'on se propose, et qu'elle n'a point d'inconvénient, on doit se hâter de l'exécuter, quoiqu'elle soit contraire à l'usage.

Tel est le cas relatif à la *disposition* qu'il faut donner à la *distribution générale* des animaux.

Aussi nous allons voir qu'il n'est point du tout indifférent de commencer cette distribution générale des animaux par telle ou telle de ses extrémités, et que celle qui doit être au commencement de l'ordre ne peut être à notre choix.

L'usage qui s'est introduit, et que l'on a suivi jusqu'à ce jour, de mettre en tête du règne animal les animaux les plus parfaits, et de terminer ce règne par les plus imparfaits et les plus simples en organisation, doit son origine, d'une part, à ce penchant qui nous fait toujours donner la préférence aux objets qui nous frappent, nous plaisent ou nous intéressent le plus; et de l'autre part, à ce que l'on a préféré de passer du plus connu en s'avançant vers ce qui l'est le moins.

Dans les temps où l'on a commencé à s'occuper de l'étude de l'histoire naturelle, ces considérations étoient, sans doute, alors très-plausibles ; mais elles doivent céder maintenant aux

besoins de la science et particulièrement à ceux
de faciliter nos progrès dans la connoissance de
la nature.

Relativement aux animaux si nombreux et si
diversifiés, que la nature est parvenue à produire, si nous ne pouvons nous flatter de connoître
exactement le véritable ordre qu'elle a suivi en
leur donnant successivement l'existence, celui
que je vais exposer est probablement très-rappro-
ché du sien : la raison et toutes les connoissances
acquises déposent en faveur de cette probabilité.

En effet, s'il est vrai que tous les corps vivans
soient des productions de la nature , on ne peut
se refuser à croire qu'elle n'a pu les produire
que successivement, et non tous à la fois dans
un temps sans durée ; or , si elle les a formés
successivement, il y a lieu de penser que c'est
uniquement par les plus simples qu'elle a commencé, n'ayant produit qu'en dernier lieu les
organisations les plus composées , soit du règne
animal, soit du règne végétal.

Les botanistes ont les premiers donné l'exemple aux zoologistes de la véritable disposition
à donner à une distribution générale pour représenter l'ordre même de la nature ; car c'est
avec des plantes *acotylédones* ou *agames* qu'ils
forment la première classe parmi les végétaux ,
c'est-à-dire, avec les plantes les plus simples en

organisation, les plus imparfaites à tous égards, en un mot, avec celles qui n'ont point de cotylédons, point de sexe déterminable, point de vaisseaux dans leur tissu, et qui ne sont, en effet, composées que de *tissu cellulaire* plus ou moins modifié, selon diverses expansions.

Ce que les botanistes ont fait à l'égard des végétaux, nous devons enfin le faire relativement au règne animal ; non-seulement nous devons le faire, parce que c'est la nature même qui l'indique, parce que la raison le veut, mais en outre parce que l'ordre naturel des classes, d'après la complication croissante de l'organisation, est beaucoup plus facile à déterminer parmi les animaux qu'il ne l'est à l'égard des plantes.

En même temps que cet ordre représentera mieux celui de la nature, il rendra l'étude des objets beaucoup plus facile, fera mieux connoître l'organisation des animaux, les progrès de sa composition de classe en classe, et montrera mieux encore les rapports qui se trouvent entre les différens degrés de composition de l'organisation animale, et les différences extérieures que nous employons le plus souvent pour caractériser les classes, les ordres, les familles, les genres et les espèces.

J'ajoute à ces deux considérations, dont le fondement ne peut être solidemment contesté, que

si

si la nature, qui n'a pu rendre un corps organisé toujours subsistant, n'avoit pas eu les moyens de donner à ce corps la faculté de reproduire lui-même d'autres individus qui lui ressemblent, qui le remplacent, et qui perpétuent sa race par la même voie; elle eût été forcée de créer directement toutes les races, ou plutôt elle n'eût pu créer qu'une seule race dans chaque règne organique, celle des animaux et celle des végétaux les plus simples et les plus imparfaits.

De plus, si la nature n'avoit pu donner aux actes de l'organisation la faculté de compliquer de plus en plus l'organisation elle-même, en faisant accroître l'énergie du mouvement des fluides, et par conséquent celle du mouvement organique; et si elle n'avoit pas conservé par les *reproductions* tous les progrès de composition dans l'organisation, et tous les perfectionnemens acquis, elle n'eût assurément jamais produit cette multitude infiniment variée d'*animaux* et de *végétaux*, si différens les uns des autres par l'état de leur organisation et par leurs facultés.

Enfin, elle n'a pu créer au premier abord les facultés les plus éminentes des animaux; car elles n'ont lieu qu'à l'aide de systèmes d'organes très-compliqués : or, il lui a fallu préparer peu à peu les moyens de faire exister de pareils systèmes d'organes.

18

Ainsi, pour établir, à l'égard des corps vivans, l'état de choses que nous remarquons, la nature n'a donc eu à produire directement, c'est-à-dire, sans le concours d'aucun acte organique, que les corps organisés les plus simples, soit animaux, soit végétaux; et elle les reproduit encore de la même manière, tous les jours, dans les lieux et les temps favorables : or, donnant à ces corps, qu'elle a créés elle-même, les facultés de se nourrir, de s'accroître, de se multiplier, et de conserver chaque fois les progrès acquis dans leur organisation; enfin, transmettant ces mêmes facultés à tous les individus régénérés organiquement; avec le temps et l'énorme diversité des circonstances toujours changeantes, les corps vivans de toutes les classes et de tous les ordres ont été, par ces moyens, successivement produits.

En considérant l'ordre naturel des animaux, la *gradation* très-positive qui existe dans la composition croissante de leur organisation, et dans le nombre ainsi que dans le perfectionnement de leurs facultés, est bien éloignée d'être une vérité nouvelle, car les Grecs mêmes surent l'apercevoir (1); mais ils ne purent en exposer les

---

(1) Voyez le *Voyage du jeune Anacharsis*, par J.-J. Barthelemy, tom. V, p. 353 et 354.

principes et les preuves, parce qu'on manquoit alors des connoissances nécessaires pour les établir.

Or, pour faciliter la connoissance des principes qui m'ont guidé dans l'exposition que je vais faire de cet ordre des animaux, et pour mieux faire sentir cette gradation qu'on observe dans la composition de leur organisation, depuis les plus imparfaits d'entre eux ; qui sont en tête de la série, jusqu'aux plus parfaits qui la terminent ; j'ai partagé en six degrés, qui sont très-distincts, tous les modes d'organisation qu'on a reconnus dans toute l'étendue de l'échelle animale.

De ces six degrés d'organisation, les quatre premiers embrassent les animaux *sans vertèbres*, et par conséquent les dix premières classes du règne animal, selon l'ordre nouveau que nous allons suivre ; les deux derniers degrés comprennent tous les animaux *vertébrés*, et par conséquent les quatre (ou cinq) dernières classes des animaux.

A l'aide de ce moyen, il sera facile d'étudier et de suivre la marche de la nature dans la production des animaux qu'elle a fait exister ; de distinguer, dans toute l'étendue de l'échelle animale, les progrès acquis dans la composition de l'organisation ; et de vérifier partout, soit l'exactitude de la distribution, soit la convenance des rangs assignés, en examinant les caractères et les faits d'organisation qui ont été reconnus.

C'est ainsi que, depuis plusieurs années, j'expose dans mes leçons, au *Museum*, les animaux sans vertèbres, en procédant toujours du plus simple vers le plus composé.

Afin de rendre plus distincts la disposition et l'ensemble de la série générale des animaux, présentons d'abord le tableau des quatorze classes qui divisent le règne animal, en nous bornant à l'exposition très-simple de leurs caractères, et des degrés d'organisation qui les embrassent.

TABLEAU DE LA DISTRIBUTION

ET CLASSIFICATION DES ANIMAUX,

Suivant l'ordre le plus conforme à celui de la nature.

" ANIMAUX SANS VERTÈBRES.

Classes.

I. LES INFUSOIRES.

Fissipares ou gemmipares amorphes; à corps gélatineux, transparent, homogène, contractile et microscopique; point de tentacules en rayons ni d'appendices rotatoires; aucun organe spécial, pas même pour la digestion.

II. LES POLYPES.

Gemmipares à corps gélatineux, régénératif et n'ayant aucun autre organe intérieur qu'un canal alimentaire à une seule ouverture.

Bouche terminale, entourée de tentacules en rayons ou munie d'organes ciliés et rotatoires.

La plupart forment des animaux composés.

Ier. DEGRÉ.

Point de nerfs; point de vaisseaux ; aucun autre organe intérieur et spécial que pour la digestion.

Classes.

III. LES RADIAIRES.

Suboyipares libres, à corps régénératif, dépourvu de tête, d'yeux, de pattes articulées, et ayant dans ses parties une disposition rayonnante. Bouche inférieure.

IV. LES VERS.

Suboyipares, à corps mou, régénératif, ne subissant point de métamorphose, et n'ayant jamais d'yeux, ni de pattes articulées, ni de disposition rayonnante dans ses parties intérieures.

V. LES INSECTES.

Ovipares, subissant des métamorphoses, et ayant, dans l'état parfait, des yeux à la tête, six pattes articulées, et des trachées qui s'étendent partout; une seule fécondation dans le cours de la vie.

VI. LES ARACHNIDES.

Ovipares, ayant en tout temps des pattes articulées et des yeux à la tête, et ne subissant point de métamorphose. Des trachées bornées pour la respiration; ébauche de circulation; plusieurs fécondations dans le cours de la vie.

IIᵉ. DEGRÉ.

Point de moelle longitudinale noueuse; point de vaisseaux pour la circulation; quelques organes intérieurs autres que ceux de la digestion.

IIIᵉ. DEGRÉ.

Des nerfs aboutissant à une moelle longitudinale noueuse; respiration par des trachées aérifères; circulation nulle ou imparfaite.

Classes.

VII. LES CRUSTACÉS.

Ovipares, ayant le corps et les membres articulés, la peau crustacée, des yeux à la tête, et le plus souvent quatre antennes; respiration par des branchies; une moelle longitudinale noueuse.

VIII. LES ANNELIDES.

Ovipares, à corps allongé et annelé; point de pattes articulées; rarement des yeux; respiration par des branchies; une moelle longitudinale noueuse.

IX. LES CIRRHIPÈDES.

Ovipares, ayant un manteau et des bras articulés, dont la peau est cornée; point d'yeux; respiration par des branchies; moelle longitudinale noueuse.

X. LES MOLLUSQUES.

Ovipares, à corps mollasse, non articulé dans ses parties, et ayant un manteau variable; respiration par des branchies diversifiées dans leur forme et leur situation; ni moelle épinière, ni moelle longitudinale noueuse, mais des nerfs aboutissant à un cerveau.

IVᵉ. DEGRE.

Des nerfs aboutissant à un cerveau ou à une moelle longitudinale noueuse; respiration par des branchies; des artères et des veines pour la circulation.

** ANIMAUX VERTÉBRÉS.

Classes.

XI. LES POISSONS.

Ovipares et sans mamelles ; respiration complète et toujours par des branchies ; ébauche de deux ou quatre membres ; des nageoires pour la locomotion ; ni poils, ni plumes sur la peau.

XII. LES REPTILES.

Ovipares et sans mamelles ; respiration incomplète, le plus souvent par des poumons qui existent, soit en tout temps, soit dans le dernier âge ; quatre membres, ou deux, ou aucun ; ni poils, ni plumes sur la peau.

Vᵉ. DEGRÉ.

Des nerfs aboutissant à un cerveau qui ne remplit point la cavité du crâne ; Cœur à 1 ventricule, et le sang froid.

XIII. LES OISEAUX.

Ovipares et sans mamelles ; quatre membres articulés, dont deux sont conformés en ailes ; respiration complète par des poumons adhérens et percés ; des plumes sur la peau.

XIV. LES MAMMIFÈRES.

Vivipares et à mamelles ; quatre membres articulés ou seulement deux ; respiration complète par des poumons non percés à l'extérieur ; du poil sur quelque partie du corps.

VIᵉ. DEGRÉ.

Des nerfs aboutissant à un cerveau qui remplit la cavité du crâne ; cœur à 2 ventricules, et le sang chaud.

Tel est le *tableau* des quatorze classes déterminées parmi les animaux connus, et disposées suivant l'ordre le plus conforme à celui de la nature. La disposition de ces classes est telle, qu'on sera toujours forcé de s'y conformer, quand même on refuseroit d'adopter les lignes de séparation qui les forment; parce que cette disposition est fondée sur la considération de l'organisation des corps vivans dont il s'agit, et que cette considération, qui est de première importance, établit les rapports qu'ont entre eux les objets compris dans chaque coupe, et le rang de chacune de ces coupes dans toute la série.

Jamais on ne pourra trouver de motifs solides pour changer cette distribution dans son ensemble, par les raisons que je viens d'exposer; mais on pourra lui faire subir des changemens dans ses détails, et surtout dans les coupes subordonnées aux classes, parce que les rapports entre les objets compris dans les sous-divisions sont plus difficiles à déterminer et prêtent plus à l'arbitraire.

Maintenant, pour faire mieux sentir combien cette disposition et cette distribution des animaux, sont conformes à l'ordre même de la nature, je vais exposer la *série générale* des animaux connus, partagée dans ses principales divisions, en procédant du plus simple vers le plus composé, d'après les motifs indiqués ci-dessus.

Mon objet, dans cette exposition, sera de mettre le lecteur à portée de reconnoître le rang, dans la série générale, qu'occupent les animaux que, dans le cours de cet ouvrage, je suis souvent dans le cas de citer, et de lui éviter la peine de recourir pour cela aux autres ouvrages de zoologie.

Je ne donnerai cependant ici qu'une simple liste des *genres* et seulement des principales divisions; mais cette liste suffira pour montrer l'étendue de la série générale, sa disposition la plus conforme à l'ordre de la nature, et le placement indispensable des *classes,* des *ordres,* ainsi, peut-être, que celui des familles et des genres. On sent bien que c'est dans les bons ouvrages de zoologie que nous possédons, qu'il faut étudier les détails de tous les objets mentionnés dans cette liste, parce que je n'ai pas dû m'en occuper dans cet ouvrage.

DISTRIBUTION GÉNÉRALE
DES ANIMAUX,

Formant une série conforme à l'ordre même de la nature.

ANIMAUX SANS VERTÈBRES.

Ils n'ont point de colonne vertébrale, et par conséquent point de squelette ; ceux qui ont des points d'appui pour le mouvement des parties, les ont sous leurs tégumens. Ils manquent de moelle épinière, et offrent une grande diversité dans la composition de leur organisation.

Ier. DEGRÉ D'ORGANISATION.

Point de nerfs, ni de moelle longitudinale noueuse ; point de vaisseaux pour la circulation ; point d'organes respiratoires ; aucun autre organe intérieur et spécial que pour la digestion.

[*Les Infusoires et les Polypes.*]

LES INFUSOIRES.

(Classe Ière. du règne animal.)

Animaux fissipares, amorphes ; à corps gélatineux, transparent, homogène, contractile et microscopique ; point de tentacules en rayons, ni d'appendices rotatoires ; intérieurement, aucun organe spécial, pas même pour la digestion.

Observations.

De tous les animaux connus, les *infusoires* sont les plus imparfaits, les plus simples en organisation, et ceux qui possèdent le moins de facultés ;- ils n'ont assurément point celle de sentir.

Infiniment petits, gélatineux, transparens, contractiles, presque homogènes, et incapables de posséder aucun organe spécial, à cause de la trop foible consistance de leurs parties, les *infusoires* ne sont véritablement que des ébauches de l'animalisation.

Ces frêles animaux sont les seuls qui n'aient point de digestion à exécuter pour se nourrir, et qui, en effet, ne se nourrissent que par des absorptions des pores de leur peau et par une imbibition intérieure.

Ils ressemblent en cela aux *végétaux*, qui ne vivent que par des absorptions, qui n'exécutent aucune digestion, et dont les mouvemens organiques ne s'opèrent que par des excitations extérieures ; mais les *infusoires* sont irritables, contractiles, et ils exécutent des mouvemens subits qu'ils peuvent répéter plusieurs fois de suite ; ce qui caractérise leur nature animale, et les distingue essentiellement des végétaux.

TABLEAU DES INFUSOIRES.

ORDRE Ier. INFUSOIRES NUS.

Ils sont dépourvus d'appendices extérieurs.

Monade.
Volvoce.
Protée.
Vibrion.

—

Bursaire.
Kolpode.

ORDRE IIe. INFUSOIRES APPENDICULÉS.

Ils ont des parties saillantes, comme des poils, des espèces
de cornes ou une queue.

Cercaire.
Trichocerque.
Trichode.

Remarque. La monade , et particulièrement celle que l'on a nommée la *monade terme ,* est le plus imparfait et le plus simple des animaux connus, puisque son corps, extrêmement petit, n'offre qu'un point gélatineux et transparent, mais contractile. Cet animal doit donc être celui par lequel doit commencer la série des animaux, disposée selon l'ordre de la nature.

LES POLYPES.

(Classe IIème. du règne animal.)

Animaux gemmipares, à corps gélatineux, régénératif, et n'ayant aucun autre organe intérieur qu'un canal alimentaire à une seule ouverture.

Bouche terminale, entourée de tentacules en rayons, ou munie d'organes ciliés et rotatoires.

La plupart adhèrent les uns aux autres, communiquent ensemble par leur canal alimentaire, et forment alors des animaux composés.

Observations.

On a vu dans les *infusoires* des animalcules infiniment petits, frêles, sans consistance, sans forme particulière à leur classe, sans organes quelconques, et par conséquent sans bouche et sans canal alimentaire distincts.

Dans les *polypes*, la simplicité et l'imperfection de l'organisation quoique très-éminentes encore, sont moins grandes que dans les infusoires. L'organisation a fait évidemment quelques progrès; car déjà la nature a obtenu une forme constamment régulière pour les animaux de cette classe; déjà tous sont munis d'un organe spécial pour la digestion, et conséquemment d'une *bouche*, qui est l'entrée de leur sac alimentaire.

Que l'on se représente un petit corps allongé, gélatineux, très-irritable, ayant à son extrémité supérieure une bouche garnie, soit d'organes rotatoires, soit de tentacules en rayons, laquelle sert d'entrée à un canal alimentaire qui n'a aucune autre ouverture, et l'on aura l'idée d'un *polype*.

Qu'à cette idée l'on joigne celle de l'adhérence de plusieurs de ces petits corps, vivant ensemble, et participant à une vie commune, on connoîtra, à leur égard, le fait le plus général et le plus remarquable qui les concerne.

Les *polypes* n'ayant ni nerfs pour le sentiment, ni organes particuliers pour la respiration, ni vaisseaux pour la circulation de leurs fluides, sont plus imparfaits en organisation que les animaux des classes qui vont suivre.

TABLEAU DES POLYPES.

ORDRE Iᵉʳ. POLYPES ROTIFÈRES.

Ils ont à la bouche des organes ciliés et rotatoires.

Urcéolaires.
Brachions?
Vorticelles.

ORDRE IIᵉ. POLYPES A POLYPIER.

Ils ont autour de la bouche des tentacules en rayons, et sont fixés dans un polypier qui ne flotte point dans le sein des eaux.

* *Polypier membraneux ou corné, sans écorce distincte.*

Cristatelle.	Cellaire.
Plumatelle.	Flustre.
Tubulaire.	Cellepore.
Sertulaire.	Botryle.

* * *Polypier ayant un axe corné, recouvert d'un encroûtement.*

Acétabule.	Alcyon.
Coralline.	Antipate.
—	Gorgone.
Éponge.	

*** *Polypier ayant un axe en partie ou tout-à-fait pierreux, et recouvert d'un encroûtement corticiforme.*

Isis.
Corail.

**** *Polypier tout-à-fait pierreux et sans encroûtement.*

Tubipore.	Eschare.
Lunulite.	Rétépore.
Ovulite.	Millepore.
Sidérolite.	Agarice.
Orbulite.	Pavone.
Alvéolite.	Méandrine.
Ocellaire.	Astrée.

Madrépore.

Madrépore.   Cyclolite.
Caryophyllie.   Dactylopore.
Turbinolie.   Virgulaire.
Fongie.

ORDRE IIIᵉ. POLYPES FLOTTANS.

Polypier libre, allongé, flottant dans les eaux, et ayant un axe corné ou osseux, recouvert d'une chair commune à tous les polypes ; des tentacules en rayons autour de la bouche.

Funiculine.   Encrine.
Vérétille.   Ombellulaire.
Pennatule.

ORDRE IVᵉ. POLYPES NUS.

Ils ont à la bouche des tentacules en rayons, souvent multiples, et ne forment point de polypier.

Pédicellaire.   Zoanthe.
Corine.   Actinie.
Hydre.

IIᵉ. DEGRÉ D'ORGANISATION.

Point de moelle longitudinale noueuse ; point de vaisseaux pour la circulation ; quelques organes particuliers et intérieurs (soit des tubes ou des pores aspirant l'eau, soit des espèces d'ovaires) autres que ceux de la digestion.

[*Les Radiaires et les Vers.*]

19

LES RADIAIRES.

(Classe III_c. du règne animal.)

Animaux subgemmipares, libres ou vagabonds; à corps régénératif, ayant une disposition rayonnante dans ses parties, tant internes qu'externes, et un organe digestif composé; bouche inférieure, simple ou multiple.

Point de tête, point d'yeux, point de pattes articulées; quelques organes intérieurs autres que ceux de la digestion.

Observations.

Voici la troisième ligne de séparation classique qu'il a été convenable de tracer dans la distribution naturelle des animaux.

Ici, nous trouvons des formes tout-à-fait nouvelles, qui toutes néanmoins se rapportent à un mode assez généralement le même, savoir : la disposition rayonnante des parties, tant intérieures qu'extérieures.

Ce ne sont plus des animaux à corps allongé, ayant une bouche supérieure et terminale, le plus souvent fixés dans un polypier, et vivant un grand nombre ensemble, en participant chacun à une vie commune; mais ce sont des animaux à organisation plus composée que les polypes, simples, toujours libres, ayant une conformation qui leur est particulière, et se tenant, en général, dans une position comme renversée.

Presque toutes les *radiaires* ont des tubes aspirant l'eau, qui paroissent être des trachées aquifères ; et dans un grand nombre, on trouve des corps particuliers qui ressemblent à des ovaires.

Par un Mémoire, dont je viens d'entendre la lecture dans l'assemblée des Professeurs du Muséum, j'apprends qu'un savant observateur, M. le *docteur Spix*, médecin Bavarois, a découvert dans les astéries et dans les actinies l'appareil d'un système nerveux.

M. le *docteur Spix* assure avoir vu dans l'astérie rouge , sous une membrane tendineuse qui, comme une tente , est suspendue sur l'estomac, un entrelacement composé de nodules et de filets blanchâtres , et, en outre, à l'origine de chaque rayon, deux nodules ou ganglions qui communiquent entre eux par un filet, desquels partent d'autres filets qui vont aux parties voisines, et entre autres deux fort longs qui se dirigent dans toute la longueur du rayon et en fournissent aux tentacules.

Selon les observations de ce savant, on voit dans chaque rayon deux nodules, un petit prolongement de l'estomac (*cœcum*), deux lobes hépatiques, deux ovaires et des canaux trachéaux.

Dans les actinies, M. le *docteur Spix* observa

dans la base de ces animaux, au-dessous de l'estomac, quelques paires de nodules, disposés autour
d'un centre, qui communiquent entre eux par des
filets cylindriques, et qui en envoient d'autres
aux parties supérieures : il y vit, en outre, quatre
ovaires environnant l'estomac, de la base desquels partent des canaux qui, après leur réunion,
vont s'ouvrir dans un point inférieur de la cavité
alimentaire.

Il est étonnant que des appareils d'organes
aussi compliqués aient échappé à tous ceux
qui ont examiné l'organisation de ces animaux.

Si M. le *docteur Spix* ne s'est pas fait illusion
sur ce qu'il a cru voir ; s'il ne s'est pas trompé
en attribuant à ces organes une autre nature
et d'autres fonctions que celles qui leur sont
propres, ce qui est arrivé à tant de botanistes
qui ont cru voir des organes mâles et des organes femelles dans presque toutes les plantes
cryptogames, il en résultera :

1°. Que ce ne sera plus dans les insectes qu'il
faudra fixer le commencement du système
nerveux ;

2°. Que ce système devra être considéré
comme ébauché dans les vers, dans les radiaires,
et même dans l'actinie, dernier genre des
polypes ;

3°. Que ce ne sera pas une raison pour que

tous les polypes puissent posséder l'ébauche de
ce système, comme il ne s'ensuit pas de ce que
quelques reptiles ont des branchies, que tous les
autres en soient pourvus ;

4°. Qu'enfin, le système nerveux n'en est
pas moins un organe spécial, non commun à
tous les corps vivans ; car, non-seulement il
n'est pas le propre des végétaux, mais il n'est
pas même celui de tous les animaux ; puisque,
comme je l'ai fait voir, il est impossible que les
infusoires en soient munis, et qu'assurément la
généralité des polypes ne sauroit le posséder ;
aussi le chercheroit-on en vain dans les *hydres*,
qui appartiennent cependant au dernier ordre
des polypes, celui qui avoisine le plus les radiaires, puisqu'il comprend les actinies.

Ainsi, quelque fondement que puissent avoir
les faits cités ci-dessus, les considérations que je
présente dans cet ouvrage sur la formation
successive des différens organes spéciaux, subsistent dans leur intégrité, en quelque point de
l'échelle animale que chacun de ces organes
commence ; et il est toujours vrai que les facultés
qu'ils donnent à l'animal ne commencent à avoir
lieu qu'avec l'existence des organes qui les procurent.

TABLEAU DES RADIAIRES.

ORDRE Iᵉʳ. RADIAIRES MOLLASSES.

Corps gélatineux ; peau molle , transparente , dépourvue d'épines articulées ; point d'anus.

Stéphanomie.	Pyrosome.
Lucernaire.	Beroë.
Physsophore.	Equorée. P.
Physalie.	Rhizostome.
Velelle.	Méduse.
Porpite.	

ORDRE IIᵉ. RADIAIRES ÉCHINODERMES.

Peau opaque , crustacée ou coriace , munie de tubercules rétractiles, ou d'épines articulées sur des tubercules , et percée de trous par séries.

* *Les stellérides. La peau non irritable , mais mobile ; point d'anus.*

Ophiure.
Astérie.

** *Les échinides. La peau non irritable , ni mobile ; un anus.*

Clypéastre.	Galérite.
Cassidite.	Nucléolite.
Spatangue.	Oursin.
Ananchite.	

*** *Les fistulides. Corps allongé , la peau irritable et mobile ; un anus.*

Holothurie.
Siponcle.

Remarque. Les siponcles sont des animaux très-rapprochés des *vers* ; cependant leurs rapports reconnus avec les holothuries les ont fait placer parmi les *radiaires*, dont ils n'ont plus les caractères, et qu'ils doivent conséquemment terminer.

En général, dans une distribution bien naturelle, les premiers et les derniers genres des classes sont ceux en qui les caractères classiques sont les moins prononcés ; parce que se trouvant sur la limite, et les lignes de séparation étant artificielles, ces genres doivent offrir, moins que les autres, les caractères de leurs classes.

LES VERS.

(Classe IVe. du règne animal.)

Animaux subovipares, à corps mou, allongé, sans tête, sans yeux, sans pattes et sans faisceaux de cils ; dépourvus de circulation, et ayant un canal intestinal complet ou à deux ouvertures.

Bouche constituée par un ou plusieurs suçoirs.

Observations.

La forme générale des *vers* est bien différente de celle des radiaires, et leur bouche, partout en suçoir, n'a aucune analogie avec celle des polypes, qui n'offre simplement qu'une ouverture accompagnée de tentacules en rayons ou d'organes rotatoires.

Les *vers* ont, en général, le corps allongé, très-peu contractile, quoique fort mou, et leur canal intestinal n'est plus borné à une seule ouverture.

Dans les *radiaires fistulides*, la nature a commencé à abandonner la forme rayonnante des parties, et à donner au corps des animaux une forme allongée, la seule qui pouvoit conduire au but qu'elle se proposoit d'atteindre.

Parvenue à former les vers, elle va tendre dorénavant à établir le mode *symétrique de parties paires*, auquel elle n'a pu arriver qu'en établissant celui des articulations; mais dans la classe, en quelque sorte ambiguë, des *vers*, elle en a à peine ébauché quelques traits.

TABLEAU DES VERS.

ORDRE Ier. VERS CYLINDRIQUES.

Dragoneau.	Cucullan.
Filaire.	Strongle.
Proboscide.	Massette.
Crinon.	Caryophyllé.
Ascaride.	Tentaculaire.
Fissule.	Échinorique.
Trichure.	

ORDRE IIe. VERS VÉSICULEUX.

Bicorne.
Hydatide.

ORDRE IIIe. VERS APLATIS.

Tænia.   Lingule.
Linguatule.   Fasciole.

IIIe. DEGRÉ D'ORGANISATION.

Des nerfs aboutissant à une moelle longitudinale noueuse ; respiration par des trachées aérifères ; circulation nulle ou imparfaite.

[*Les Insectes et les Arachnides.*]

LES INSECTES.

(Classe V^e. du règne animal.)

Animaux ovipares, subissant des métamorphoses, pouvant avoir des ailes, et ayant, dans l'état parfait, six pattes
articulées, deux antennes, deux yeux à réseau, et la peau
cornée.

Respiration par des trachées aérifères qui s'étendent dans
toutes les parties ; aucun système de circulation ; deux sexes
distincts ; un seul accouplement dans le cours de la vie.

Observations.

Parvenus aux *insectes*, nous trouvons dans
les animaux extrêmement nombreux que cette
classe comprend, un ordre de choses fort différent de ceux que nous avons rencontrés dans
les animaux des quatre classes précédentes;

aussi, au lieu d'une nuance dans les progrès de composition de l'organisation animale, en arrivant aux insectes, on a fait à cet égard un saut assez considérable.

Ici, pour la première fois, les animaux, considérés dans leur extérieur, nous offrent une véritable *tête* qui est toujours distincte ; des yeux très-remarquables, quoique encore fort imparfaits ; des pattes articulées disposées sur deux rangs ; et cette forme symétrique de parties paires et en opposition, que la nature emploîra désormais jusque dans les animaux les plus parfaits inclusivement.

En pénétrant à l'intérieur des insectes, nous voyons aussi un système nerveux complet, consistant en nerfs qui aboutissent à une *moelle longitudinale noueuse ;* mais quoique complet, ce système nerveux est encore fort imparfait, le foyer où se rapportent les sensations paroissant très-divisé, et les sens eux-mêmes étant en petit nombre et fort obscurs ; enfin, nous y voyons encore un véritable système musculaire, et des sexes distincts, mais qui, comme ceux des végétaux, ne peuvent fournir qu'à une seule fécondation.

A la vérité, nous ne trouvons pas encore de *système de circulation,* et il faudra s'élever plus haut dans la chaîne animale pour y rencontrer ce perfectionnement de l'organisation.

Le propre de tous les *insectes* est d'avoir des ailes dans leur état parfait ; en sorte que ceux qui en manquent, n'en sont privés que par un avortement qui est devenu habituel et constant.

Observations.

Dans le tableau que je vais présenter, les genres sont réduits à un nombre considérablement inférieur à celui des genres que l'on a formés parmi les animaux de cette classe. L'intérêt de l'étude, la simplicité et la clarté de la méthode m'ont paru exiger cette réduction, qui ne va pas au point de nuire à la connoissance des objets. Employer toutes les particularités que l'on peut saisir dans les caractères des animaux et des plantes pour multiplier les genres à l'infini, c'est, comme je l'ai déjà dit, encombrer et obscurcir la science au lieu de la servir ; c'est en rendre l'étude tellement compliquée et difficile, qu'elle ne devient alors praticable que pour ceux qui voudroient consacrer leur vie entière à connoître l'immense nomenclature et les caractères minutieux employés pour les distinctions exécutées parmi ces animaux.

DISTRIBUTION GÉNÉRALE

TABLEAU DES INSECTES.

(A.) LES SUCEURS.

Leur bouche offre un suçoir muni ou dépourvu de gaîne.

ORDRE Ier. INSECTES APTÈRES.

Une trompe bivalve, triarticulée, renfermant un suçoir de deux soies.

Les ailes habituellement avortées dans les deux sexes; larve apode; nymphe immobile, dans une coque.

Puce.

ORDRE IIe. INSECTES DIPTÈRES.

Une trompe non articulée, droite ou coudée, quelquefois rétractile.

Deux ailes nues, membraneuses, veinées; deux balanciers; larve vermiforme, le plus souvent apode.

Hippobosque.	Empis.
Oëstre.	Bombile.
—	Asile.
Stratiome.	Taon.
Syrphe.	Rhagion.
Anthrace.	—
Mouche.	Cousin.
—	Tipule.
Stomoxe.	Simulie.
Myope.	Bibion.
Conops.	

ORDRE III². INSECTES EMIPTÈRES.

Bec aigu, articulé, recourbé sous la poitrine, servant de gaîne à un suçoir de trois soies.

Deux ailes cachées sous des élytres membraneux ; larve hexapode ; la nymphe marche et mange.

Dorthésie.	Pentatome.
Cochenille.	Punaise.
Psylle.	Coré.
Puceron.	Réduve.
Aleyrode.	Hydromètre.
Trips.	Gerris.
—	—
Cigale.	Nepa.
Fulgore.	Notonecte.
Tettigone.	Naucore.
—	Corise.
Scutellaire.	

ORDRE IV². INSECTES LÉPIDOPTÈRES.

Suçoir de deux pièces, dépourvu de gaîne, imitant une trompe tubuleuse, et roulé en spirale dans l'inaction.

Quatre ailes membraneuses, recouvertes d'écailles colorées et comme farineuses.

Larve munie de huit à seize pattes ; chrysalide inactive.

* *Antennes subulées ou sétacées.*

Ptérophore.	Alucite.
Ornéode.	Adèle.
Cérostome.	Pyrale.
Teigne.	—

Noctuelle. .	Hépiale.
Phalène.	Bombice.

** *Antennes renflées dans quelque partie de leur longueur.*

Zygène.	Sphinx.
Papillon.	Sésie.

(B). LES BROYEURS.

Leur bouche offre des mandibules, le plus souvent accompagnées de mâchoires.

ORDRE V°. INSECTES HYMÉNOPTÈRES.

Des mandibules, et un suçoir de trois pièces plus ou moins prolongées, dont la base est renfermée dans une gaîne courte.

Quatre ailes nues, membraneuses, veinées, inégales; anus des femelles armé d'un aiguillon ou muni d'une tarrière; nymphe immobile.

* *Anus des femelles armé d'un aiguillon.*

Abeille.	Fourmi.
Monomélite.	Mutile.
Nomade.	Scolie.
Eucère.	Tiphie.
Andrenne.	Bembece.
—	Crabron.
Guêpe.	Sphex.
Polyste.	

** *Anus des femelles muni d'une tarrière.*

Chryside.	—
Oxyure.	Evanie.
—	Fœne.
Leucopsis.	—
Chalcis.	Urocère.
Cinips.	Orysse.
Diplolèpe.	Tentrède.
Ichneumon.	Clavellaire.

ORDRE VIᵉ. INSECTES NÉVROPTÈRES.

Des mandibules et des mâchoires.

Quatre ailes nues, membraneuses, réticulées; abdomen allongé, dépourvu d'aiguillon et de tarrière; larve hexapode; diversité dans la métamorphose.

* *Nymphes inactives.*

Perle.	Hémerobe.
Némoure.	Ascalaphe.
Frigane.	Myrméléon.

** *Nymphes agissantes.*

Némoptère.	Raphidie.
Panorpe.	Éphémère.
Psoc.	—
Thermite.	Agrion.
—	Æshne.
Corydale.	Libellule.
Chauliode.	

ORDRE VIIe. INSECTES ORTHOPTÈRES.

Des mandibules, des mâchoires et des galettes recouvrant les mâchoires.

Deux ailes droites, plissées longitudinalement, et recouvertes par deux élytres presque membraneux.

Larve comme l'insecte parfait, mais n'ayant ni ailes ni élytres ; nymphe agissante.

Sauterelle.	Phasme.
Achête.	Spectre.
Criquet.	—
Truxale.	Grillon.
—	Blatte.
Mante.	Forficule.

ORDRE VIIIe. INSECTES COLÉOPTÈRES.

Des mandibules et des mâchoires.

Deux ailes membraneuses, pliées transversalement dans le repos et sous deux élytres durs ou coriaces et plus courts.

Larve hexapode, à tête écailleuse et sans yeux ; nymphe inactive.

* *Deux ou trois articles à tous les tarses.*

Psélaphe.	Coccinelle.
—	Eumorphe.

** *Quatre articles à tous les tarses.*

Erotyle.	Criocère.
Casside.	Clytre.
Chrysomèle.	Gribouri.
Galéruque.	—

Lepture.

Lepture. Micétophage.

Stencore. Trogossite.

Saperde. Cucuje.

Nécydale. —

Callidie. Bruche.

Capricorne. Attélabe.

Prione. Brente.

Spondyle. Charanson.

— Brachicère.

Bostrich.

*** *Cinq articles aux tarses des premières paires de pates, et quatre à ceux de la troisième paire.*

Opatre. Mordelle.

Ténébrion. Ripiphore.

Blaps. Pyrochre.

Pimélie. Cossyphe.

Sépidie. Notoxe.

Scaure. Lagrie.

Érodie. Cérocome.

Chiroscelis. Apale.

— Horie.

Hélops. Mylabre.

Diapère. Cantharide.

— Méloë.

Cistele.

**** *Cinq articles à tous les tarses.*

Lymexyle. Lampyre.

Téléphore. Lycus.

Malachie. Omalyse.

Mélyris. Drille.

—

Mélasis.

Bupreste.

Taupin.

—

Ptilin.

Vrillette.

Ptine.

—

Staphylin.

Oxypore.

Pédère.

—

Cicindele.

Elaphre.

Scarite.

Manticore.

Carabe.

Dytique.

=

Hydrophile.

Gyrin.

Dryops.

Clairon.

—

Nécrophore.

Bouclier.

Nitidule.

Ips.

Dermeste.

Anthrène.

Byrrhe.

Escarbot.

Sphéridie.

—

Trox.

Cétoine.

Goliath.

Hanneton.

Léthrus.

Géotrupe.

Bousier.

Scarabé.

Passale.

Lucane.

LES ARACHNIDES.

(Classe VIe. du règne animal.)

Animaux ovipares, ayant en tout temps des pates articulées, et des yeux à la tête; ne subissant point de métamorphose, et ne possédant jamais d'ailes ni d'élytres.

Des stigmates et des trachées bornées pour la respiration; une ébauche de circulation; plusieurs fécondations dans le cours de la vie.

Observations.

Les *arachnides*, qui, dans l'ordre que nous avons établi, viennent après les insectes, offrent des progrès manifestes dans le perfectionnement de l'organisation.

En effet, la génération sexuelle se montre chez elles, et pour la première fois, avec toutes ses facultés, puisque ces animaux s'accouplent et engendrent plusieurs fois dans le cours de leur vie ; tandis que dans les insectes, les organes sexuels, comme ceux des végétaux, ne peuvent exécuter qu'une seule fécondation ; d'ailleurs, les *arachnides* sont les premiers animaux dans lesquels la circulation commence à s'ébaucher ; car, selon les observations de M. *Cuvier*, on leur trouve un cœur d'où partent, sur les côtés, deux ou trois paires de vaisseaux.

Les arachnides vivent dans l'air, comme les insectes parvenus à l'état parfait ; mais elles ne subissent point de métamorphose, n'ont jamais d'ailes ni d'élytres, sans que ce soit le produit d'aucun avortement, et elles se tiennent, en général, cachées ou vivent solitairement, se nourrissant de proie ou du sang qu'elles sucent.

Dans les *arachnides*, le mode de respiration est encore le même que dans les insectes ; mais

ce mode est sur le point de changer; car les trachées des arachnides sont très-bornées , pour
ainsi dire appauvries , et ne s'étendent pas dans
tous les points du corps. Ces trachées sont réduites à un petit nombre de vésicules , ce que nous
apprend encore M. *Cuvier*, (Anatom. , vol. IV,
p. 419); et après les arachnides, ce mode de
respiration ne se retrouve plus dans aucun des
animaux des classes qui suivent.

Cette classe d'animaux est très-suspecte : beaucoup d'entre eux sont venimeux , surtout ceux qui
habitent des climats chauds.

TABLEAU DES ARACHNIDES.

ORDRE Iᵉʳ. ARACHNIDES PALPISTES.

*Point d'antennes, mais seulement des palpes ; la tête
confondue avec le corselet ; huit pates.*

Mygale.	Trogul.
Araignée.	Elays.
Phryne.	Trombidion.
Théliphone.	—
Scorpion.	
	Hydrachne.
—	Bdelle.
Pince.	Mitte.
Galéode.	Nymphon.
Faucheur.	Picnogonon.

ORDRE IIe. ARACHNIDES ANTENNISTES.

Deux antennes ; la tête distincte du corselet.

Pou.	—
Ricin.	Scolopendre.
—	Scutigère.
Forbicine.	Iule.
Podure.	—

IVe. DEGRÉ D'ORGANISATION.

Des nerfs aboutissant à une moelle longitudinale noueuse ou à un cerveau sans moelle épinière ; respiration par des branchies ; des artères et des veines pour la circulation.

[*Les Crustacés, les Annelides, les Cirrhipèdes et les Mollusques.*]

LES CRUSTACÉS.

(Classe VIIe. du règne animal.)

Animaux ovipares, ayant le corps et les membres articulés, la peau crustacée, plusieurs paires de mâchoires, des yeux et des antennes à la tête.

Respiration par des branchies ; un cœur et des vaisseaux pour la circulation.

Observations.

De grands changemens dans l'organisation des animaux de cette classe, annoncent qu'en formant les *crustacés*, la nature est parvenue à faire faire à l'organisation animale des progrès considérables.

D'abord le mode de respiration y est tout-à-fait différent de celui employé dans les arachnides et dans les insectes ; et ce mode, constitué par des organes qu'on nomme *branchies*, va se propager jusque dans les poissons. Les trachées ne reparoîtront plus ; et les branchies elles-mêmes disparoîtront lorsque la nature aura pu former un *poumon cellulaire*.

Ensuite la *circulation*, dont on ne trouve qu'une simple ébauche dans les arachnides, est complétement établie dans les *crustacés*, où l'on trouve un cœur et des artères pour l'envoi du sang aux différentes parties du corps, et des veines qui ramènent ce fluide à l'organe principal de son mouvement.

On retrouve encore dans les *crustacés* le mode des articulations que la nature a généralement employé dans les insectes et dans les arachnides, pour faciliter le mouvement musculaire à l'aide de l'indurescence de la peau ; mais dorénavant la nature abandonnera ce moyen pour établir un système d'organisation qui ne l'exigera plus.

La plupart des *crustacés* vivent dans les eaux , soit douces , soit salées ou marines; quelques-uns néanmoins se tiennent sur la terre et respirent l'air avec leurs branchies : tous ne se nourrissent que de matières animales.

TABLEAU DES CRUSTACÉS.

ORDRE Ier. CRUSTACÉS SESSILIOCLES.

Les yeux sessiles et immobiles.

Cloporte.	Céphalocle.
Ligie. —	Amymone.
Aselle.	Daphnie.
Cyame.	Lyncé.
Crevette.	Osole.
Cheverolle.	Limule.
—	Calige.
Cyclops.	Polyphême.
Zoëe.	

ORDRE IIe. CRUSTACÉS PÉDIOCLES.

Deux yeux distincts , élevés sur des pédicules mobiles.
* Queue allongée , garnie de lames natatoires , ou de crochets ou de cils.

Branchiopode.	Crangon.
Squille.	Palinure.
Palémon.	Scyllare.

Galathée.	Albunée.
Ecrevisse.	Hippe.
Pagure.	Coriste.
—	Porcellane.
Ranine.	

** *Queue courte, nue, et appliquée contre le dessous de l'abdomen.*

Pinnothère.	Doripe.
Leucosie.	Plagusie.
Arctopsis.	Grapse.
Maia.	Ocypode.
—	Calappe.
Matute.	Hépate.
Orithye.	Dromie.
Podophtalme.	Cancer.
Portune.	

LES ANNELIDES.

(Classe VIIIe. du règne animal.)

Animaux ovipares, à corps allongé, mollasse, annelé transversalement, ayant rarement des yeux et une tête distincte, et dépourvu de pattes articulées.

Des artères et des veines pour la circulation; respiration par des branchies; une moelle longitudinale noueuse.

Observations.

On voit, dans les *annelides*, que la nature s'efforce d'abandonner le mode des articulations qu'elle a constamment employé dans les insectes,

les arachnides et les crustacés. Leur corps allongé, mollasse, et dans la plupart simplement annelé,
donne à ces animaux l'apparence d'être aussi
imparfaits que les *vers*, avec lesquels on les
avoit confondus; mais ayant des artères et des
veines, et respirant par des branchies, ces
animaux, très-distingués des vers, doivent,
avec les cirrhipèdes, faire le passage des crustacés aux mollusques.

Ils manquent de pates articulées (1), et la
plupart ont, sur les côtés, des soies ou des
faisceaux de soies qui en tiennent lieu : presque
tous sont des suceurs, et ne se nourrissent que de
matières fluides.

_____

(1) Pour perfectionner les organes du mouvement de
translation de l'animal, la nature avoit besoin de quitter le
système des pates articulées qui ne sont le produit d'aucun
squelette, afin d'établir celui des quatre membres dépendans
d'un squelette intérieur qui est propre au corps des animaux
les plus parfaits; c'est ce qu'elle a exécuté dans les annelides
et les mollusques, où elle n'a fait que préparer ses moyens
pour commencer, dans les poissons, l'organisation particulière des animaux vertébrés. Ainsi, dans les annelides, elle a
abandonné les pates articulées, et dans les mollusques elle
a fait plus encore, elle a cessé l'emploi d'une moelle longitudinale noueuse.

TABLEAU DES ANNELIDES.

ORDRE Ier. ANNELIDES CRYPTOBRANCHES.

Planaire.	Furie ?
Sangsue.	Naïade.
Lernée.	Lombric.
Clavale.	Thalasseme.

ORDRE IIe. ANNELIDES GYMNOBRANCHES.

Arénicole.	Sabellaire.
Amphinome.	—
Aphrodite.	Serpule.
Néréide.	Spirorbe.
—	Siliquaire.
Terebelle.	Dentale.
Amphitrite.	

LES CIRRHIPÈDES.

(Classe IXe. du règne animal.)

Animaux ovipares et testacés, sans tête et sans yeux, ayant un manteau qui tapisse l'intérieur de la coquille, des bras articulés dont la peau est cornée, et deux paires de mâchoires à la bouche.

Respiration par des branchies; une moelle longitudinale noueuse; des vaisseaux pour la circulation.

Observations.

Quoiqu'on ne connoisse encore qu'un petit nombre de genres qui se rapportent à cette classe, le caractère des animaux que comprennent ces genres est si singulier, qu'il exige qu'on les distingue, comme constituant une classe particulière.

Les *cirrhipèdes* ayant une coquille, un manteau, et se trouvant sans tête et sans yeux, ne peuvent être des crustacés ; leurs bras articulés empêchent qu'on ne les range parmi les annelides; et leur moelle longitudinale noueuse ne permet pas qu'on les réunisse aux mollusques.

TABLEAU DES CIRRHIPÈDES.

Tubicinelle.	Balane.
Coronule.	Anatife.

Remarque. On voit que les *cirrhipèdes* tiennent encore aux annelides par leur moelle longitudinale noueuse ; mais, dans ces animaux, la nature se prépare à former les mollusques, puisqu'ils ont déjà, comme ces derniers, un manteau qui tapisse l'intérieur de leur coquille.

LES MOLLUSQUES.

(Classe X^e. du règne animal.)

Animaux ovipares, à corps mollasse, non articulé dans ses parties, et ayant un manteau variable.

Respiration par des branchies très-diversifiées ; ni moelle épinière, ni moelle longitudinale noueuse ; mais des nerfs aboutissant à un cerveau imparfait.

La plupart sont enveloppés dans une coquille; d'autres en contiennent une plus ou moins complétement enchâssée dans leur intérieur, et d'autres encore en sont tout-à-fait dépourvus.

Observations.

Les *mollusques* sont les mieux organisés des animaux sans vertèbres, c'est-à-dire, ceux dont l'organisation est la plus composée et qui approche le plus de celle des poissons.

Ils constituent une classe nombreuse qui termine les animaux sans vertèbres, et qui est éminemment distinguée des autres classes, en ce que les animaux qui la composent, ayant un système nerveux, comme beaucoup d'autres, sont les seuls qui n'aient ni moelle longitudinale noueuse, ni moelle épinière.

La nature, sur le point de commencer et de former le système d'organisation des *animaux vertébrés*, paroît ici se préparer à ce changement. Aussi les mollusques, qui ne tiennent plus rien du mode des articulations, et de cet appui qu'une peau cornée donne aux muscles des animaux qui ont part à ce mode, sont-ils très-lents dans leurs mouvemens, et paroissent-ils, à cet égard, plus imparfaitement organisés que les insectes mêmes.

Enfin, comme les mollusques font le passage des animaux sans vertèbres aux animaux vertébrés, leur système nerveux est intermédiaire, et n'offre ni la moelle longitudinale noueuse des animaux sans vertèbres qui ont des nerfs, ni la moelle épinière des animaux vertébrés : ils sont en cela éminemment caractérisés et bien distingués des autres animaux sans vertèbres.

TABLEAU DES MOLLUSQUES.

ORDRE Ier. MOLLUSQUES ACÉPHALÉS.

Point de tête ; point d'yeux ; point d'organe de mastication ; ils produisent sans accouplement.

La plupart ont une coquille à deux valves qui s'articulent en charnière.

Les brachiopodes.

Lingule.
Térébratule.
Orbicule.

Les ostracées.

Radiolite.	Huître.
Calcéole.	Gryphée.
Cranie.	Plicatule.
Anomie.	Spondyle.
Placune.	Peigne.
Vulselle.	

Les byssifères.

Houlette.	Moule.
Lime.	Modiole ?
Pinne.	Crénatule.

Perne.   Avicule.

Marteau.   ——

Les camacées.

Ethérie.   Corbule.

Came.   Pandore.

Dicérate.   ——

Les naïades.

Mulette.

Anodonte.

——

Les arcacées.

Nucule.   Cucullée.

Pétoncle.   Trigonie.

Arche.   ——

Les cardiadées.

Tridacne.   Isocarde.

Hippope.   Bucarde.

Cardite.

Les conques.

Vénéricarde.   Lucine.

Vénus.   Cyclade.

Cithérée.   Galathée.

Donace.   Capse.

Telline.

Les mactracées.

Erycine.   Lutraire.

Onguline.   Mactre.

Crassatelle.   ——

Les myaires.

Myes.
Panorpe.
Anatine.

Les solenacées.

Glycimère.   Pétricole.
Solen.   Rupellaire.
Sanguinolaire.   Saxicave.

Les pholadaires.

Pholade.   Arrosoir.
Taret.   —
Fistulane.

Les ascidiens.

Ascidie.
Biphore.
Mammaire.

ORDRE IIe.-MOLLUSQUES CÉPHALÉS.

Une tête distincte, des yeux et deux ou quatre tentacules dans la plupart, des mâchoires ou une trompe à la bouche ; génération par accouplement.

La coquille de ceux qui en ont ne se compose jamais de deux valves articulées en charnière.

* Ptéropodes.

Deux ailes opposées et natatoires.

Hyale.
Clio.
Pneumoderme.

** Gastéropodes,

(A) *Corps droit, réuni au pied dans toute ou presque toute sa longueur.*

Les tritoniens.

Glaucie.	Tritonie.
Eolide.	Téthys.
Scyllée.	Doris.

Les phyllidéens.

Pleurobranche.	Patelle.
Phyllidie.	Fissurelle.
Oscabrion.	Emarginule.

Les laplysiens.

Laplysie.	Bullée.
Dolabelle.	Sigaret.

Les limaciens.

Onchide.	Vitrine.
Limace.	Testacelle.
Parmacelle.	—

(B) *Corps en spirale ; point de syphon.*

Les colymacées.

Hélix.	Amphibulime.
Hélicine.	Agathine.
Bulime.	Maillot.

Les orbacées.

Cyclostome.	Planorbe.
Vivipare.	Ampullaire.

LES

Les auriculacées.

Auricule.   Mélanie.
Mélanopside.   Lymnée.

Les néritacées.

Néritine.   Nérite.
Nacelle.   Natice.

Les stomatacées.

Haliotide.
Stomate.
Stomatelle.

Les turbinacées.

Phasianelle.   Scalaire.
Turbo.   Turritelle.
Monodonte.   Vermiculaire ?
Dauphinule.

Les hétéroclites.

Volvaire.
Bulle.
Janthine.

Les calyptracées.

Crépidule.   Cadran.
Calyptrée.   Trochus.

(C) *Corps en spirale ; un syphon.*

Les canalifères.

Cérite.   Turbinelle.
Pleurotome.   Fasciolaire.

Pyrule.

Fuseau.

Murex.

Les ailées.

Rostellaire.

Ptérocère.

Strombe.

Les purpuracées.

Casque.	Buccin.
Harpe.	Concholepas.
Tonne.	Monocéros.
Vis.	Pourpre.
Eburne.	Nasse.

Les columellaires.

Cancellaire.	Mitre.
Marginelle.	Volute.
Colombelle.	

Les enroulées.

Ancille.	Ovule.
Olive.	Porcelaine.
Tarrière.	Cone.

*** CÉPHALOPODES.

(A) *A test multiloculaire.*

Les lenticulacées.

Miliolite.	Rotalite.
Gyrogonite.	Rénulite.

Discorbite.
Lenticuline.
Numulite.

Les lituolacées.

Lituolite.	Orthocère.
Spirolinite.	Hippurite.
Spirule.	Bélemnite.

Les nautilacées.

Baculite.	Ammonite.
Turrilite.	Orbulite.
Ammonocératite.	Nautile.

(B) *A test uniloculaire.*

Les argonautacées.

Argonaute.
Carinaire.

(C) *Sans test.*

Les sépialées.

Poulpe.
Calmar.
Sèche.

ANIMAUX VERTÉBRÉS.

Ils ont une colonne vertébrale composée d'une multitude d'os courts, articulés et à la suite les uns des autres. Cette colonne sert de soutien à leur corps, fait la base de leur squelette, fournit une gaîne à leur moelle épinière, et se termine antérieurement par une boîte osseuse qui contient leur cerveau.

Vᵉ. DEGRÉ D'ORGANISATION.

Des nerfs aboutissant à une moelle épinière et à un cerveau qui ne remplit point la cavité du crâne. Le cœur à un ventricule, et le sang froid.

[*Les Poissons et les Reptiles.*]

LES POISSONS.

(Classe XIᵉ. du règne animal.)

Animaux ovipares, vertébrés et à sang froid; vivant dans l'eau, respirant par des branchies, couverts d'une peau, soit écailleuse, soit presque nue et visqueuse, et n'ayant pour leurs mouvemens de translation que des nageoires membraneuses, soutenues par des arêtes osseuses ou cartilagineuses.

Observations.

L'organisation des *poissons* est bien plus perfectionnée que celle des mollusques et des animaux des classes antérieures, puisqu'ils sont les premiers animaux qui aient une colonne vertébrale, l'ébauche d'un squelette, une moelle épinière, et un crâne renfermant le cerveau. Ce sont aussi les premiers dans lesquels le système musculaire tire ses appuis de parties intérieures.

Cependant leurs organes respiratoires sont encore analogues à ceux des mollusques, des cirrhipèdes, des annelides et des crustacés; et comme tous les animaux des classes précédentes, ils sont encore privés de voix, et n'ont pas de paupières sur les yeux.

La forme de leur corps est appropriée à la nécessité où ils se trouvent de nager ; mais ils conservent la forme symétrique de parties paires, commencée dans les insectes; enfin, chez eux, ainsi que dans les animaux des trois classes suivantes, le mode des articulations n'est qu'intérieur, et n'a lieu que dans les parties de leur squelette.

Nota. Pour la composition des tableaux des animaux à vertèbres, j'ai fait usage de l'ouvrage de M. Duméril, intitulé *Zoologie Analitique,* et je ne me suis permis que quelques changemens dans la disposition des objets.

TABLEAU DES POISSONS.

ORDRE Ier. POISSONS CARTILAGINEUX.

Colonne vertébrale molle et comme cartilagineuse ; point de véritables côtes dans un grand nombre.

* *Point d'opercule au-dessus des branchies, ni de membrane.*

LES TRÉMATOPNÉS.

Respiration par des trous arrondis.

1. Trém. cyclostomes.

Gastérobranche.
Lamproie.

2. Trém. plagiostomes.

Torpille.	Squatine.
Raie.	Squale.
Rhinobate.	Aodon.

** *Point d'opercule au-dessus des branchies, mais une membrane.*

LES CHISMOPNÉS.

Ouvertures des branchies en fente sur les côtés du cou ; quatre nageoires paires.

3.............

Baudroie.	Baliste.
Lophie.	Chimère.

*** *Un opercule au-dessus des branchies, mais point de membrane.*

LES ELEUTHÉROPOMES.

Quatre nageoires paires; bouche sous le museau.

4 . . . .

Polyodon.
Pégase.
Accipenser.

**** *Un opercule et une membrane au-dessus des branchies.*

LES TÉLÉOBRANCHES.

Branchies complètes, ayant un opercule et une membrane.

5. Téléobr. aphiostomes.

Macrorhinque.
Solénostome.
Centrisque.

6. Téléobr. plécoptères.

Cycloptère.
Lépadogastère.

7. Téléobr. ostéodermes.

Ostracion.	Diodon.
Tétraodon.	Sphéroïde.
Ovoïde.	Syngnathe.

ORDRE IIe. POISSONS OSSEUX.

Colonne vertébrale à vertèbres osseuses, non flexibles.
᛭ Un opercule et une membrane au-dessus des branchies.

LES HOLOBRANCHES.

HOLOBRANCHES APODES.

Point de nageoires paires inférieures.

8. Holobr. péroptères.

Cœcilie.	Notoptère.
Monoptère.	Ophisure.
Leptocéphale.	Aptéronote.
Gymnote.	Régalec.
Trichiure.	

9. Holobr. pantoptères.

Murène.	Anarrhique.
Ammodyte.	Coméphore.
Ophidie.	Stromatée.
Macrognathe.	Rhombe.
Xiphias.	

HOLOBRANCHES JUGULAIRES.

Nageoires paires inférieures situées sous la gorge, au-devant des thoraciques.

10. Holobr. auchénoptères.

Murénoïde.	Vive.
Calliomore.	Gade.
Uranoscope.	Batracoïde.

Bleunie.   Kurte.
Oligopode.   Chrysostrome.

HOLOBRANCHES THORACIQUES.

Nageoires paires inférieures situées sous les pectorales.

11. Holobr. pétalosomes.

Lépidope.   Bostrichte.
Cépole.   Bostrichoïde.
Tænioïde.   Gymnètre.

12. Holobr. plécopodes.

Gobie.
Gobioïde.

13. Holobr. éleuthéropodes.

Gobiomore.
Gobiomoroïde.
Echéneïde.

14. Holobr. atractosomes.

Scombre.   Scombéromore.
Scombéroïde.   Gastérostée.
Caranx.   Centropode.
Trachinote.   Centronote.
Caranxomore.   Lépisacanthe.
Cæsion.   Istiophore.
Cæsiomore.   Pomatome.

15. Holobr. léiopomes.

Hiatule.   Osphronème.
Coris.   Trichopode.
Gomphose.   Monodactyle.

Plectorhinque.   Hologymnose.
Pogonias.   Spare.
Labre.   Diptérodon.
Cheiline.   Cheilion.
Cheilodiptère.   Mulet.
Ophicéphale.

16. Holobr. ostéostomes.

Scare.
Ostorhinque.
Leiognathe.

17. Holobr. lophionotes.

Coryphène.   Tænianote.
Hémiptéronote.   Centrolophe.
Coryphénoïde.   Chevalier.

18. Holobr. céphalotes.

Gobiésoce.   Cotte.
Aspidophore.   Scorpène.
Aspidophoroïde.

19. Holobr. dactylés.

Dactyloptère.   Trigle.
Prionote.   Péristédion.

20. Holobr. hétérosomes.

Pleuronecte.
Achire.

21. Holobr. acanthopomes.

Lutjan.   Sciène.
Centropome.   Microptère.
Bodian.   Holocentre.
Tænionote.   Persèque.

22. Holobr. leptosomes.

Chétodon.	Acanthure.
Acanthinion.	Aspisure.
Chétodiptère.	Acanthopode.
Pomacentre.	Sélène.
Pomadasys.	Argyréiose.
Pomacanthe.	Zée.
Holacanthe.	Gal.
Enoplose.	Chrysostose.
Glyphisodon.	Caprose.

HOLOBRANCHES ABDOMINAUX.

Nageoires paires inférieures placées un peu au devant de l'anus.

23. Holobr. siphonostomes.

Fistulaire.
Aulostome.
Solénostome.

24. Holobr. cylindrosomes.

Cobite.	Amie.
Misgurne.	Butyrin.
Anableps.	Triptéronote.
Fondule.	Ompolk.
Colubrine.	

25. Holobr. oplophores.

Silure.	Doras.
Macroptéronote.	Pogonate.
Malaptérure.	Cataphracte.
Pimélode.	Plotose.

Agénéiose.
Macroramphose.
Centranodon.
Loricaire.

Hypostome.
Corydoras.
Tachysure.

26. Holobr. dimérèdes.

Cirrhite.
Cheilodactyle.

Polynème.
·Polydactyle.

27. Holobr. lépidomes.

Muge.
Mugiloïde.

Chanos.
Mugilomore.

28. Holobr. gymnopomes.

Argentine.
Athérine.
Hydrargyre.
Stoléphore.
Buro.
Clupée.
Myste.

Clupanodon.
Serpe.
Méné.
Dorsuaire.
Xystère.
Cyprin.

29. Holobr. dermoptères.

Salmone.
Osmère.
Corrégone.

Characin.
Serrasalme.

30. Holobr. siagonotes.

Elope
Mégalope.
Esoce.
Synodon.

Sphyrène.
Lépisostée.
Polyptère.
Scombrésoce.

** *Un opercule au-dessus des branchies, mais point de membrane.*

LES STERNOPTIGES.

31 . . . .
        Sternoptyx.

*** *Point d'opercule au-dessus des branchies, mais une membrane.*

LES CRYPTOBRANCHES.

32 . . . .
        Mormyre.
        Stéléphore.

**** *Point d'opercule ni de membrane au-dessus des branchies; point de nageoires paires inférieures.*

LES OPHICHTES.

33 . . . .
Unibranche aperture.   Murénophis.
Sphagébranche.   Gymnomurène.

Remarque. Le squelette ayant commencé à se former dans les poissons, ceux qu'on nomme *cartilagineux* sont probablement les poissons les moins perfectionnés, et conséquemment le plus imparfait de tous doit être le gastérobranche que Linné, sous le nom de *myxine*, avoit regardé comme un ver. Ainsi, dans l'ordre que nous suivons, le genre gastérobranche doit être le premier des poissons, parce qu'il est le moins perfectionné.

LES REPTILES.

(Classe XIIᵉ. du règne animal.)

Animaux ovipares, vertébrés et à sang froid; respirant incomplétement par un poumon, au moins dans leur dernier âge; et ayant la peau lisse ou recouverte, soit d'écailles, soit d'un test osseux.

Observations.

Des progrès dans le perfectionnement de l'organisation sont très-remarquables dans les *reptiles*, si l'on compare ces animaux aux poissons; car c'est chez eux que l'on trouve, pour la première fois, le *poumon*, que l'on sait être l'organe respiratoire le plus parfait, puisque c'est le même que celui de l'homme; mais il n'y est encore qu'ébauché, et même plusieurs reptiles n'en jouissent pas dans leur premier âge : à la vérité, ils ne respirent qu'incomplétement; car il n'y a qu'une partie du sang envoyé aux parties qui passe par le poumon.

C'est aussi chez eux qu'on voit, pour la première fois, d'une manière distincte, les quatre membres qui font partie du plan des animaux vertébrés, et qui sont des appendices ou des dépendances du squelette.

TABLEAU DES REPTILES.

ORDRE Ier. REPTILES BATRACIENS.

Le cœur à oreillette unique ; la peau nue ; deux ou quatre pates ; des branchies dans le premier âge ; point d'accouplement.

Les urodèles.

Sirène.	Triton.
Protée.	Salamandre.

Les anoures.

Rainette.	Pipa.
Grenouille.	Crapaud.

ORDRE IIe. REPTILES OPHIDIENS (ou SERPENS.)

Le cœur à oreillette unique ; le corps allongé, étroit et sans pates ni nageoires ; point de paupières.

Les homodermes.

Cécilie.	Ophisaure.
Amphisbène.	Orvet.
Acrochorde.	Hydrophide.

Les hétérodermes.

Crotale.	Erix.
Scytale.	Vipère.
Boa.	Couleuvre.
Erpeton.	Plature.

ORDRE IIIe. REPTILES SAURIENS.

Le cœur à oreillette double ; le corps écailleux et muni de quatre pates ; des ongles aux doigts ; des dents aux mâchoires.

Les téréticaudes.

Chalcides.	Agame.
Scinque.	Lézard.
Gecko.	Iguane.
Analis.	Stellion.
Dragon.	Caméléon.

Les planicaudes.

Uroplate.	Lophyre.
Tupinambis.	Dragone.
Basilic.	Crocodile.

ORDRE IVe. REPTILES CHÉLONIENS.

Le cœur à oreillette double ; le corps muni d'une carapace et de quatre pates ; mâchoires sans dents.

Chélonée.	Emyde.
Chélys.	Tortue.

VIe. DEGRÉ D'ORGANISATION.

Des nerfs aboutissant à une moelle épinière et à un cerveau qui remplit la cavité du crâne ; le cœur à deux ventricules et le sang chaud.

[*Les Oiseaux et les Mammifères.*]

LES

LES OISEAUX.

(Classe XIII°. du règne animal.)

Animaux ovipares, vertébrés, et à sang chaud ; respiration complète par des poumons adhérens et percés ; quatre
membres articulés, dont deux sont conformés aux ailes ; des
plumes sur la peau.

Observations.

Assurément les oiseaux ont l'organisation plus
perfectionnée que les reptiles et que tous les
animaux des classes précédentes, puisqu'ils ont
le sang chaud, le cœur à deux ventricules, et
que leur cerveau remplit la cavité du crâne,
caractères qu'ils ne partagent qu'avec les animaux les plus parfaits qui composent la dernière
classe.

Cependant les oiseaux ne forment évidemment que l'avant-dernier échelon de l'échelle
animale ; car ils sont moins parfaits que les mammifères, puisqu'ils sont encore ovipares, qu'ils
manquent de mamelles, qu'ils sont dépourvus
de diaphragme, de vessie, etc., et qu'ils ont des
facultés moins nombreuses.

Dans le tableau qui suit, on peut remarquer
que les quatre premiers ordres embrassent les
oiseaux dont les petits ne peuvent ni marcher,
ni se nourrir dès qu'ils sont éclos ; et qu'au

contraire, les trois derniers comprennent les oiseaux dont les petits marchent et se nourrissent eux-mêmes, dès qu'ils sont sortis de l'œuf; enfin, le septième ordre, celui des *palmipèdes*, me paroît offrir les oiseaux qui se rapprochent le plus par leurs rapports des premiers animaux de la classe suivante.

TABLEAU DES OISEAUX.

ORDRE Iᵉʳ. LES GRIMPEURS.

Deux doigts en avant, et deux en arrière.

Grimp. lévirostres.

Perroquet.	Touraco.
Cacatoës.	Couroucou.
Ara.	Musophage.
Barbu.	Toucan.

Grimp. cunéirostres.

Pic.	Ani.
Torcol.	Coucou.
Jacamar.	

ORDRE IIᵉ. LES RAPACES.

Un seul doigt en arrière; doigts antérieurs entièrement libres; bec et ongles crochus.

Rap. nocturnes.

Chouette.
Duc.
Surnie.

Rap. nudicolles.

Sarcoramphe.
Vautour.

Rap. plumicolles.

Griffon.   Buse.
Messager.   Autour.
Aigle.   Faucon.

ORDRE IIIᵉ. LES PASSEREAUX.

Un seul doigt derrière; les deux externes de devant réunis; les tarses médiocres en hauteur.

Pass. crénirostres.

Tangara.   Cotinga.
Pie-grièche.   Merle.
Gobe-mouche.

Pass. dentirostres.

Calao.
Momot.
Phytotome.

Pass. plénirostres.

Mainate.   Corbeau.
Paradisier.   Pie.
Rollier.

Pass. conirostres.

Pique-bœuf.   Bec-croisé.
Glaucope.   Loxie.
Troupiale.   Coliou.
Cacique.   Moineau.
Étourneau.   Bruant.

Pass. subulirostres.

Manakin.   Alouette.
Mésange.   Bec-fin.

Pass. planirostres.

Martinet.
Hirondelle.
Engoulevent.

Pass. ténuirostres.

Alcyon.   Guêpier.
Todier.   Colibri.
Sittelle.   Grimpereau.
Orthorinque.   Huppe.

ORDRE IVᵉ. LES COLOMBINS.

Bec mou, flexible, aplati à la base; narines couvertes d'une peau molle; ailes propres au vol; couvée de deux œufs.

Pigeon.

ORDRE Vᵉ. LES GALLINACÉS.

Bec solide, corné, arrondi à la base; couvée de plus de deux œufs.

Gall. alectrides.

Outarde.   Pintade.
Paon.   Hocco.
Tétras.   Guan.
Faisan.   Dindon.

Gall. brachyptères.

Dronte.   Touyou.
Casoar.   Autruche.

ORDRE VIe. LES ÉCHASSIERS.

Tarses très-longs, dénués de plumes jusqu'à la jambe;
doigts externes réunis à leur base. (Oiseaux de rivage.)

Éch. pressirostres.

Jacana.   Gallinule.
Râle.   Foulque.
Huîtrier.

Éch. cultrirostres.

Bec-ouvert.   Grue.
Héron.   Jabiru.
Cigogne.   Tantale.

Éch. térétirostres.

Avocette.   Vanneau.
Courlis.   Pluvier.
Bécasse.

Éch. latirostres.

Savacou.
Spatule.
Phénicoptère.

ORDRE VIIe. LES PALMIPEDES.

Doigts réunis par de larges membranes; tarses peu éle-
vés. (Oiseaux aquatiques, nageurs.)

Palm. pennipèdes.

Anhinga.   Frégate.
Phaéton.   Cormoran.
Fou.   Pélican.

Palm. serrirostres.

> Harle.
> Canard.
> Flammant.

Palm. longipennes.

Mauve.	Avocette.
Albatros.	Sterne.
Pétrel.	Rhincope.

Palm. brévipennes.

Grèbe.	Pingoin.
Guillemot.	Manchot.
Alque.	

★ LES MONOTRÈMES, Geoff.

Animaux intermédiaires entre les oiseaux et les mammifères. Ces animaux sont quadrupèdes, sans mamelles, sans
dents enchâssées, sans lèvres, et n'ont qu'un orifice pour
les organes génitaux, les excrémens et les urines; leur corps
est couvert de poils ou de piquans.

> Les ornithorinques.
> Les échidnées.

Nota. J'ai déjà parlé de ces animaux dans
le chap. VI, p. 145 et 146, où j'ai montré que
ce ne sont ni des mammifères, ni des oiseaux,
ni des reptiles.

LES MAMMIFÈRES.

(Classe XIVᵉ. du règne animal.)

Animaux vivipares et à mamelles ; quatre membres articulés, ou seulement deux ; respiration complète par des poumons non percés à l'extérieur ; du poil sur quelques parties du corps.

Observations.

Dans l'ordre de la nature, qui procède év i-demment du plus simple vers le plus composé dans ses opérations sur les corps vivans, les *mammifères* constituent nécessairement la dernière classe du règne animal.

Cette classe, effectivement, comprend les animaux les plus parfaits, ceux qui ont le plus de facultés, ceux qui ont le plus d'intelligence, enfin, ceux dont l'organisation est la plus composée.

Ces animaux, dont l'organisation approche le plus de celle de l'homme, offrent, par cette raison, une réunion de sens et de facultés plus parfaite que tous les autres. Ils sont les seuls qui soient vraiment vivipares, et qui aient des mamelles pour allaiter leurs petits.

Ainsi, les *mammifères* présentent la complication la plus grande de l'organisation animale, et le terme du perfectionnement et du nombre des facultés qu'à l'aide de cette organisation la nature ait pu donner à des corps vivans. Ils doivent donc terminer l'immense série des animaux qui existent.

TABLEAU DES MAMMIFÈRES.

ORDRE Ier. MAMMIFÈRES EXONGULÉS.

Deux membres seulement : ils sont antérieurs, courts, aplatis, propres à nager, et n'offrent ni ongles, ni cornes.

Les cétacés.

Baleine.	Narval.
Baleinoptère.	Anarnak.
Physale.	Delphinaptère.
Cachalot.	Dauphin.
Physétère.	Hypérodon.

ORDRE II^c. MAMMIFÈRES AMPHIBIES.

Quatre membres : les deux antérieurs courts, en nageoires, à doigts onguiculés ; les postérieurs dirigés en arrière, ou réunis avec l'extrémité du corps, qui est en queue de poisson.

Phoque.	Dugong.
Morse.	Lamantin.

Observation.

Cet ordre n'est placé ici que sous le rapport de la forme générale des animaux qu'il comprend. *Voyez* mon observation, p. 143.

ORDRE IIIe. MAMMIFÈRES ONGULÉS.

Quatre membres qui ne sont propres qu'à marcher : leurs doigts sont enveloppés entièrement à leur extrémité par une corne qu'on nomme sabot.

Les solipèdes.
Cheval.

Les ruminans ou bisulces.

Bœuf.	Cerf.
Antilope.	Giraffe.
Chèvre.	Chameau.
Brebis.	Chèvrotain.

Les pachidermes.

Rhinocéros.	Cochon.
Daman.	Éléphant.
Tapir.	Hippopotame.

ORDRE IVe. MAMMIFÈRES ONGUICULÉS.

Quatre membres : des ongles aplatis ou pointus à l'extrémité de leurs doigts, et qui ne les enveloppent point.

Les tardigrades.
Paresseux.

Les édentés.

Fourmiller.	Oryctérope.
Pangolin.	Tatou.

Les rongeurs.
Kangurou.

Lièvre.   Aspalax.
Coendou.   Écureuil.
Porc-épic.   Loir.
Aye-aye.   Hamster.
Phascolome.   Marmotte.
Hydromys.   Campagnol.
Castor.   Ondatra.
Cabiai.   Rat.

Les pédimanes.

Sarigue.   Wombat.
Péramèle.   Coescoës.
Dasyure.   Phalanger.

Les plantigrades.

Taupe.   Blaireau.
Musaraigne.   Coati.
Ours.   Hérisson.
Kinkajou.   Tenrec.

Les digitigrades.

Loutre.   Chat.
Mangouste.   Civette.
Moufette.   Hyène.
Marte.   Chien.

Les chiroptères.

Galéopithèque.   Noctilion.
Rhinolophe.   Chauve-souris.
Phyllostome.   Roussette.

Les quadrumanes.

Galago.   Lori.
Tarsier.   Maki.

Indri.   Alouate.
Guenon.   Magot.
Babouin.   Pongo.
Sapajou.   Orang.

Remarque. Selon l'ordre que je viens de présenter, la famille des *quadrumanes* comprend
donc les plus parfaits des animaux connus, surtout les derniers genres de cette famille ; et en
effet, le genre ORANG (*pithecus*) termine l'ordre
entier, comme la *monade* le commence. Quelle
différence, relativement à l'organisation et aux
facultés, entre les animaux de ces deux genres !

Les naturalistes qui ont considéré l'homme
seulement sous le rapport de l'organisation, en
ont formé avec ses six variétés connues, un
genre particulier, constituant lui seul une famille à part, qu'ils ont caractérisée de la manière
suivante.

LES BIMANES.

Mammifères à membres séparés, onguiculés ; à trois sortes de dents, et à pouces opposables aux mains seulement.

L'homme.

Variétés.
- Le caucasique.
- L'hyperboréen.
- Le mongol.
- L'américain.
- Le malais.
- L'éthiopien ou nègre.

On a donné à cette famille le nom de *bimanes*, parce qu'en effet les mains seules de l'homme offrent un pouce séparé et comme opposé aux doigts; tandis que dans les *quadrumanes*, les mains et les pieds présentent, à l'égard du pouce, le même caractère.

Quelques Observations relatives à l'Homme.

Sɪ l'homme n'étoit distingué des animaux que
relativement à son organisation, il seroit aisé de
montrer que les caractères d'organisation dont
on se sert pour en former, avec ses variétés,
une famille à part, sont tous le produit d'anciens
changemens dans ses actions, et des habitudes
qu'il a prises et qui sont devenues particulières
aux individus de son espèce.

Effectivement, si une race quelconque de *quadrumanes*, surtout la plus perfectionnée d'entre elles, perdoit, par la nécessité des circonstances, où
par quelqu'autre cause, l'habitude de grimper sur
les arbres, et d'en empoigner les branches avec
les pieds, comme avec les mains, pour s'y accrocher; et si les individus de cette race, pendant une suite de générations, étoient forcés de
ne se servir de leurs pieds que pour marcher,
et cessoient d'employer leurs mains comme
des pieds; il n'est pas douteux, d'après les observations exposées dans le chapitre précédent, que ces quadrumanes ne fussent à la
fin transformés en *bimanes*, et que les pouces
de leurs pieds ne cessassent d'être écartés des
doigts, ces pieds ne leur servant plus qu'à marcher.

En outre, si les individus dont je parle, mus

par le besoin de dominer, et de voir à la fois au loin et au large, s'efforçoient de se tenir debout, et en prenoient constamment l'habitude de génération en génération ; il n'est pas douteux encore que leurs pieds ne prissent insensiblement une conformation propre à les tenir dans une attitude redressée, que leurs jambes n'acquissent des mollets, et que ces animaux ne pussent alors marcher que péniblement sur les pieds et les mains à la fois.

Enfin, si ces mêmes individus cessoient d'employer leurs mâchoires comme des armes pour mordre, déchirer ou saisir, ou comme des tenailles pour couper l'herbe et s'en nourrir, et qu'ils ne les fissent servir qu'à la mastication ; il n'est pas douteux encore que leur angle facial ne devînt plus ouvert, que leur museau ne se raccourcît de plus en plus, et qu'à la fin étant entièrement effacé, ils n'eussent leurs dents incisives verticales.

Que l'on suppose maintenant qu'une race de *quadrumanes*, comme la plus perfectionnée, ayant acquis, par des habitudes constantes dans tous ses individus, la conformation que je viens de citer, et la faculté de se tenir et de marcher debout, et qu'ensuite elle soit parvenue à dominer les autres races d'animaux ; alors on concevra :

1°. Que cette race plus perfectionnée dans ses

facultés, étant par-là venue à bout de maîtriser les autres, se sera emparée à la surface du globe de tous les lieux qui lui conviennent;

2°. Qu'elle en aura chassé les autres races éminentes, et dans le cas de lui disputer les biens de la terre, et qu'elle les aura contraintes de se réfugier dans les lieux qu'elle n'occupe pas;

3°. Que nuisant à la grande multiplication des races qui l'avoisinent par leurs rapports, et les tenant reléguées dans des bois ou autres lieux déserts, elle aura arrêté les progrès du perfectionnement de leurs facultés, tandis qu'elle-même, maîtresse de se répandre partout, de s'y multiplier sans obstacle de la part des autres, et d'y vivre par troupes nombreuses, se sera successivement créé des besoins nouveaux qui auront excité son industrie et perfectionné graduellement ses moyens et ses facultés;

4°. Qu'enfin, cette race prééminente ayant acquis une suprématie absolue sur toutes les autres, elle sera parvenue à mettre entre elle et les animaux les plus perfectionnés, une différence, et, en quelque sorte, une distance considérable.

Ainsi, la race de *quadrumanes* la plus perfectionnée aura pu devenir dominante; changer ses habitudes par suite de l'empire absolu qu'elle aura pris sur les autres et de ses nouveaux be-

soins; en acquérir progressivement des modifications dans son organisation et des facultés nouvelles et nombreuses; borner les plus perfectionnées des autres races à l'état où elles sont par-
venues; et amener entre elle et ces dernières
des distinctions très-remarquables.

L'ORANG D'ANGOLA (*Simia troglodytes*, LIN.)
est le plus perfectionné des animaux : il l'est beaucoup plus que l'orang des Indes (*Simia satyrus*,
LIN.), que l'on a nommé orang-outang; et,
néanmoins, sous le rapport de l'organisation, ils
sont, l'un et l'autre, fort inférieurs à l'homme
en facultés corporelles et d'intelligence (1). Ces
animaux se tiennent debout dans bien des occasions; mais comme ils n'ont point de cette attitude une habitude soutenue, leur organisation
n'en a pas été suffisamment modifiée; en sorte
que la *station* pour eux est un état de gêne fort
incommode.

On sait, par les relations des voyageurs, surtout à l'égard de l'orang des Indes, que lorsqu'un
danger pressant l'oblige à fuir, il retombe aussitôt sur ses quatre pates. Cela décèle, nous dit-on, la
véritable origine de cet animal, puisqu'il est forcé

---

(1) Voyez dans mes *Recherches sur les Corps vivans*,
p. 136, quelques observations sur l'ORANG D'ANGOLA.

de

de quitter cette contenance étrangère qui en imposoit.

Sans doute cette contenance lui est étrangère, puisque, dans ses déplacemens, il en fait moins d'usage, ce qui fait que son organisation y est moins appropriée ; mais pour être devenue plus facile à l'homme, la *station* lui est-elle donc tout-à-fait naturelle?

Pour l'homme qui, par ses habitudes maintenues dans les individus de son espèce depuis une grande suite de générations, ne peut que se tenir debout dans ses déplacemens, cette attitude n'en est pas moins pour lui un état fatigant, dans lequel il ne sauroit se maintenir que pendant un temps borné et à l'aide de la contraction de plusieurs de ses muscles.

Si la colonne vertébrale du corps humain formoit l'axe de ce corps, et soutenoit la tête en équilibre, ainsi que les autres parties, l'homme debout pourroit s'y trouver dans un état de repos. Or, qui ne sait qu'il n'en est pas ainsi; que la tête ne s'articule point à son centre de gravité ; que la poitrine et le ventre, ainsi que les viscères que ces cavités renferment, pèsent presqu'entièrement sur la partie antérieure de la colonne vertébrale ; que celle-ci repose sur une base oblique, etc.? Aussi, comme l'observe M. *Richerand*, est-il nécessaire que dans la station,

23

une puissance active veille sans cesse à prévenir les chutes dans lesquelles le poids et la disposition des parties tendent à entraîner le
corps.

Après avoir développé les considérations relatives à la station de l'homme, le même savant s'exprime ainsi : « Le poids relatif de la
tête, des viscères thoraciques et abdominaux,
tend donc à entraîner en avant la ligne, suivant
laquelle toutes les parties du corps pèsent sur le
plan qui le soutient ; ligne qui doit être exactement perpendiculaire à ce plan pour que la
station soit parfaite ; le fait suivant vient à l'appui de cette assertion: J'ai observé que les enfans
dont la tête est volumineuse, le ventre saillant
et les viscères surchargés de graisse, s'accoutu-
ment difficilement à se tenir debout; ce n'est
guère qu'à la fin de leur deuxième année qu'ils
osent s'abandonner à leurs propres forces; ils restent exposés à des chutes fréquentes, et ont une
tendance naturelle à reprendre l'état de quadrupède. » *Physiologie*, vol. II, p. 268.

Cette disposition des parties qui fait que la
station de l'homme est un état d'action, et par
suite fatigant, au lieu d'être un état de repos, dé-
celeroit donc aussi en lui une origine analogue à
celle des autres mammifères, si son organisation
étoit prise seule en considération.

Maintenant pour suivre, dans tous ses points, la supposition présentée dès le commencement de ces observations, il convient d'y ajouter les considérations suivantes.

Les individus de la race dominante dont il a été question, s'étant emparés de tous les lieux d'habitation qui leur furent commodes, et ayant considérablement multiplié leurs besoins à mesure que les sociétés qu'ils y formoient devenoient plus nombreuses, ont dû pareillement multiplier leurs idées, et par suite ressentir le besoin de les communiquer à leurs semblables. On conçoit qu'il en sera résulté pour eux la nécessité d'augmenter et de varier en même proportion les *signes* propres à la communication de ces idées. Il est donc évident que les individus de cette race auront dû faire des efforts continuels, et employer tous leurs moyens dans ces efforts, pour créer, multiplier et varier suffisamment les *signes* que leurs idées et leurs besoins nombreux rendoient nécessaires.

Il n'en est pas ainsi des autres animaux; car, quoique les plus parfaits d'entre eux, tels que les *quadrumanes,* vivent, la plupart, par troupes; depuis l'éminente suprématie de la race citée, ils sont restés sans progrès dans le perfectionnement de leurs facultés, étant pourchassés de toutes parts et relégués dans des lieux sauvages, déserts, rarement spacieux, et où, misérables et inquiets, ils sont sans cesse contraints de fuir et de se cacher. Dans cette situation, ces animaux ne se forment plus de nouveaux besoins; n'acquièrent plus d'idées nouvelles; n'en ont qu'un petit nombre, et toujours les mêmes qui les occupent; et parmi ces idées, il y en a très-peu qu'ils aient besoin de communiquer aux autres individus de leur espèce. Il ne leur faut donc que très-peu de *signes* différens pour se faire entendre de leurs semblables; aussi quelques mouvemens du corps ou de certaines de ses parties, quelques sifflemens et quelques cris variés par de simples inflexions de voix leur suffisent.

Au contraire, les individus de la race dominante, déjà mentionnée, ayant eu besoin de multiplier les *signes* pour communiquer rapidement leurs idées devenues de plus en plus nombreuses, et ne pouvant plus se contenter, ni des *signes* pantomimiques, ni des inflexions possibles de leur voix, pour représenter cette multitude de *signes* devenus nécessaires, seront parvenus, par différens efforts, à former des *sons articulés*: d'abord ils n'en auront employé qu'un petit nombre, conjointement avec des inflexions de leur voix; par la suite, ils les auront multipliés, variés et perfectionnés, selon l'accroissement de leurs besoins, et selon qu'ils se seront plus exercés à les produire. En effet, l'exercice habituel de leur gosier, de leur langue et de leurs lèvres pour articuler des sons, aura éminemment développé en eux cette faculté.

De là, pour cette race particulière, l'origine de l'admirable faculté *de parler ;* et comme l'éloignement des lieux où les individus qui la composent se seront répandus favorise la corruption des signes convenus pour rendre chaque idée, de là l'origine des langues, qui se seront diversifiées partout.

Ainsi, à cet égard, les besoins seuls auront tout fait : ils auront fait naître les efforts; et les organes propres aux articulations des sons se seront développés par leur emploi habituel.

Telles seroient les réflexions que l'on pourroit faire si l'homme, considéré ici comme la race prééminente en question, n'étoit distingué des animaux que par les caractères de son organisation et si son origine n'étoit pas différente de la leur.

FIN DE LA PREMIÈRE PARTIE.

PHILOSOPHIE
ZOOLOGIQUE.

~~~~~~

SECONDE PARTIE.

Considérations sur les Causes physiques de la Vie, les conditions qu'elle exige pour exister, la force excitatrice de ses mouvemens, les facultés qu'elle donne aux corps qui la possèdent, et les ré-sultats de son existence dans ces corps.

INTRODUCTION.

LA NATURE, ce mot si souvent prononcé comme s'il s'agissoit d'un être particulier, ne doit être à nos yeux que l'*ensemble d'objets* qui comprend : 1°. tous les corps physiques qui existent; 2°. les lois générales et particulières qui régissent les changemens d'état et de situation que ces corps peuvent éprouver; 3°. enfin, le mouvement diversement répandu parmi eux, perpétuellement entretenu ou renaissant dans sa source, infini-

PHILOSOPHIE
ZOOLOGIQUE.

~~~~~~

SECONDE PARTIE.

Considérations sur les Causes physiques de la Vie, les conditions qu'elle exige pour exister, la force excitatrice de ses mouvemens, les facultés qu'elle donne aux corps qui la possèdent, et les résultats de son existence dans ces corps.

INTRODUCTION.

LA *NATURE*, ce mot si souvent prononcé comme s'il s'agissoit d'un être particulier, ne doit être à nos yeux que l'*ensemble d'objets* qui comprend : 1°. tous les corps physiques qui existent; 2°. les lois générales et particulières qui régissent les changemens d'état et de situation que ces corps peuvent éprouver; 3°. enfin, le mouvement diversement répandu parmi eux, perpétuellement entretenu ou renaissant dans sa source, infiniment varié dans ses produits, et d'où résulte l'ordre admirable de choses que cet ensemble nous présente.

Tous les corps physiques quelconques, soit solides, soit fluides, soit liquides, soit gazeux, sont doués chacun de qualités et de facultés qui leur sont propres; mais par les suites du mouvement répandu parmi eux, ces corps sont assujettis à des relations et des mutations diverses dans leur état et leur situation ; à contracter, les uns avec les autres, différentes sortes d'union, de combinaison ou d'agrégation; à éprouver ensuite des changemens infiniment variés, tels que des désunions complètes ou incomplètes avec leurs autres composans, des séparations d'avec leurs agrégés, etc.; ainsi ces corps acquièrent à mesure d'autres qualités et d'autres facultés qui sont alors relatives à l'état où chacun d'eux se trouve.

Par une suite encore de la disposition ou de la situation de ces mêmes corps, de leur état particulier dans chaque portion de la durée des temps, des facultés que chacun d'eux possède, des lois de tous les ordres qui régissent leurs changemens et leurs influences, enfin du mouvement qui ne leur permet aucun repos absolu, il règne continuellement dans tout ce qui constitue *la nature*, une activité puissante, une succession de mouvemens et de mutations de tous les genres, qu'aucune cause ne sauroit suspendre ni anéantir, si ce n'est celle qui a fait tout exister.

Regarder la nature comme éternelle, et conséquemment comme ayant existé de tout temps, c'est pour moi une idée abstraite, sans base, sans limite, sans vraisemblance, et dont ma raison ne sauroit se contenter. Ne pouvant rien savoir de positif à cet égard, et n'ayant aucun moyen de raisonner sur ce sujet, j'aime mieux penser que la *nature entière* n'est qu'un effet : dès lors je suppose, et me plais à admettre, une cause première, en un mot, une puissance suprême qui a donné l'existence à la nature, et qui l'a faite en totalité ce qu'elle est.

Ainsi, comme naturaliste et comme physicien, je ne dois m'occuper, dans mes études de la nature, que des corps que nous connoissons ou qui ont été observés; que des qualités et des propriétés de ces corps; que des relations qu'ils peuvent avoir les uns avec les autres dans différentes circonstances; enfin, que des suites de ces relations et des mouvemens divers répandus et continuellement entretenus parmi eux.

Par cette voie, la seule qui soit à notre disposition, il devient possible d'entrevoir les causes de cette multitude de phénomènes que nous offre la nature dans ses diverses parties, et de parve-

nir même à apercevoir celles des phénomènes
admirables que les corps vivans nous présentent,
celles, en un mot, qui font exister la vie dans les
corps qui en sont doués.

Ce sont, sans doute, des objets bien importans,
que ceux de rechercher en quoi consiste ce qu'on
nomme *la vie* dans un corps ; quelles sont les
conditions essentielles de l'organisation pour que
la vie puisse exister; quelle est la source de
cette force singulière qui donne lieu aux mouvemens vitaux tant que l'état de l'organisation le
permet; enfin, comment les différens phénomènes qui résultent de la présence et de la durée
de *la vie* dans un corps peuvent s'opérer, et
donner à ce corps les facultés qu'on y observe ;
mais aussi, de tous les problèmes que l'on puisse
se proposer, ce sont, sans contredit, ceux qui
sont les plus difficiles à résoudre.

Il étoit, ce me semble, beaucoup plus aisé
de déterminer le cours des astres observés dans
l'espace, et de reconnoître les distances, les
grosseurs, les masses et les mouvemens des pla-
nètes qui appartiennent au système de notre
soleil, que de résoudre le problème relatif à la
source de la vie dans les corps qui en sont
doués, et, conséquemment, à l'origine ainsi
qu'à la production des différens corps vivans
qui existent.

Quelque difficile que soit ce grand sujet de recherches, les difficultés qu'il nous présente ne sont point insurmontables ; car il n'est question, dans tout ceci, que de phénomènes purement *physiques*. Or, il est évident que les phénomènes dont il s'agit ne sont, d'une part, que les résultats directs des relations de différens corps entre eux, et que les suites d'un ordre et d'un état de choses qui, dans certains d'entre eux, donnent lieu à ces relations; et de l'autre part, qu'ils résultent de mouvemens excités dans les parties de ces corps, par une force dont il est possible d'apercevoir la source.

Ces premiers résultats de nos recherches offrent, sans doute, un bien grand intérêt, et nous donnent l'espoir d'en obtenir d'autres qui ne seront pas moins importans. Mais quelque fondement qu'ils puissent avoir peut-être seront-ils long-temps encore sans obtenir l'attention qu'ils méritent; parce qu'ils ont à lutter contre une prévention des plus anciennes, qu'ils doivent détruire des préjugés invétérés, et qu'ils offrent un champ de considérations nouvelles, fort différentes de celles que l'on envisage habituellement.

Ce sont apparemment des considérations semblables qui ont fait dire à *Condillac,* que « la raison a bien peu de force, et que ses progrès sont bien lents, lorsqu'elle a à détruire des erreurs dont personne n'a pu s'exempter. » (*Traité des Sensations*, t. I, p. 108.)

C'est, sans contredit, une bien grande vérité, que celle qu'a su prouver M. CABANIS, par une suite de faits irrécusables, lorsqu'il a dit que le *moral* et le *physique* prenoient leur source dans la même base ; et qu'il a fait voir que les opérations qu'on nomme *morales*, résultent directement, comme celles qu'on appelle *physiques*, de l'action, soit de certains organes particuliers, soit de l'ensemble du système vivant; et qu'enfin, tous les phénomènes de l'intelligence et de la volonté prennent leur source dans l'état primitif ou accidentel de l'organisation.

Mais pour reconnoître plus aisément tout le fondement de cette grande vérité, il ne faut point se borner à en rechercher les preuves dans l'examen des phénomènes de l'organisation très-compliquée de l'homme et des animaux les plus parfaits; on les obtiendra plus facilement encore, en considérant les divers progrès de la composition de l'organisation, depuis les animaux les plus imparfaits jusqu'à ceux dont l'organisation présente la complication la plus considérable ; car alors ces progrès montreront successivement l'origine de chaque faculté animale, les causes et les développemens de ces facultés, et l'on se convaincra de nouveau que ces deux grandes modifications de notre existence, qu'on nomme le *physique* et le *moral*, et qui offrent deux ordres de phénomènes si séparés en apparence, ont leur base commune dans l'organisation.

Les choses étant ainsi, nous devons rechercher, dans la plus simple de toutes les organisations, en quoi consiste réellement la vie, quelles sont les conditions essentielles à son existence, et dans quelle source elle puise la force particulière qui excite les mouvemens qu'on nomme *vitaux*.

Ce n'est, effectivement, que d'après l'examen de l'organisation la plus simple que l'on peut savoir ce qui est véritablement essentiel à l'existence de la vie dans un corps; car dans une organisation compliquée, chacun des principaux organes intérieurs s'y trouve nécessaire à la conservation de la vie, à cause de son étroite connexion avec toutes les autres parties du système, et parce que ce système est formé sur un plan qui exige ces organes; mais il ne s'ensuit pas que ces mêmes organes soient essentiels à l'existence de la vie dans tout corps vivant quelconque.

Cette considération est très-importante, lorsque l'on recherche ce qui est réellement essentiel pour constituer la vie; et elle empêche qu'on n'attribue inconsidérément à aucun organe spé-

cial une existence indispensable pour que la vie
puisse avoir lieu.

Le propre des *mouvemens vitaux* est de
se former et de s'entretenir par excitation, et
non par communication. Ces mouvemens seroient les seuls dans la nature qui fussent dans ce
cas, s'ils n'avoisinoient fortement ceux de la fermentation; cependant ils en diffèrent, en ce
qu'ils peuvent être maintenus à peu près les mêmes pendant une durée limitée, et qu'ils accroissent, et ensuite maintiennent, pendant un
certain temps, le corps dans lequel ils s'exécutent; tandis que ceux de la fermentation détruisent, sans réparation, le corps qui s'y trouve
assujetti, et s'accroissent jusqu'au terme qui les
anéantit.

Puisque les mouvemens vitaux ne sont jamais
communiqués, mais sont toujours excités; il faut
rechercher quelle est la cause qui les excite,
c'est-à-dire, dans quelle source les corps vivans
puisent la force particulière qui les anime.

Assurément, quelque soit l'état d'organisation
d'un corps, et quelque soit celui de ses fluides essentiels, la vie active ne sauroit exister dans ce
corps sans une cause particulière capable d'y
exciter les mouvemens vitaux. Quelque hypothèse
que l'on imagine à cet égard, il faudra toujours
en revenir à reconnoître la nécessité de cette

cause particulière, pour que la vie puisse exister activement. Or, il n'est plus possible d'en douter ; cette cause qui anime les corps qui jouissent de la vie se trouve dans les milieux qui environnent ces corps, y varie dans son intensité, selon les lieux, les saisons et les climats de la terre, et elle n'est nullement dépendante des corps qu'elle vivifie ; elle précède leur existence et subsiste après leur destruction ; enfin, elle excite en eux les mouvemens de la vie, tant que l'état des parties de ces corps le lui permet, et elle cesse de les animer lorsque cet état s'oppose à l'exécution des mouvemens qu'elle excitoit.

Dans les animaux les plus parfaits, cette cause excitatrice de la vie se développe en eux-mêmes et suffit, jusqu'à un certain point, pour les animer ; cependant elle a encore besoin du concours de celle que fournissent les milieux environnans. Mais dans les autres animaux et dans tous les végétaux, elle leur est tout-à-fait étrangère ; en sorte que les milieux ambians peuvent seuls la leur procurer.

Lorsque ces objets intéressans seront reconnus et déterminés, nous examinerons comment se sont formés les premiers traits de l'organisation, comment les générations directes peuvent avoir lieu, et dans quelle partie de chaque série des corps vivans la nature en a pu opérer.

En effet, pour que les corps qui jouissent de la vie soient réellement des productions de la nature, il faut qu'elle ait eu, et qu'elle ait encore la faculté de produire directement certains d'entre eux, afin que, les ayant munis de celle de s'accroître, de se multiplier, de composer de plus en plus leur organisation, et de se diversifier avec le temps et selon les circonstances, tous ceux que nous observons maintenant soient véritablement les produits de sa puissance et de ses moyens.

Ainsi, après avoir reconnu la nécessité de ces créations directes, il faut rechercher quels peuvent être les corps vivans que la nature peut produire directement, et les distinguer de ceux qui ne reçoivent qu'indirectement l'existence qu'ils tiennent d'elle. Assurément, le lion, l'aigle, le papillon, le chêne, le rosier ne reçoivent pas directement de la nature l'existence dont ils jouissent; ils la reçoivent, comme on le sait, d'individus semblables à eux qui la leur communiquent par la voie de la génération; et l'on peut assurer que si l'espèce entière du lion ou celle du chêne venoit à être détruite dans les parties du globe où les individus qui la composent se trouvent répandus, les facultés réunies de la nature n'auroient de long-temps le pouvoir de la faire exister de nouveau.

Je

Je me propose donc de montrer, à cet égard, quel est le mode que paroît employer la nature pour former, dans les lieux et les circonstances favorables, les corps vivans les plus simplement organisés, et conséquemment les animaux les plus imparfaits; comment ces animaux si frêles, et qui ne sont, en quelque sorte, que des ébauches de l'animalité directement produites par la nature, se sont développés, multipliés et diversifiés; comment, enfin, après une suite infinie de régénérations, l'organisation de ces corps a fait des progrès dans sa composition, et étendu, de plus en plus, dans les races nombreuses qui en sont résultées, les facultés animales.

On verra que chaque progrès acquis dans la composition de l'organisation et dans les facultés qui en ont été les suites, a été conservé et transmis à d'autres individus par la voie de la reproduction, et que par cette marche, soutenue pendant une multitude de siècles, la nature est parvenue à former successivement tous les corps vivans qui existent.

On verra, en outre, que toutes les facultés, sans exception, sont complétement physiques, c'est-à-dire, que chacune d'elles résulte essentiellement d'actes de l'organisation; en sorte qu'il sera facile de montrer comment de l'instinct le plus borné, dont la source peut être aisément

24.

aperçue, la nature a pu parvenir à créer les facultés de l'intelligence, depuis celles qui sont les plus obscures, jusqu'à celles qui sont plus développées.

Ce n'est point un traité de *Physiologie* que l'on doit s'attendre à trouver ici : le public possède d'excellens ouvrages en ce genre, sur lesquels je n'ai que peu de redressemens à proposer. Mais je dois rassembler, à cet égard, des faits généraux et des vérités fondamentales bien reconnues, parce que j'aperçois qu'il jaillit de leur réunion des traits de lumière qui ont échappé à ceux qui se sont occupés des détails de ces objets, et que ces traits de lumière nous montrent, avec évidence, ce que sont réellement les *corps doués de la vie*, pourquoi et comment ils existent, de quelle manière ils se développent et se reproduisent; enfin, par quelles voies les facultés qu'on observe en eux ont été obtenues, transmises et conservées dans les individus de chaque espèce.

Si l'on veut saisir l'enchaînement des causes physiques qui ont donné l'existence aux corps vivans, tels que nous les voyons, il faut nécessairement avoir égard au principe que j'exprime dans la proposition suivante :

C'est à l'influence des mouvemens de divers fluides sur les matières plus ou moins solides de notre globe, qu'il faut attribuer la formation,

la conservation temporaire , et la reproduction
de tous les corps vivans qu'on observe à sa surface , ainsi que toutes les mutations que les débris de ces corps ne cessent de subir.

Que l'on néglige cette importante considération , tout rentre dès lors, pour l'intelligence humaine , dans une confusion inextricable ; la cause
générale des faits et des objets observés ne peut
plus être aperçue ; et, à cet égard , nos connoissances restant sans valeur , sans liaison et sans
progrès , l'on continuera de mettre à la place des
vérités qu'on eût pu saisir, ces fantômes de notre imagination et ce merveilleux qui plaisent
tant à l'esprit humain.

Que l'on donne , au contraire , à cette même
proposition toute l'attention que son évidence
doit lui faire obtenir , alors on verra qu'il en
découle naturellement une multitude de lois subordonnées qui rendent raison de tous les faits
bien reconnus, relativement à l'existence, à la
nature , aux diverses facultés ; enfin , aux mutations des corps vivans et des autres corps plus
ou moins composés qui existent.

Quant aux mouvemens constans, mais varia-
bles, des divers fluides dont je veux parler, il
est de toute évidence qu'ils sont continuellement
entretenus dans notre globe par l'influence que la
lumière du soleil y exerce perpétuellement ; elle

en modifie et en déplace sans cesse de grandes portions dans certaines régions de ce globe; les contraint à une sorte de circulation et à des mouvemens divers; en sorte qu'elle les met dans le cas de produire tous les phénomènes qu'on observe.

Il me suffira de mettre beaucoup d'ordre dans la citation des faits et de leur enchaînement, et dans l'application de ces considérations aux phénomènes observés, pour répandre le jour nécessaire sur le fondement de ce que je viens d'exposer.

D'abord, il est indispensable de distinguer les fluides visibles contenus dans les corps vivans, et qui y subissent des mouvemens et des changemens continuels, de certains autres fluides subtils et toujours invisibles qui animent ces corps, et sans lesquels la vie n'existeroit pas en eux.

Ensuite, considérant le produit de l'action des fluides invisibles dont je viens de parler, sur les parties solides, fluides et visibles des corps vivans; il sera aisé de sentir que, relativement à l'organisation de ces différens corps, et à tous les mouvemens qu'on y observe, enfin, à tous les changemens qu'on leur voit éprouver, tout y est entièrement le résultat des mouvemens des différens fluides qui se trouvent dans ces corps;

que les fluides dont il s'agit ont, par leurs mouvemens, organisé ces corps; qu'ils les ont modifiés de diverses manières; qu'ils s'y sont modifiés eux-mêmes; et qu'ils ont produit peu à peu,
à leur égard, l'état de choses que l'on y observe
maintenant.

En effet, si l'on donne une attention suivie
aux différens phénomènes que présente l'organisation, et surtout à ceux qui appartiennent aux
développemens de cette organisation, principalement dans les animaux les plus imparfaits, l'on
sera convaincu :

1°. Que toute l'opération de la nature pour
former ses créations directes, consiste à organiser en *tissu cellulaire* les petites masses de matière gélatineuse ou mucilagineuse qu'elle trouve
à sa disposition et dans des circonstances favorables; à remplir ces petites masses celluleuses
de fluides contenables ; et à les vivifier en mettant
ces fluides contenables en mouvement, à l'aide
des fluides subtils excitateurs qui y affluent sans
cesse des milieux environnans;

2°. Que le *tissu cellulaire* est la gangue dans
laquelle toute organisation a été formée, et au
milieu de laquelle les différens organes se sont
successivement développés, par la voie du mouvement des fluides contenables qui ont graduellement modifié ce tissu cellulaire;

3°. Qu'effectivement, le propre du mouvement des fluides dans les parties souples des corps vivans qui les contiennent, est de s'y frayer des routes, des lieux de dépôt et des issues; d'y créer des canaux, et par suite des organes divers; d'y varier ces canaux et ces organes à raison de la diversité, soit des mouvemens, soit de la nature des fluides qui y donnent lieu et qui s'y modifient; enfin, d'agrandir, d'allonger, de diviser et de solidifier graduellement ces canaux et ces organes par les matières qui se forment et se séparent sans cesse des fluides essentiels qui y sont en mouvement; matières dont une partie s'assimile et s'unit aux organes, tandis que l'autre est rejetée au dehors;

4°. Qu'enfin, le propre du mouvement organique est, non-seulement de développer l'organisation, d'étendre les parties et de donner lieu à l'accroissement, mais encore de multiplier les organes et les fonctions à remplir.

Après avoir exposé ces grandes considérations qui me semblent présenter des vérités incontestables, et cependant jusqu'à ce jour inaperçues, j'examinerai quelles sont les facultés communes à tous les corps vivans, et conséquemment à tous les animaux; ensuite je passerai en revue les principales de celles qui sont nécessairement particulières à certains animaux, les autres ne pouvant nullement en être doués.

J'ose le dire, c'est un abus très-nuisible à l'avancement de nos connoissances physiologiques, que de supposer inconsidérément que tous les animaux, sans exception, possèdent les mêmes organes et jouissent des mêmes facultés; comme si la nature étoit forcée d'employer partout les mêmes moyens pour arriver à son but. Dès que, sans s'arrêter à la considération des faits, il n'en coûte que quelques actes de l'imagination pour créer des principes, que ne suppose-t-on de suite que tous les corps vivans possèdent généralement les mêmes organes, et jouissent en conséquence des mêmes facultés?

Un objet que je n'ai pas dû négliger dans cette seconde partie de mon ouvrage, est la considération des résultats immédiats de la vie dans un corps. Or, je puis faire voir que ces résultats donnent lieu à des combinaisons entre des principes qui, sans cette circonstance, ne se fussent jamais unis ensemble. Ces combinaisons se surchargent même de plus en plus, à mesure que l'énergie vitale augmente; en sorte que, dans les animaux les plus parfaits, elles offrent une grande complication et une surcharge considérable dans leurs principes combinés. Ainsi les corps vivans constituent, par le pouvoir de la vie qu'ils possèdent, le principal moyen que la nature emploie pour faire exister une multitude de composés différens qui n'eussent jamais eu lieu sans cette cause remarquable.

En vain prétend-on que les corps vivans trouvent dans les substances alimentaires dont ils se nourrissent, les matières toutes formées qui servent à composer leur corps, leurs solides et leurs fluides de toutes les sortes; ils ne rencontrent dans ces substances alimentaires que les matériaux propres à former les combinaisons que je viens de citer, et non ces combinaisons elles-mêmes.

C'est, sans doute, parce qu'on n'a point suffisamment examiné le pouvoir de la vie dans les corps qui en jouissent, et que l'on n'a point aperçu les résultats de ce pouvoir, que l'on a supposé que les corps vivans trouvoient dans les alimens dont ils font usage, les matières toutes préparées qui servent à former leur corps, et que ces matières existoient de tout temps dans la nature.

Tels sont les sujets qui composent la seconde partie de cet ouvrage : leur importance mériteroit, sans doute, de grands développemens ; mais je me suis borné à l'exposition succincte de ce qui est nécessaire pour que mes observations puissent être saisies.

CHAPITRE PREMIER.

Comparaison des Corps inorganiques avec les Corps vivans, suivie d'un Parallèle entre les Animaux et les Végétaux.

IL y a long-temps que j'eus l'idée de comparer entre eux les corps organisés vivans et les corps bruts ou inorganiques ; que je m'aperçus de l'extrême différence qui se trouve entre les uns et les autres ; et que je fus convaincu de la nécessité de considérer l'étendue de cette différence et ses caractères. On étoit alors assez généralement dans l'usage de présenter les trois règnes de la nature sur une même ligne, les distinguant, en quelque sorte, classiquement, et l'on sembloit ne pas s'apercevoir de l'énorme différence qu'il y a entre un corps vivant, et un corps brut et sans vie.

Cependant, si l'on veut parvenir à connoître réellement ce qui constitue *la vie*, en quoi elle consiste ; quelles sont les causes et les lois qui donnent lieu à cet admirable phénomène de la nature, et comment la vie elle-même peut être la source de cette multitude de phénomènes

étonnans que les corps vivans nous présentent ;
il faut, avant tout, considérer très-attentivement
les différences qui existent entre les corps inorganiques et les corps vivans; et pour cela, il
faut mettre en parallèle les caractères essentiels
de ces deux sortes de corps.

Caractères des Corps inorganiques mis en paral-
lèle avec ceux des Corps vivans.

1°. Tout corps brut ou inorganique n'a l'*individualité* que dans sa molécule intégrante : les
masses, soit solides, soit fluides, soit gazeuses,
qu'une réunion de molécules intégrantes peut
former, n'ont point de bornes ; et l'étendue,
grande ou petite, de ces masses, n'ajoute ni ne
retranche rien qui puisse faire varier la nature du
corps dont il s'agit; car cette nature réside en
entier dans celle de la molécule intégrante de
ce corps.

Au contraire, tout corps vivant possède l'*individualité* dans sa masse et son volume; et
cette individualité, qui est simple dans les
uns, et composée dans les autres, n'est jamais
restreinte dans les corps vivans à celle de leurs
molécules composantes ;

2°. Un corps inorganique peut offrir une masse
véritablement homogène, et il peut aussi en cons-

tituer qui soient hétérogènes; l'agrégation ou la réunion de parties semblables ou de parties dissemblables , pouvant avoir lieu sans que ce corps cesse d'être brut ou inorganique. Il n'y a , à cet égard , aucune nécessité que les masses de ce corps soient plutôt homogènes qu'hétérogènes , ou plutôt hétérogènes qu'homogènes ; elles sont accidentellement telles qu'on les observe.

Tous les corps vivans, au contraire , même ceux qui sont les plus simples en organisation, sont nécessairement hétérogènes , c'est-à-dire, composés de parties dissemblables : ils n'ont point de molécules intégrantes , mais ils sont formés de molécules composantes de différente nature;

3°. Un corps inorganique peut constituer, soit une masse solide parfaitement sèche , soit une masse tout-à-fait liquide , soit un fluide gazeux.

Le contraire a lieu à l'égard de tout corps vivant; car aucun corps ne peut posséder la vie s'il n'est formé de deux sortes de parties essentiellement coexistantes , les unes solides, mais souples et contenantes, et les autres liquides et contenues, indépendamment des fluides invisibles qui le pénètrent et qui se développent dans son intérieur.

Les masses que constituent les corps inorganiques n'ont point de forme qui soit particulière à l'espèce ; car, soit que ces masses aient une forme régulière, comme lorsque ces corps sont cristallisés, soit qu'elles soient irrégulières, leur forme ne s'y trouve pas constamment la même ; il n'y a que leur molécule intégrante qui ait, pour chaque espèce, une forme invariable (1).

Les corps vivans, au contraire, offrent tous, à peu près, dans leur masse, une forme qui est particulière à l'espèce, et qui ne sauroit varier sans donner lieu à une race nouvelle ;

4°. Les molécules intégrantes d'un corps inorganique sont toutes indépendantes les unes des autres; car, qu'elles soient réunies en masse, ou solide, ou liquide, ou gazeuse, chacune d'elles existe par elle-même, se trouve constituée par le nombre, les proportions et l'état de combinaison de

_____

(1) Les molécules intégrantes qui constituent l'espèce d'une matière composée, résultent toutes d'un même nombre de principes, combinés entre eux dans les mêmes proportions, et d'un état de combinaison parfaitement semblable : toutes ont donc la même forme, la même densité, les mêmes qualités propres.

Mais lorsque des causes quelconques ont fait varier, soit le nombre des principes composans de ces molécules, soit les proportions de leurs principes, soit leur état de combinaison, alors ces molécules intégrantes ont une autre forme, une autre densité et d'autres qualités propres : elles sont alors d'une autre espèce.

ses principes, et ne tient ou n'emprunte rien, pour son existence, des molécules semblables ou dissemblables qui l'avoisinent.

Au contraire, les molécules composantes d'un corps vivant, et conséquemment toutes les parties de ce corps, sont, relativement à leur état, dépendantes les unes des autres; parce qu'elles sont toutes assujetties aux influences d'une cause qui les anime et les fait agir ; parce que cette cause les fait concourir toutes à une fin commune, soit dans chaque organe, soit dans l'individu entier ; et parce que les variations de cette même cause en opèrent également dans l'état de chacune de ces molécules et de ces parties ;

5°. Aucun corps inorganique n'a besoin pour se conserver d'aucun mouvement dans ses parties; au contraire, tant que ses parties restent dans le repos et l'inaction, ce corps se conserve sans altération, et sous cette condition, il pourroit exister toujours. Mais dès que quelque cause vient à agir sur ce corps, et à exciter des mouvemens et des changemens dans ses parties, ce même corps perd aussitôt, soit sa forme, soit sa consistance, si les mouvemens et les changemens excités dans ses parties n'ont eu lieu que dans sa masse ou quelque partie de sa masse; et il perd même sa nature, ou est détruit, si les mouvemens et les changemens dont il s'agit ont pénétré jusque dans ses molécules intégrantes.

Tout corps, au contraire, qui possède la vie, se trouve continuellement, ou temporairement, animé par une *force particulière* qui excite sans cesse des mouvemens dans ses parties intérieures, qui produit, sans interruption, des changemens d'état dans ces parties, mais qui y donne lieu à des réparations, des renouvellemens, des développemens, et à quantité de phénomènes qui sont exclusivement propres aux corps vivans; en sorte que, chez lui, les mouvemens excités dans ses parties intérieures altèrent et détruisent, mais réparent et renouvellent, ce qui étend la durée de l'existence de l'individu, tant que l'équilibre entre ces deux effets opposés, et qui ont chacun leur cause, n'est pas trop fortement détruit;

6°. Pour tout corps inorganique, l'augmentation de volume et de masse est toujours accidentelle et sans bornes, et cette augmentation ne s'exécute que par *juxta-position*, c'est-à-dire, que par l'addition de nouvelles parties à la surface extérieure du corps dont il est question.

L'accroissement, au contraire, de tout corps vivant est toujours nécessaire et borné, et il ne s'exécute que par *intus-susception*, c'est-à-dire, que par pénétration intérieure, ou l'introduction

dans l'individu de matières qui, après leur assi-
milation, doivent y être ajoutées et en faire
partie. Or, cet accroissement est un véritable
développement de parties du dedans au dehors,
ce qui est exclusivement propre aux corps vivans ;

.7°. Aucun corps inorganique n'est obligé de
se nourrir pour se conserver ; car il peut ne
faire aucune perte de parties, et lorsqu'il en
fait, il n'a en lui aucun moyen pour les réparer.

Tout corps vivant, au contraire, éprouvant
nécessairement, dans ses parties intérieures, des
mouvemens successifs sans cesse renouvelés, des
changemens dans l'état de ses parties, enfin,
des pertes continuelles de substance par des séparations et des dissipations que ces changemens
entraînent ; aucun de ces corps ne peut conserver la vie s'il ne se nourrit continuellement,
c'est-à-dire, s'il ne répare incessamment ses pertes par des matières qu'il introduit dans son
intérieur ; en un mot, s'il ne prend des alimens
à mesure qu'il en a besoin ;

8°. Les corps inorganiques et leurs masses se
forment de parties séparées qui se réunissent accidentellement ; mais ces corps ne naissent point,
et aucun d'eux n'est jamais le produit, soit d'un
germe, soit d'un bourgeon , qui, par des déve-

loppemens, font exister un individu en tout semblable à celui ou à ceux dont il provient.

Tous les corps vivans, au contraire, naissent
véritablement, et sont le produit, soit d'un
germe que la fécondation a vivifié ou préparé à la
vie, soit d'un *bourgeon* simplement extensible,
l'un et l'autre donnant lieu à des individus
parfaitement semblables à ceux qui les ont
produits;

9°. Enfin, aucun corps inorganique ne peut
mourir, puisqu'aucun de ces corps ne possède
la vie, et que la mort qui résulte nécessairement
des suites de l'existence de la vie dans un corps,
n'est que la cessation complète des mouvemens
organiques, à la suite d'un dérangement qui rend
désormais ces mouvemens impossibles.

Tout corps vivant, au contraire, est inévitablement assujetti à la mort; car le propre même
de la vie, ou des mouvemens qui la constituent
dans un corps, est d'amener, au bout d'un temps
quelconque, dans ce corps, un état des organes
qui rend à la fin impossible l'exécution de leurs
fonctions, et qui, par conséquent, anéantit dans
ce même corps la faculté d'exécuter des mouvemens organiques.

Il y a donc entre les corps bruts ou inorganiques, et les corps vivans, une différence énorme, un *hyatus* considérable, en un mot, une
séparation

séparation telle qu'aucun corps inorganique quelconque ne sauroit être rapproché même du plus
simple des corps vivans. La vie et ce qui la constitue dans un corps, font la différence essentielle
qui le distingue de tous ceux qui en sont dépourvus.

D'après cela, quelle inconvenance de la part
de ceux qui voudroient trouver une liaison et,
en quelque sorte, une nuance entre certains
corps vivans et des corps inorganiques !

Quoique M. *Richerand*, dans son intéressante
Physiologie, ait traité le même sujet que celui
que je viens de présenter, j'ai dû le reproduire
ici avec des développemens qui me sont propres ;
parce que les considérations qu'il embrasse sont
très-importantes relativement aux objets qui me
restent à exposer.

Une comparaison entre les végétaux et les
animaux n'intéresse pas directement l'objet que
j'ai en vue dans cette seconde partie ; néanmoins,
comme cette comparaison concourt au but général de cet ouvrage, je crois devoir en exposer ici quelques-uns des traits les plus saillans.
Mais auparavant, voyons ce que les végétaux
et les animaux ont réellement de commun entre
eux comme corps vivans.

Les végétaux n'ont de commun avec les animaux que la possession de la vie ; conséquem-

ment, les uns et les autres remplissent les conditions qu'exige son existence, et jouissent des
facultés générales qu'elle produit.

Ainsi, de part et d'autre, ce sont des corps
essentiellement composés de deux sortes de parties, les unes solides, mais souples et contenantes, les autres liquides et contenues, indépendamment des fluides invisibles qui les pénétrent ou
qui se développent en eux.

Tous ces corps possèdent l'individualité, soit
simple, soit composée; ont une forme particulière à leur espèce; naissent à l'époque où la vie
commence à exister en eux, ou à celle qui les
sépare du corps dont ils proviennent; sont continuellement, ou temporairement, animés par une
force particulière qui excite leurs mouvemens
vitaux; ne se conservent que par une nutrition
plus ou moins réparatrice de leurs pertes de
substance; s'accroissent, pendant un temps limité, par des développemens intérieurs; forment
eux-mêmes les matières composées qui les constituent; reproduisent et multiplient pareillement
eux-mêmes les individus de leur espèce; enfin,
arrivent tous à un terme où l'état de leur organisation ne permet plus à la vie de se conserver
en eux.

Telles sont les facultés communes aux uns et
aux autres de ces corps vivans. Comparons main-

tenant les caractères généraux qui les distinguent
entre eux.

Parallèles entre les Caractères généraux des Végétaux et ceux des Animaux.

Les végétaux sont des corps vivans organisés,
non irritables dans aucune de leurs parties, incapables d'exécuter des mouvemens subits plusieurs
fois de suite répétés, et dont les mouvemens vitaux ne s'exécutent que par des excitations extérieures, c'est-à-dire, que par une cause excitatrice que les milieux environnans fournissent, laquelle agit principalement sur les fluides contenus
et visibles de ces corps.

Dans les animaux, toutes les parties, ou seulement certaines d'entre elles, sont essentiellement
irritables, et ont la faculté d'opérer des mouvemens
subits, qui peuvent se répéter plusieurs fois de
suite. Les mouvemens vitaux, dans les uns, s'exécutent par des excitations extérieures, et dans
les autres, par une force qui se développe en eux.
Ces excitations extérieures et cette force excitatrice interne provoquent l'irritabilité des parties,
agissent en outre sur les fluides visibles contenus,
et donnent lieu, dans tous, à l'exécution des mouvemens vitaux.

Il est certain qu'aucun végétal quelconque n'a
la faculté de mouvoir subitement ses parties exté-

rieures, et de faire exécuter à aucune d'elles des
mouvemens subits, répétés plusieurs fois de suite.
Les seuls mouvemens subits qu'on observe dans
certains végétaux, sont des mouvemens de dé-
tente ou d'affaissement de parties (*voyez* p. 94),
et quelquefois des mouvemens hygromètriques
ou pyrométriques qu'éprouvent certains filamens
subitement exposés à l'air. Quant aux autres mouvemens qu'exécutent les parties des végétaux,
tels que ceux qui les font se diriger vers la lumière,
ceux qui occasionnent l'ouverture et la clôture
des fleurs, ceux qui donnent lieu au redressement
ou à l'abaissement des étamines, des pédoncules,
ou à l'entortillement des tiges sarmenteuses et des
vrilles, enfin, ceux qui constituent ce qu'on
nomme le *sommeil* et le *réveil* des plantes; ces
mouvemens ne sont jamais subits; ils s'opèrent
avec une lenteur qui les rend tout-à-fait insensibles; et on ne les connoît que par leurs produits
effectués.

Les animaux, au contraire, possèdent la faculté d'exécuter, au moyen de certaines de leurs
parties extérieures, des mouvemens subits très-ap-
parens, et de les répéter de suite plusieurs fois les
mêmes ou de les varier.

Les végétaux, surtout ceux qui sont e npartie
dans l'air, affectent dans leurs développemens
deux directions opposées et très - remarquables ;

de manière qu'ils offrent une *végétation ascendante*
et une *végétation descendante*. Ces deux sortes de
végétation partent d'un point commun que j'ai
nommé ailleurs (1) le *nœud vital ;* parce que la
vie se retranche particulièrement dans ce point,
lorsque la plante perd de ses parties, et que le
végétal ne périt réellement que lorsque la vie
cesse d'y exister ; et parce que l'organisation de
ce *nœud vital*, connu sous le nom de *collet de la
racine*, y est tout-à-fait particulière, etc. ; or, de
ce point, ou *nœud vital*, la végétation ascendante
produit la tige, les branches, et toutes les parties
de la plante qui sont dans l'air ; et du même
point, la végétation descendante donne naissance
aux racines qui s'enfoncent dans le sol ou dans
l'eau ; enfin, dans la germination, qui donne la vie
aux graines, les premiers développemens du jeune
végétal ayant besoin, pour s'exécuter, de sucs tout
préparés que la plante ne peut encore puiser dans
le sol, ni dans l'air, ces sucs paroissent lui être
alors fournis par les *cotylédons*, qui sont toujours
attachés au nœud vital, et ces sucs suffisent pour
commencer la végétation ascendante de la plu-
mule, et la végétation descendante de la radicule.

On n'observe rien de semblable dans les ani-

---

(1) *Histoire naturelle des Végétaux*, édition de Déterville, vol. I, p. 225.

maux. Leurs développemens n'affectent point
deux directions uniques et particulières, mais ils
s'opèrent de tous côtés et dans toutes les directions, selon que l'exige la forme de leurs parties;
enfin, leur vie ne se retranche jamais dans un
point isolé, mais dans l'intégrité des organes spéciaux essentiels lorsqu'ils existent. Dans les animaux où des organes spéciaux essentiels n'existent point, la vie n'est retranchée nulle part;
aussi en divisant leur corps, la vie se conserve
dans chacune des parties séparées.

Les végétaux, en général, s'élèvent perpendi-
culairement, non toujours au plan du sol, mais à
celui de l'horizon du lieu; de manière qu'à mesure
qu'ils croissent, ils s'élancent vers le ciel, comme
une gerbe de fusées dans un feu d'artifice. Aussi,
quoique les branches et les rameaux qui forment
leur cime, s'écartent de la direction de la tige,
ils forment toujours un angle aigu avec cette tige
au point de leur insertion. Il semble que la *force
excitatrice* des mouvemens vitaux dans ces corps
se dirige principalement de bas en haut et de haut
en bas, et que c'est elle qui cause, par ces deux
directions opposées, la forme et la disposition
particulières de ces corps vivans, en un mot,
qui donne lieu à la végétation ascendante et à la
végétation descendante. Il en résulte que les canaux dans lesquels se meuvent les fluides essentiels

de ces corps sont parallèles entre eux ainsi qu'à l'axe longitudinal du végétal ; car ce sont partout des tubes longitudinaux et parallèles qui se sont formés dans le tissu cellulaire , ces tubes n'offrant de divergence que pour former les expansions aplaties des feuilles et des pétales , ou que lorsqu'ils se répandent dans les fruits.

Rien de tout cela ne se montre dans les animaux ; la direction longitudinale de leur corps n'est point assujettie comme celle de la plupart des végétaux à s'élancer à la fois vers le ciel et vers le centre du globe ; la force qui excite leurs mouvemens vitaux ne se partage point en deux directions uniques ; enfin , les canaux intérieurs qui contiennent leurs fluides visibles sont contournés de différentes manières et n'ont entre eux aucun parallélisme.

Les alimens des végétaux ne sont que des matières liquides ou fluides que ces corps vivans absorbent des milieux environnans : ces alimens sont l'eau , l'air atmosphérique , le calorique , la lumière et différens gaz qu'ils décomposent en se les appropriant ; aucun d'eux , conséquemment , n'a de digestion à exécuter , et , par cette raison , tous sont dépourvus d'organes digestifs. Comme les corps vivans composent eux-mêmes leur propre substance , ce sont eux qui forment les premières combinaisons non-fluides.

Au contraire, la plupart des animaux se nourrissent de matières déjà composées, qu'ils introduisent dans une cavité tubuleuse, destinée à les recevoir. Ils ont donc une digestion à faire pour opérer la dissolution complète des masses de ces matières; ils modifient et changent les combinaisons existantes et les surchargent de principes; en sorte que ce sont eux qui forment les combinaisons les plus compliquées.

Enfin, les résidus consommés des végétaux détruits sont des produits fort différens de ceux qui proviennent des animaux; ce qui constate que ces deux sortes de corps vivans sont effectivement d'une nature tout-à-fait distincte.

En effet, dans les végétaux, les solides l'emportent en proportion sur les fluides, le mucilage constitue leurs parties les plus tendres, et parmi leurs principes composans le *carbone* prédomine; tandis que dans les animaux, les fluides l'emportent en quantité sur les solides, la gélatine abonde dedans leurs parties molles et même dans les os de ceux qui en ont, et, parmi leurs composans, c'est surtout l'*azote* qui se fait remarquer.

D'ailleurs, dans les résidus consommés des végétaux, la terre qui en provient est principalement *argileuse* et souvent présente de la *silice ;* au lieu que dans ceux des animaux, celle qui en résulte constitue, soit du *carbonate*, soit du *phosphate de chaux*.

Quelques traits communs d'analogie entre les Animaux et les Végétaux.

Quoique la nature des végétaux ne soit nullement la même que celle des animaux, que le corps des uns présente toujours des facultés et même des substances que l'on chercheroit vainement à retrouver dans celui des autres, comme ce sont de part et d'autre des corps vivans, et que la nature a évidemment suivi un plan d'opérations uniforme dans les corps où elle a institué la vie, rien, en effet, n'est plus remarquable que l'analogie que l'on observe entre certaines des opérations qu'elle a exécutées dans ces deux sortes de corps vivans.

Dans les uns, comme dans les autres, les plus simplement organisés d'entre eux ne se reproduisent que par des gemmes ou des bourgeons, que par des corpuscules reproductifs qui ressemblent à des œufs ou à des graines, mais qui n'ont exigé aucune fécondation préalable, et qui, effectivement, ne contiennent point un embryon renfermé dans des enveloppes qu'il doit rompre pour pouvoir prendre tous ses développemens. Cependant, dans les uns et les autres encore, lorsque la composition de l'organisation fût assez avancée pour que des organes de fécondation,

pussent être formés, la reproduction des individus s'opéra alors uniquement ou principalement par la génération sexuelle.

Un autre trait d'analogie fort remarquable des
opérations de la nature à l'égard des animaux et
des végétaux, est le suivant : il consiste dans la
suspension plus ou moins complète de la vie
active, c'est-à-dire, des mouvemens vitaux,
qu'éprouvent dans certains climats et en certaines
saisons, un grand nombre de ces corps vivans.

En effet, dans l'hiver des climats froids, les
végétaux ligneux et les plantes vivaces éprouvent
une suspension à peu près complète de végétation, et par conséquent des mouvemens organiques ou vitaux; leurs fluides, alors en moindre
quantité, sont inactifs : il ne se produit dans ces
végétaux, pendant le cours de ces circonstances,
ni pertes, ni absorptions alimentaires, ni changemens, ni développemens quelconques; en un
mot, la vie active est en eux tout-à-fait suspendue, ces corps éprouvent un véritable engourdissement, et néanmoins ils ne sont pas privés de la
vie. Comme les végétaux réellement simples ne
peuvent vivre qu'une année, ils se hâtent de donner, dans les climats froids, leurs graines ou leurs
corpuscules reproductifs, et périssent à l'arrivée
de la mauvaise saison.

Les phénomènes de la *suspension* plus ou moins

complète de la vie active, c'est-à-dire, des mouvemens organiques qui la constituent, s'observent aussi d'une manière très - remarquable dans
beaucoup d'animaux.

Dans l'hiver des climats froids, les animaux
les plus imparfaits cessent de vivre ; et, parmi
ceux qui conservent la vie, un grand nombre
tombe dans un *engourdissement* plus ou moins
complet; de manière que dans les uns toute espèce
de mouvemens intérieurs ou vitaux se trouve suspendue, tandis que dans les autres il en existe
encore, mais qui ne s'exécutent qu'avec une extrême lenteur. Ainsi, quoique presque toutes les
classes offrent des animaux qui subissent plus ou
moins complétement cette suspension de la vie
active, on remarque particulièrement ce phénomène dans les fourmis, les abeilles, et bien d'autres insectes ; dans des annelides, des mollusques,
des poissons, des reptiles (surtout les serpens);
enfin, dans beaucoup de mammifères, tels que la
chauve-souris, la marmotte, le loir, etc.

Le dernier trait d'analogie que je citerai n'est
pas moins remarquable; le voici : de même qu'il
y a des animaux simples, constituant des individus isolés, et des animaux composés, c'est-à-
dire, adhérant les uns aux autres, communiquant
entre eux par leur base, et participant à une vie
commune, ce dont la plupart des *polypes* offrent

dés exemples ; de même aussi il y a des végétaux simples, qui vivent individuellement, et il y a des végétaux composés, c'est-à-dire, qui vivent plusieurs ensemble, se trouvant comme entés les uns sur les autres, et qui participent tous à une vie commune.

Le propre d'une plante est de vivre jusqu'à ce qu'elle ait donné ses fleurs et ses fruits ou ses corpuscules reproductifs. La durée de sa vie s'étend rarement au delà d'une année. Les organes sexuels de cette plante, si elle en possède, n'exécutent qu'une seule fécondation ; en sorte qu'ayant opéré les gages de sa reproduction (ses graines), ils périssent ensuite et se détruisent complétement.

Si cette plante est un végétal simple, elle périt elle-même après avoir donné ses fruits ; et l'on sait qu'il est difficile de la multiplier autrement que par ses graines ou par ses gemmes.

Les plantes annuelles ou bisannuelles paroissent donc toutes dans ce cas ; ce sont des végétaux simples ; et leurs racines, leurs tiges, ainsi que leurs rameaux, sont les produits en végétation de ces végétaux : ce n'est cependant pas, à beaucoup près, le cas de toutes les plantes ; car parmi toutes celles que l'on connoît, le plus grand nombre présente des végétaux réellement composés.

Ainsi, lorsque je vois un arbre, un arbrisseau, une plante vivace, ce ne sont pas des végétaux simples que j'ai sous les yeux ; mais je vois dans chacun une multitude de végétaux, vivant ensemble les uns sur les autres, et participant tous à une vie commune.

Cela est si vrai, que si je greffe sur une branche de prunier un bourgeon de cerisier, et sur une autre branche du même arbre un bourgeon d'abricotier, ces trois espèces vivront ensemble et participeront à une vie commune, sans cesser d'être distinctes.

Les racines, le tronc et les branches ne sont, à l'égard de ce végétal, composés que des produits en végétation de cette vie commune et de plantes particulières, mais adhérentes, qui ont existé sur ce même végétal ; comme la masse générale d'un madrépore est le produit en animalisation de polypes nombreux qui ont vécu ensemble et se sont succédés les uns aux autres. Mais chaque bourgeon du végétal est une plante particulière qui participe à la vie commune de toutes les autres, développe sa fleur annuelle ou son bouquet de fleurs pareillement annuel, produit ensuite ses fruits, et, enfin, peut donner naissance à un rameau contenant déjà d'autres bourgeons, c'est-à-dire, d'autres plantes particulières. Chacune de ces plantes particulières, ou fructifie, et elle ne le fait qu'une seule fois, ou produit un rameau qui donne naissance à d'autres plantes semblables.

C'est ainsi que ce végétal composé forme, en continuant de vivre, un résultat de végétation qui subsiste après la destruction de tous les individus qui ont concouru ensemble à le produire, et dans lequel la vie se retranche.

De là, en séparant des parties de ce végétal, qui contiennent un ou plusieurs bourgeons, ou qui en renferment les élémens non développés, on peut en former à volonté autant de nouveaux individus vivans, semblables à ceux dont ils proviennent, sans employer le secours des fruits de ces plantes; et voilà effectivement ce que les cultivateurs exécutent en faisant des *boutures*, des *marcottes*, etc.

Or, de même que la nature a fait des végétaux composés, elle a fait aussi des animaux composés; et pour cela elle n'a pas changé, de part et d'autre, soit la nature végétale, soit la nature animale. En voyant des animaux composés, il seroit tout aussi absurde de dire que ce sont des *animaux-plantes*, qu'il le seroit en voyant des plantes composées, de dire que ce sont des *plantes-animales* (1).

----

(1) Lorsque l'on ne considère que les corps produits par la végétation ou par des animaux, on en rencontre parmi eux plusieurs qui nous embarrassent pour décider s'ils appartiennent au règne végétal ou au règne animal; et l'analise chimique de ces corps prononce quelquefois en faveur des

Qu'on eût, il y a un siècle, donné le nom de *zoophytes* aux animaux composés de la classe des polypes, ce tort eût été excusable; l'état peu avancé des connoissances qu'on avoit alors sur la nature animale, rendoit cette expression moins mauvaise : à présent, ce n'est plus la même chose ; et il ne sauroit être indifférent d'assigner à une classe d'animaux un nom qui exprime une fausse idée des objets qu'elle embrasse.

Examinons maintenant ce que c'est que la vie, et quelles sont les conditions qu'exige son existence dans un corps.

---

substances animales, tandis que leur forme et leur organisation semblent indiquer que ces mêmes corps sont de véritables plantes. Plusieurs des genres que l'on rapporte aux végétaux de la famille des *algues* fournissent des exemples de ces cas embarrassans : il y auroit donc, entre les plantes et les animaux, des points d'une transition presque insensible.

Je ne le crois pas : je suis, au contraire, très-persuadé que si l'on pouvoit examiner les animaux eux-mêmes qui ont formé les polypiers membraneux ou filamenteux, qui ressemblent tant à des plantes, l'incertitude sur la véritable nature de ces corps seroit bientôt levée.

~~~~~~

CHAPITRE II.

De la Vie, de ce qui la constitue, et des Con-
ditions essentielles à son existence dans un
corps.

LA vie, dit M. *Richerand*, est une collection de
phénomènes qui se succèdent, pendant un temps
limité, dans les corps organisés.

Il falloit dire, la vie est un phénomène qui
donne lieu à une collection d'autres phénomènes, etc.; effectivement, ce ne sont point ces autres
phénomènes qui constituent la vie, mais c'est la
vie elle-même qui se trouve la cause de leur production.

Ainsi, la considération des phénomènes qui
résultent de l'existence de la vie dans un corps,
n'en présente nullement la *définition*, et elle ne
montre rien au delà des objets mêmes que la vie
fait exister : celle que je vais lui substituer a l'a-
vantage d'être à la fois plus exacte, plus directe
et plus propre à répandre quelques lumières sur
l'important sujet dont il est question, et elle conduit, en outre, à faire connoître la véritable définition de la vie.

La vie, considérée dans tout corps qui la possède,

sède, résulte uniquement des relations qui existent entre les trois objets suivans; savoir : les parties contenantes et dans un état approprié de ce corps; les fluides contenus qui y sont en mouvement; et la cause excitatrice des mouvemens et des changemens qui s'y opèrent.

Quelques efforts que l'on fasse par la pensée et par les méditations les plus profondes pour déterminer en quoi consiste ce qu'on nomme la *vie* dans un corps, dès que l'on aura égard à ce que l'observation nous apprend sur cet objet, il faudra nécessairement en revenir à la considération que je viens d'exposer; la vie, certes, ne consiste en nulle autre chose.

La comparaison que l'on a faite de la vie avec une montre dont le mouvement est en action, est au moins imparfaite; car dans la montre, il n'y a que deux objets principaux à considérer; savoir : 1.° les rouages ou l'équipage du mouvement; 2.° le ressort qui, par sa tension et son élasticité, entretient le mouvement tant que cette tension subsiste.

Mais dans un corps qui possède la vie, au lieu de deux objets principaux à considérer, il y en a trois; savoir : 1.° les organes ou les parties souples contenantes; 2.° les fluides essentiels contenus et en mouvement; 3.° enfin, la cause excitatrice des mouvemens vitaux, de laquelle naît l'action des fluides sur les organes et la réaction des organes sur les fluides. C'est donc uniquement des relations qui existent entre ces trois objets que résultent les mouvemens, les changemens et tous les phénomènes de la vie.

Or, pour accommoder et rendre moins imparfaite la comparaison de la montre avec un corps vivant, il faut comparer la *cause excitatrice* des mouvemens organiques au ressort de cette montre ; et considérer ensuite les parties souples contenantes, conjointement avec les fluides essentiels contenus, comme l'équipage du mouvement de l'instrument dont il est question.

Alors on sentira, d'une part, que le *ressort* (la cause excitatrice) est le moteur essentiel, sans lequel, en effet, tout reste dans l'inaction, et que ses variations de tension doivent causer les variations d'énergie et de rapidité des mouvemens.

De l'autre part, il sera évident que l'équipage du mouvement (les organes et les fluides essentiels) doit être dans un état et une disposition favorables à l'exécution des mouvemens qu'il doit opérer ; en sorte que des dérangemens dans cet équipage peuvent être tels, qu'ils empêchent toute efficacité dans la puissance du *ressort*.

Sous ce point de vue, la parité est complète ; le corps vivant peut être comparé à la montre ; et il m'est facile de montrer partout le fondement de cette comparaison, en citant les observations et les faits connus.

Quant à l'équipage du mouvement, son existence et ses facultés sont maintenant bien connues, ainsi que la plupart des lois qui déterminent ses diverses fonctions.

Mais quant au *ressort*, moteur essentiel, et provocateur de tous les mouvemens et de toutes les actions, il a jusqu'à présent échappé aux recherches des observateurs : je me flatte cependant de le signaler, dans le chapitre suivant, de manière qu'à l'avenir on ne puisse le méconnoître.

Mais auparavant, continuons l'examen de ce qui constitue essentiellement la vie.

Puisque la vie, considérée dans un corps, résulte uniquement des relations qui existent entre les parties contenantes et dans un état approprié de ce corps, les fluides contenus qui y sont en mouvement, et la cause excitatrice des mouvemens, des actions et des réactions qui s'y opèrent; on peut donc embrasser ce qui la *constitue* essentiellement dans la définition suivante.

La vie, dans les parties d'un corps qui la possède, est un ordre et un état de choses qui y permettent les mouvemens organiques ; et ces mouvemens, qui constituent la vie active, résultent de l'action d'une cause stimulante qui les excite.

Cette définition de la vie, soit active, soit sus-

pendue, embrasse tout ce qu'il y a de positif à y
exprimer, satisfait à tous les cas, et il me paroît
impossible d'y ajouter ou retrancher un seul mot,
sans détruire l'intégrité des idées essentielles
qu'elle doit présenter ; enfin, elle repose sur les
faits connus et les observations qui concernent cet
admirable phénomène de la nature.

D'abord, dans la définition dont il s'agit, la *vie
active* peut être distinguée de celle qui, sans cesser d'exister, est *suspendue*, et paroît se conserver pendant un temps limité, sans mouvemens
organiques perceptibles ; ce qui, comme je le ferai voir, est conforme à l'observation.

Ensuite, elle montre qu'aucun corps ne peut
posséder la vie active que lorsque les deux conditions suivantes se trouvent réunies :

La première, est la nécessité d'une cause stimulante, excitatrice des mouvemens organiques ;

La seconde, est celle qui exige qu'un corps,
pour posséder et conserver la vie, ait dans ses
parties un *ordre* et *un état de choses* qui leur
donnent la faculté d'obéir à l'action de la cause
stimulante, et de produire les mouvemens organiques.

Dans les animaux dont les fluides essentiels sont
très-peu composés, comme dans les *polypes* et les
infusoires, si les fluides contenables de l'un de ces
animaux sont subitement enlevés par une prompte

dessiccation, cette dessiccation peut s'opérer sans altérer les organes ou les parties contenantes de cet animal, et sans y détruire l'ordre qui y doit exister : dans ce cas, la vie est tout-à-fait suspendue dans ce corps desséché ; aucun mouvement organique ne se produit en lui ; et il ne paroît plus faire partie des corps vivans : cependant on ne peut dire qu'il soit mort ; car ses organes ou ses parties contenantes ayant conservé leur intégrité, si l'on rend à ce corps les fluides intérieurs dont il étoit privé, bientôt la cause stimulante, aidée d'une douce chaleur, excits des mouvemens, des actions et des réactions dans ses parties, et dès lors la vie lui est rendue.

Le *rotatoire* de SPALLANZANI que l'on a plusieurs fois réduit à un état de mort par une prompte dessiccation, et ensuite rendu vivant en le replongeant dans l'eau, pénétrée par une douce chaleur, prouve que la vie peut être alternativement suspendue et rétablie : elle n'est donc qu'un ordre et qu'un état de choses dans un corps qui y permettent les mouvemens vitaux qu'une cause particulière est capable d'exciter.

Dans le règne végétal, les *algues* et les *mousses* offrent les mêmes phénomènes à cet égard que le rotatoire de Spallanzani ; et l'on sait que des mousses promptement desséchées et conservées dans un herbier, fût-ce pendant un siècle, et re-

mises, après ce temps, dans l'humidité à une température douce, pourront reprendre la vie et
végéter de nouveau.

La suspension complète des mouvemens vitaux, sans l'altération des parties, et conséquemment avec la possibilité du retour de ces mouvemens, peut aussi avoir lieu dans l'homme même,
mais seulement pendant un temps fort court.

Les observations faites sur les noyés nous ont
appris qu'une personne tombée dans l'eau et en
étant retirée après trois quarts d'heure ou même
une heure d'immersion, se trouve asphyxiée
au point qu'aucun mouvement quelconque ne
s'exécute dans ses organes, et que cependant il
peut être encore possible de lui rendre la vie
active.

Si on la laisse dans cet état sans lui donner aucun secours, l'*orgasme* et l'*irritabilité* s'éteignent
bientôt dans ses parties intérieures, et dès lors
ses fluides essentiels et ensuite ses parties les plus
molles commencent à s'altérer, ce qui constitue
sa mort. Mais si, aussitôt après son extraction de
l'eau, et avant que l'irritabilité ne s'éteigne en
elle, on lui administre les secours connus; en un
mot, si l'on parvient, à l'aide des stimulans employés dans ce cas, à exciter à temps quelques
contractions dans ses parties intérieures; à produire quelques mouvemens dans ses organes de

circulation; bientôt tous les mouvemens vitaux reprennent leur cours, et la vie active, cessant d'être suspendue, est aussitôt rendue à cette personne.

Mais lorsque, dans un corps vivant, des altérations et des dérangemens, soit dans l'ordre, soit dans l'état de ses parties, sont assez considérables pour ne plus permettre à ces mêmes parties d'obéir à l'action de la cause excitatrice, et de produire les mouvemens organiques, la *vie* s'éteint aussitôt dans ce corps, et dès lors il cesse d'être au nombre des corps vivans.

Il résulte de ce que je viens d'exposer que, si dans un corps l'on dérange ou l'on altère cet ordre et cet état de choses dans ses parties, qui lui permettoient de posséder la vie active, et que ce dérangement soit de nature à empêcher l'exécution des mouvemens organiques ou à rendre impossible leur rétablissement lorsqu'ils sont suspendus, ce corps perd alors la vie, c'est-à-dire, subit la mort.

Le dérangement qui produit la mort peut être donc opéré dans un corps vivant par différentes causes accidentelles; mais la nature la forme nécessairement elle-même au bout d'un temps quelconque; et, en effet, c'est le propre de la vie de mettre insensiblement les organes hors d'état d'exécuter leurs fonctions, et par-là d'amener inévitablement la mort : j'en ferai voir la raison.

Ainsi, dire que la vie, dans tout corps qui en est doué, ne consiste qu'en un ordre et un état de choses dans les parties de ce corps qui permettent à ces parties d'obéir à l'action d'une cause stimulante, et d'exécuter les mouvemens organiques, ce n'est point exprimer une idée conjecturale, mais c'est indiquer un fait que tout atteste, dont on peut donner beaucoup de preuves, et qui ne pourra jamais être solidement contesté.

S'il en est ainsi, il ne s'agit plus que de savoir en quoi consiste, dans un corps, l'ordre et l'état de ses parties qui le rendent capable de posséder la vie active.

Mais comme la connoissance précise de cet objet ne peut être acquise directement, examinons d'abord quelles sont les conditions essentielles à l'existence de cet ordre et de cet état de choses dans les parties d'un corps, pour qu'il puisse posséder la vie.

Conditions essentielles à l'existence de l'ordre et de l'état des parties d'un Corps, pour qu'il puisse jouir de la vie.

Première condition. Aucun corps ne peut posséder la vie, s'il n'est essentiellement composé de deux sortes de parties, c'est-à-dire, s'il n'offre, dans sa composition, des parties souples contenantes, et des matières fluides contenues.

En effet, tout corps parfaitement sec ne peut être vivant, et tout corps dont toutes les parties sont fluides, ne sauroit pareillement jouir de la vie. La première condition essentielle pour qu'un corps puisse être vivant, est donc d'offrir une masse composée de deux sortes de parties, les unes solides et contenantes, mais molles et plus ou moins tenaces, et les autres fluides et contenues.

Deuxième condition. Aucun corps ne peut posséder la vie, si ses parties contenantes ne sont un *tissu cellulaire*, ou formées de *tissu cellulaire*.

Le *tissu cellulaire*, comme je le ferai voir, est la gangue dans laquelle tous les organes des corps vivans ont été successivement formés, et le mouvement des fluides dans ce tissu, est le moyen qu'emploie la nature pour créer et développer peu à peu ces organes.

Ainsi, tout corps vivant est essentiellement une *masse de tissu cellulaire*, dans laquelle des fluides plus ou moins composés se meuvent plus ou moins rapidement; en sorte que si ce corps est très-simple, c'est-à-dire, sans organes spéciaux, il paroît homogène, et n'offre que du

tissu cellulaire contenant des fluides qui s'y meuvent avec lenteur ; mais si son organisation est
composée, tous ses organes, sans exception,
sont enveloppés de tissu cellulaire, ainsi que
leurs plus petites parties, et même en sont essentiellement formés.

Troisième condition. Aucun corps ne peut posséder la vie active que lorsqu'une cause excitatrice de ses mouvemens organiques agit en lui.
Sans l'impression de cette cause active et stimulante, les parties solides et contenantes d'un
corps organisé seroient inertes, les fluides qu'elles contiennent resteroient en repos, les mouvemens organiques n'auroient pas lieu, aucune
fonction vitale ne seroit exécutée, et conséquemment la *vie* active n'existeroit pas.

Maintenant que nous connoissons les trois
conditions essentielles à l'existence de la vie
dans un corps, il nous devient plus possible de
reconnoître en quoi consiste principalement l'*ordre* et l'*état de choses* nécessaires à ce corps pour
qu'il puisse posséder la vie.

Pour y parvenir, il ne faut pas diriger uniquement ses recherches sur les corps vivans qui
ont une organisation très-composée ; on ne sauroit à quelle cause attribuer la vie qui s'y trouve,
et l'on s'exposeroit à choisir arbitrairement quelques considérations qui n'auroient rien de fondé.

Mais si l'on porte son attention sur l'extrémité, soit du règne animal, soit du règne végétal, où se trouvent les corps vivans les plus
simples en organisation, on remarquera, d'a-
bord, que ces corps qui possèdent la vie n'offrent, dans chaque individu, qu'une masse gélatineuse, ou mucilagineuse, de tissu cellulaire de
la plus foible consistance, dont les cellules communiquent entre elles, et dans lesquelles des
fluides quelconques subissent des mouvemens,
des déplacemens, des dissipations, des renouvellemens successifs, des changemens d'état ; enfin, déposent des parties qui s'y fixent. Ensuite
on remarquera qu'une *cause excitatrice*, qui
peut varier dans son énergie, mais qui ne manque jamais entièrement, anime sans cesse les
parties contenantes et très-souples de ces corps,
ainsi que les fluides essentiels qui y sont contenus, et que cette cause y entretient tous les mouvemens qui constituent la vie active, tant que les
parties qui doivent recevoir ces mouvemens sont
en état d'y obéir.

Conséquence.

L'ordre de choses nécessaire à l'existence de
la vie dans un corps, est donc essentiellement:
1°. Un tissu cellulaire (ou des organes qui en

sont formés) doué d'une grande souplesse , et animé par l'*orgasme*, premier produit de la cause excitatrice;

2°. Des fluides quelconques, plus ou moins composés, contenus dans ce tissu cellulaire (ou dans les organes qui en proviennent), et subissant, par un second produit de la cause excitatrice, des mouvemens, des déplacemens, des changemens divers, etc.

Dans les animaux, la cause *excitatrice* des mouvemens organiques agit puissamment , et sur les parties contenantes, et sur les fluides contenus ; elle entretient un *orgasme* énergique dans les parties contenantes, les met dans le cas de réagir sur les fluides contenus , et par-là les rend éminemment *irritables ;* et quant aux fluides contenus, cette cause excitatrice les réduit à une sorte de raréfaction et d'expansion qui facilite leurs divers mouvemens.

Dans les végétaux, au contraire, la cause *excitatrice* dont il est question, n'agit puissamment et principalement que sur les fluides contenus, et elle produit dans ces fluides les mouvemens et les changemens qu'ils sont susceptibles d'éprouver; mais elle n'opère sur les parties contenantes de ces corps vivans, même sur les plus souples d'entre elles, qu'un *orgasme* ou un éréthisme obscur, incapable, par sa foiblesse, de leur faire exécuter aucun mouvement subit, de les faire réagir sur les fluides contenus, et conséquemment de les rendre *irritables*. Le produit de cet orgasme a été nommé, mal à propos, *sensibilité latente* ; j'en parlerai dans le chapitre IV.

Dans les animaux, qui tous ont des parties irritables, les mouvemens vitaux sont entretenus, dans les uns, par l'*irritabilité* seule des parties, et dans les autres, ils le sont à la fois par l'irritabilité et par l'action musculaire des organes qui doivent agir.

En effet, dans ceux des animaux dont l'organisation, encore très-simple, n'exige dans les fluides contenus que des mouvemens fort lents, les mouvemens vitaux s'exécutent seulement par l'irritabilité des parties contenantes et par la sollicitation dans les fluides contenus que provoque en eux la cause excitatrice. Mais comme l'énergie vitale s'accroît à mesure que l'organisation se compose, il arrive bientôt un terme où l'irritabilité et la cause excitatrice seules ne peuvent plus suffire à l'accélération devenue nécessaire dans les mouvemens des fluides ; alors la nature emploie le *système nerveux*, qui ajoute le produit de l'action de certains muscles à celui de l'irritabilité des parties ; et bientôt ce système permettant l'emploi du mouvement musculaire, le cœur devient un moteur puissant pour

l'accélération du mouvement des fluides ; enfin ,
lorsque la respiration pulmonaire a pu être établie ,
le mouvement musculaire devient encore nécessaire à l'exécution des mouvemens vitaux , par les
alternatives de dilatation et de resserrement qu'il
procure à la cavité qui contient l'organe respiratoire , et sans lesquelles les inspirations et les
expirations ne pourroient s'opérer.

« Nous ne sommes pas , sans doute , dit
M. *Cabanis,* réduits encore à prouver que la sensibilité physique est la source de toutes les idées et
de toutes les habitudes qui constituent l'existence
morale de l'homme : Locke , Bonnet , Condillac ,
Helvétius , ont porté cette vérité jusqu'au dernier degré de la démonstration. Parmi les personnes instruites , et qui font quelque usage de
leur raison , il n'en est maintenant aucune qui
puisse élever le moindre doute à cet égard. D'un
autre côté , les physiologistes ont prouvé que *tous
les mouvemens vitaux sont le produit des impressions reçues par des parties sensibles ,* etc. »
(RAPPORTS du Physique et du Moral de
l'Homme, vol. I, p. 85 et 86.)

Je reconnois aussi que la sensibilité physique
est la source de toutes les idées; mais je suis
fort éloigné d'admettre que tous les mouvemens
vitaux sont le produit d'impressions reçues par
des parties sensibles : cela, tout au plus, pour-

roit être fondé à l'égard des corps vivans qui possèdent un système nerveux ; car les mouve-mens vitaux de ceux en qui un pareil système n'existe pas, ne sauroient être le produit d'impressions reçues par des parties sensibles : rien n'est plus évident.

Lorsqu'on veut déterminer les véritables élémens de la vie, on doit nécessairement considérer les faits qu'elle présente dans tous les corps qui en jouissent ; or, dès qu'on s'y prendra de cette manière, on verra que ce qui est réellement essentiel à l'existence de la vie dans un plan d'organisation, ne l'est nullement dans un autre.

Sans doute, l'influence nerveuse est nécessaire à la conservation de la vie dans l'homme, et dans tous les animaux qui ont un système nerveux ; mais cela ne prouve pas que les mouve-mens vitaux, même dans l'homme et dans les animaux qui ont des nerfs, s'exécutent par des impressions faites sur des parties sensibles : cela prouve seulement que, dans ces corps doués de la vie, les mouvemens vitaux ne peuvent s'opérer sans l'aide de l'influence nerveuse.

On voit, par ce que je viens d'exposer, que si l'on considère la vie en général, elle peut exister dans un corps, sans que les mouvemens vitaux s'y exécutent par des impressions reçues par des parties sensibles, et sans que l'action musculaire contribue à effectuer ces mouvemens; elle y peut même exister sans que le corps qui la possède ait des parties irritables pour aider ses mouvemens par leur réaction. Il lui suffit, comme on le voit dans les végétaux, que le corps qui en est doué offre, dans son intérieur, un ordre et un état de choses à l'égard de ses parties contenantes et de ses fluides contenus, qui permettent à une force particulière d'y exciter les mouvemens et les changemens qui la constituent.

Mais si l'on considère la vie en particulier, c'est-à-dire, dans certains corps déterminés, alors on verra que ce qui est essentiel au plan d'organisation de ces corps, y est devenu nécessaire à la conservation de la vie dans ces mêmes corps.

Ainsi, dans l'homme et dans les animaux les plus parfaits, la vie ne peut se conserver sans l'*irritabilité* des parties qui doivent réagir; sans l'aide de l'action de ceux des muscles qui agissent sans la participation de la volonté, action qui maintient la rapidité du mouvement des fluides; sans l'influence nerveuse qui fournit par une autre voie que par celle du sentiment, à l'exécution des fonctions des muscles et de celles des autres organes intérieurs; enfin, sans l'influence

fluence de la respiration qui répare sans cesse les fluides essentiels trop promptement altérés dans ces systèmes d'organisation.

Or, cette influence nerveuse, ici reconnue comme nécessaire, est uniquement celle qui met les muscles en action, et non celle qui produit le sentiment; car ce n'est pas par la voie des sensations que les muscles agissent. Le sentiment, en effet, n'est nullement affecté par la cause qui produit les mouvemens de systole et de diastole du cœur et des artères; et si l'on distingue quelquefois les battemens du cœur, c'est lorsqu'étant plus forts et plus prompts que dans l'état ordinaire, ce muscle, principal moteur de la circulation, frappe alors des parties voisines qui sont sensibles. Enfin, quand on marche, ou que l'on exécute une action quelconque, personne ne sent le mouvement de ses muscles, ni les impressions des causes qui les font agir.

Ainsi, ce n'est pas par la voie du sentiment que les muscles opèrent leurs fonctions, quoique l'influence nerveuse leur soit nécessaire. Mais comme la nature eut besoin, pour augmenter le mouvement des fluides dans les animaux les plus parfaits, d'ajouter au produit de l'irritabilité qu'ils possèdent comme les autres, celui du mouvement musculaire du cœur, etc., l'influence nerveuse dans ces animaux, est devenue nécessaire à la

27

conservation de leur vie. Cependant on ne peut
être fondé à dire qu'en eux les mouvemens vitaux ne s'exécutent que par des impressions reçues par des parties sensibles; car si leur irritabilité étoit détruite, ils perdroient aussitôt la vie;
et leur sentiment, supposé toujours existant, ne
sauroit lui seul la leur conserver. D'ailleurs, je
compte prouver, dans le quatrième chapitre de
cette partie, que la sensibilité et l'irritabilité
sont des facultés non-seulement très-distinctes,
mais qu'elles n'ont pas la même source, et qu'elles
sont dues à des causes très-différentes.

Vivre, c'est sentir, dit CABANIS : oui, sans
doute, pour l'homme et les animaux les plus parfaits, et probablement encore pour un grand nombre d'invertébrés. Mais comme la faculté de sentir
s'affoiblit à mesure que le système d'organes qui
y donne lieu a moins de développement, et moins
de concentration dans la cause qui rend cette faculté énergique, il faudra dire *que vivre c'est à
peine sentir*, pour ceux des animaux sans vertèbres qui ont un système nerveux; parce que ce
système d'organes, surtout dans les *insectes*, ne
leur donne qu'un sentiment fort obscur.

Quant aux *radiaires*, si le système dont il s'a-
git existe encore en elles, comme il n'y peut être
que très-réduit, il n'y peut être propre qu'à l'excitation du mouvement musculaire.

Enfin, relativement à la grande généralité des *polypes* et à tous les *infusoires*, comme il est impossible qu'ils possèdent le système en question, il faudra dire pour eux, et même pour les *radiaires* et les *vers*, que *vivre*, ce n'est pas pour cela *sentir*, ce qu'on est aussi obligé de dire à l'égard des plantes.

Lorsqu'il s'agit de la nature, rien n'expose davantage à l'erreur que les préceptes généraux que l'on forme presque toujours sur des aperçus isolés : elle a tellement varié ses moyens qu'il est difficile de lui assigner des limites.

A mesure que l'organisation animale se compose, l'ordre de choses essentiel à la vie se compose également, et la vie se particularise dans chacun des organes principaux. Mais chaque vie organique particulière, par la connexion intime de l'organe en qui elle existe, avec les autres parties de l'organisation, dépend de la vie générale de l'individu, comme celle-ci dépend de chaque vie particulière des principaux organes. Ainsi, l'ordre de choses essentiel à la vie dans chaque animal qui est dans ce cas, n'est alors déterminable que par la citation de ce qu'il est lui-même.

D'après cette considération, on sent clairement que dans les animaux les plus parfaits, comme les mammifères, l'ordre de choses essentiel à la vie de ces animaux, exige un système d'organes pour le *sentiment*, constitué par un cerveau, une moelle épinière et des nerfs; un système d'orga- nes pour la *respiration pulmonaire complète*; un système d'organes pour la *circulation*, muni d'un cœur biloculaire et à deux ventricules; et un sys- tème musculaire pour le mouvement des parties, tant intérieures qu'extérieures, etc.

Chacun de ces systèmes d'organes a sans doute sa vie particulière, ce qu'a montré BICHAT : aussi à la mort de l'individu, la vie en eux s'éteint successivement. Malgré cela, aucun de ces sys- tèmes d'organes ne pourroit conserver sa vie par- ticulière séparément, et la vie générale de l'indi- vidu ne pourroit subsister, si l'un d'entre eux avoit perdu la sienne.

De cet état de choses bien connu à l'égard des mammifères, il ne s'ensuit nullement que l'ordre de choses essentiel à la vie dans tout corps qui la possède, exige dans l'organisation, un système d'organes pour le sentiment, un autre pour la respiration, un autre encore pour la circula- tion, etc. La nature nous montre que ces diffé- rens systèmes d'organes ne sont essentiels à la vie que dans les animaux en qui l'état de leur organi- sation les exige.

Ce sont là, ce me semble, des vérités qu'aucun fait connu et qu'aucune observation constatée ne sauroient contredire.

Je conclus des considérations exposées dans
ce chapitre :

1°. Que la *vie*, dans les parties d'un corps
qui la possède, est un phénomène organique
qui donne lieu à beaucoup d'autres ; et que ce
phénomène résulte uniquement des relations qui
existent entre les parties contenantes de ce corps,
les fluides contenus qui y sont en mouvement,
et la cause excitatrice des mouvemens et des
changemens qui s'y opèrent ;

2°. Que conséquemment, la *vie* dans un corps,
est un ordre et un état de choses qui y permettent les mouvemens organiques, et que ces
mouvemens, qui constituent la vie active, résultent de l'action d'une cause qui les excite ;

3°. Que sans la cause stimulante et excitatrice
des mouvemens vitaux, la vie ne sauroit exister
dans aucun corps, quelque soit l'état de ses parties;

4°. Qu'en vain la cause excitatrice des mouvemens organiques continueroit d'agir, si l'état
de choses dans les parties du corps organisé
est assez dérangé pour que ces parties ne puissent plus obéir à l'action de cette cause, et produire les mouvemens particuliers qu'on nomme
vitaux; la vie dès lors s'éteint dans ce corps,
et n'y peut plus subsister;

5°. Qu'enfin, pour que les relations entre les
parties contenantes du corps organisé, les fluides

qui y sont contenus, et la cause qui y peut exciter des mouvemens vitaux, produisent et entretiennent dans ce corps le phénomène de la vie ; il faut que les trois conditions citées dans ce chapitre soient remplies complétement.

Passons actuellement à l'examen de la cause excitatrice des mouvemens organiques.

FIN DU TOME PREMIER.

TABLE

DES MATIÈRES
Contenues dans ce Volume.

AVERTISSEMENT. . . . . Pag. j
  Motifs de l'Ouvrage, et vues générales sur
  les sujets qui y sont traités.
DISCOURS PRÉLIMINAIRE.. . . . . ,   I
  Quelques considérations générales sur l'in-
  térêt qu'offre l'étude des animaux, et
  particulièrement celle de leur organisa-
  tion, surtout parmi les plus imparfaits.

PREMIÈRE PARTIE.

Considérations sur l'Histoire naturelle
des Animaux, leurs caractères, leurs
rapports, leur organisation, leur distribution, leur classification et leurs
espèces.

CHAPITRE PREMIER.

Des parties de l'art dans les productions de la nature.   17
  Comment les distributions systématiques,
  les classes, les ordres, les familles, les
  genres, et la nomenclature ne sont que
  des parties de l'art.

CHAPITRE II.

Importance de la considération des rapports.. . . pag. 39
  Comment la connoissance des rapports entre

les productions naturelles connues , fait
la base des sciences naturelles , et donne
de la solidité à la distribution générale
des animaux.

CHAPITRE III.

De l'*Espèce* parmi les corps vivans , et de l'idée que
nous devons attacher à ce mot . . . . Pag. 53

     Qu'il n'est pas vrai que les Espèces *soient*
     aussi anciennes que la nature , et qu'elles
     aient toutes existé aussi anciennement les
     unes que les autres; mais qu'il l'est qu'elles se
     sont formées successivement , qu'elles n'ont
     qu'une constance relative , et qu'elles ne sont
     invariables que temporairement.

CHAPITRE IV.

Généralités sur les animaux 82

     Les actions des animaux ne s'exécutent que
     par des mouvemens excités , et non par
     des mouvemens communiqués ou d'impul-
     sion. L'Irritabilité *seule est , pour eux ,*
     une faculté générale , exclusive , et source
     de leurs actions ; et il n'est pas vrai que
     tous les animaux jouissent du sentiment ,
     ainsi que de la faculté d'exécuter des actes.
     de volonté.

CHAPITRE V.

Sur l'état actuel de la distribution et de la classification
des animaux. 102

     Que la distribution générale des animaux
     constitue une série qui n'est réellement telle
     que dans les masses , conformément à la

composition croissante de l'organisation ;
que la connoissance des rapports qui existent
entre les différens animaux, est le seul flam-
beau qui puisse guider dans l'établissement
de cette distribution, en sorte que son usage
en fait disparoître l'arbitraire ; qu'enfin le
nombre des lignes de séparation qu'il a
fallu établir dans cette distribution pour
former les classes, s'étant accru à me-
sure que les différens systèmes d'organisa-
tion furent connus, la distribution dont il
s'agit présente maintenant quatorze classes
distinctes, très-favorables à l'étude des
animaux.

CHAPITRE VI.

Dégradation et simplification de l'organisation d'une
extrémité à l'autre de la chaîne animale, en procédant du plus composé vers le plus simple . . . Pag. 130

Que c'est un fait positif qu'en suivant, selon
l'usage, la chaîne des animaux depuis les
plus parfaits jusqu'aux plus imparfaits, on
observe une dégradation et une simplifica-
tion croissantes dans l'organisation ; que
conséquemment en parcourant l'échelle ani-
male dans un sens opposé, c'est-à-dire,
selon l'ordre même de la nature, on trou-
vera une composition croissante dans l'or-
ganisation des animaux, composition qui
seroit partout nuancée et régulière dans sa
progression, si les circonstances des lieux
d'habitation, des manières de vivre, etc., n'y
avoient occasionné des anomalies diverses.

CHAPITRE VII.

De l'influence des circonstances sur les actions et les
habitudes des animaux, et de celle des actions et
des habitudes de ces corps vivans, comme causes
qui modifient leur organisation et leurs parties. . pag. 218

*Comment la diversité des circonstances influe
sur l'état de l'organisation, la forme générale, et les parties des animaux ; comment
ensuite des changemens survenus dans les
circonstances d'habitation, de manière de
vivre, etc., en amènent dans les actions
des animaux ; enfin, comment un changement dans les actions, devenu habituel,
exige, d'une part, l'emploi plus fréquent
de telle des parties de l'animal, ce qui la
développe et l'agrandit proportionnellement,
tandis que de l'autre part, ce même changement rend moins fréquent et quelquefois
nul l'emploi de telle autre partie, ce qui
nuit à ses développemens, l'atténue, et finit
par la faire disparoître.*

Voyez les ADDITIONS *à la fin du deuxième
volume.* 451

CHAPITRE VIII.

De l'ordre naturel des animaux, et de la disposition qu'il faut donner à leur distribution générale
pour la rendre conforme à l'ordre même de la
nature. 269

*Que l'ordre naturel des animaux, constituant
une série, doit commencer par ceux qui sont
les plus imparfaits et les plus simples en*

organisation, et se terminer par les plus parfaits, afin d'être conforme à celui de la nature ; car la nature, qui les a fait exister, n'a pu les produire tous à la fois. Or, les ayant formés successivement, elle a nécessairement commencé par les plus simples, et n'a produit qu'en dernier lieu ceux qui ont l'organisation la plus composée. Que la distribution ici présentée est évidemment celle qui approche le plus de l'ordre même de la nature ; en sorte que s'il y a des corrections à faire dans cette distribution, ce ne peut être que dans les détails ; comme en effet je crois que les POLYPES NUS (p. 289) devront former le troisième ordre de la classe, et les POLYPES FLOTTANS en constituer le quatrième.

SECONDE PARTIE.

Considérations sur les causes physiques de la vie, les conditions qu'elle exige pour exister, la force excitatrice de ses mouvemens, les facultés qu'elle donne aux corps qui la possèdent, et les résultats de son existence dans ces corps.

INTRODUCTION. . . . . pag. 359
Quelques considérations générales sur la nature, sur son pouvoir de créer l'organisation et la vie, et de compliquer ensuite la première, n'employant dans toutes ces opéra-

tions que l'influence des mouvemens de divers fluides sur des corps souples, que ces fluides modifient, organisent et animent.

CHAPITRE PREMIER.

Comparaison des corps inorganiques avec les corps vivans, suivie d'un parallèle entre les animaux et les végétaux . . . . Pag. 377

Que la différence est grande entre l'état des corps vivans et celui des corps inorganiques. Que les animaux sont essentiellement distingués des végétaux par l'IRRITABILITÉ que les premiers possèdent exclusivement, et qui permet à leurs parties de faire des mouvemens subits et répétés de suite autant de fois que des causes excitantes les provoquent, ce qui ne sauroit avoir lieu à l'égard d'aucun végétal.

CHAPITRE II.

De la vie, de ce qui la constitue, et des conditions essentielles à son existence dans un corps. . . . 400

Que la vie en elle-même n'est qu'un phénomène physique, qui donne graduellement lieu à beaucoup d'autres, et qui résulte uniquement des relations qui existent entre les parties contenantes et appropriées d'un corps, les fluides contenus qui y sont en mouvement, et la cause excitatrice des mouvemens et des changemens qui s'y opèrent.

FIN DE LA TABLE DU TOME PREMIER.

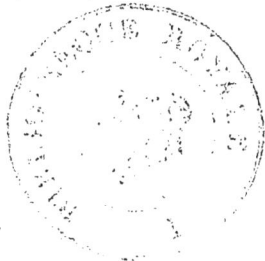

www.ingramcontent.com/pod-product-compliance
Lightning Source LLC
Chambersburg PA
CBHW060523220326
41599CB00022B/3409